农业—自然公园规划

山地城市边缘区空间管控视角

PLANNING OF AGRICULTURE-NATURE PARK: A PERSPECTIVE OF SPACE
MANAGEMENT AND CONTROL IN MOUNTAIN URBAN FRINGE AREA

汤西子　著

中国建筑工业出版社

图书在版编目（CIP）数据

农业—自然公园规划：山地城市边缘区空间管控视角／汤西子著. —北京：中国建筑工业出版社，2019.12

ISBN 978-7-112-16819-4

Ⅰ.① 农… Ⅱ.① 汤… Ⅲ.① 山区城市—城市空间—空间规划—研究 Ⅳ.① TU984.11

中国版本图书馆CIP数据核字（2019）第270767号

责任编辑：王晓迪　郑淮兵
整体设计：锋尚设计
责任校对：李美娜

农业—自然公园规划　山地城市边缘区空间管控视角
汤西子　著
*
中国建筑工业出版社出版、发行（北京海淀三里河路9号）
各地新华书店、建筑书店经销
北京锋尚制版有限公司制版
北京建筑工业印刷厂印刷
*
开本：787×1092毫米　1/16　印张：21　字数：329千字
2020年9月第一版　　2020年9月第一次印刷
定价：78.00元
ISBN 978-7-112-16819-4
（35050）

山区是复杂和相互依存的生态环境中的一个重要生态系统，对维护全球生态系统至关重要。随着全球环境变化的加剧，山区和山地问题引起了国际社会的关注。1973年，联合国教科文组织《人与生物圈计划》（MAB）把"人类活动对山地生态系统的影响"列为重大课题。1992年，联合国环境与发展大会通过的《21世纪议程》对"全球脆弱生态系统的管理：山区的可持续发展"作了专门论述。我国山地城市与生态城市研究的奠基人与开拓者黄光宇先生，引领重庆大学建筑城规学院研究团队，一生致力于山地城市生态化建设研究，在受邀出席2004年美国哈佛大学"2004亚洲密集文化地区的可持续发展论坛"时，其主题演讲"山地城市主义"，被认为是"一个重要的贡献"，演讲预见"未来最精彩的生态城市将出现在山水汇聚的山地城市"。在黄光宇先生的感召下，一批批重庆大学学子立足西南山地地域特色，从事山地城市生态化建设的永续研究，成果卓著。

山地城市边缘区小规模农林用地涉及食品与生物多样性保护问题，"小用地蕴含着大战略"。深受博士生导师黄光宇先生的学术影响，作为汤西子的硕博导师，我一直非常关注山地城市边缘区的土地利用与空间布局生态规划研究，希冀所指导的研究生能在此方面展开深入研究。汤西子不负期望，历经5年，研究撰写出高质量的博士毕业论文《农业—自然公园规划——山地城市边缘区高价值小规模农林用地保护与利用方法研究》。欣闻即将出版专著，重庆大学建筑城规学院在山地生态领域的研究又得添瓦，甚感欣慰。

"农业—自然公园"原概念源自福曼的著作《城市区域：不止于城市的生态与规划》（*Urban Regions*: *Ecology and Planning Beyond the City*）。丰富的生态资源与复杂的地理环境，加之特殊区位特征，赋予山地城市边缘区高价值小规模零散分布的农林用地重要的战略价值与现实保护意义，同时让农业—自然公园的概念内涵更加丰富。通过对可能诱发的问题的解读，揭示现象背后的战略意义，便是研究的价值所在。农业—自然公园集保护和利用于一体，是整合山地城市边缘区高价值小规模农林用地的空间载体，在利用中保护和实现生态服务综合价值是研究核心：保护山地城市边缘区多样性农林物种与重要生境，促进城市边缘区景观建设与绿色产业发展。

随着高价值农林土地与环境资源侵蚀、多样生境与物种丧失，农业生产自身污染与城区排放污染加剧，山地城市边缘区环境与景观品质下降，城市边缘区整体生态环境退化，加之城区污染转嫁，负面效应累积叠加，环境、景观、发展问题凸显，危及食物安全战略与城乡生态环境品质。城市边缘区规划及管控相对薄弱，规划理念、路径、方法相对滞后，众多部门条块管理，加大了规划管控难度，亟待适应性规划管控理念与方法研究，以应对复杂问题并响应复合发展目标。本书针对上述山地城市边缘区高价值农林用地的侵蚀与生态退化问题，引入并拓展"农业—自然公园"概念。如何以山地城市边缘区特定地域农业—自然公园形式，注入游憩、生产、生态复合功能，塑造城乡接合部特色景观形态，寻求相应的规划理念与方法路径，是本书研究与探索的重点内容。研究成果指向复合目标：保护高价值环境资源，保护多样性与自然过程；供给与保障公共产品，协助解决城市边缘区生态环境问题，提升区域环境品质。

伴随本书逐章展开，研究破题思路跃然纸上：选择山地城市边缘区高价值农林用地—组织环城农业—自然公园空间体系—利用公园贡献于城市的复合生态服务功能与公共产品供给—实现农业自然公园的积极能动建设并延伸其输出功能——助力城区人居环境品质建设、空间增长精明管控与相关城市环境问题解决—在与城区关联互动的过程中实现保护与利用的有机融合—带动关联产业发展与城乡接合部景观品质提升—促进城市边缘区农林用地系统保护与整体复合生态服务功能提升。一些值得思考的概念也随着研究的深入而伴生，如：山地城市边缘区公园系统——介于城区与周围乡村之间的开放空间，山地城区空间增长绿色边界——位于城区边缘的娱乐开放空间的环形带，城市未来的任何增长都应该放在公园带里面；公园环带——集农业、娱乐、环境于一体的公园环带，调节城乡接合部快速发展所带来的压力；特色绿道——沿着一些旧铁路、防洪大坝、沟渠而设的长距离绿色小径。农业—自然公园涵盖教育、游憩、科考、实验、农耕文化体验的多样建设主题。

本书研究成果的创新性贡献在于四个方面：第一，以农业—自然公园规划作为楔入点，通过小规模高价值农林用地保护，带动整个边缘区的生态保护与发展，体现出小用地、大战略的立题思想；第二，通过对农林用地内适应性及复合功能产出进行分类考量，确定具有高价值复合功能（潜能）且未受到保护的农林用地，提出边缘区高价值农林用地甄选及整体保护方法；第三，挖掘城乡接合部高价值小规模农林用地环境增殖效益，在保障生态功能发挥的基础上，提升城市食品及游憩场地供给等生产、游憩功能所带来的经济效益，引导强制性控制向自觉保护转变，总结出边缘区高价值农林用地多功能复合规划方法；第四，通过农业—自然公园边界划定，保护高价值小规模农林斑块及赋存环境资源，结合生态红线划定、城市增长边界等具有法律效应的管控措施，优化城市空间结构，推导出城郊小规模农林斑块保护与城市边界整合的方法。

山地城市边缘区高价值小规模农林用地蕴含大战略诉求，借本书出版，希冀得到业界更多关注：法理层面，小规模农林用地的界定要定性定量描述相结合，且和相关规范、土地利用规划相结合，最终要可感知、可描述、可判断、可落地，有理有据；技术层面，遥感影像识别精度是对小规模农林用地甄别和确权的一个约束；认知层面，需要和大规模成片农田与林地的保护利用相结合，对生物多样性保护及其价值的认识尚需更加深入的研究；管控方面，如何融入国土空间规划管控体系值得进一步探讨。

邢忠

2020年5月于重庆大学建筑城规学院

目 录

第一章
绪 论

第二章
山地城市边缘区小规模农林用地保护困境及
农业—自然公园概念内涵

第三章
涵盖小规模农林用地的
农业—自然公园相关研究及规划框架构建

第四章
小规模农林用地现状分布模式甄别与
农业—自然公园空间体系构建

第五章
基于农林景观生态网络特征的
农业—自然公园复合服务功能设定

第六章
农业—自然公园游憩空间组织与
小规模农林用地复合利用

第七章
凸显小规模农林用地保护的
农业—自然公园土地利用管控

第一章

绪　论

农林用地是边缘区绿色空间的重要组分，为城市及其居民提供必要的原料物资、能量供给，并维持稳定且适宜的生产、生活环境，关系区域生态系统服务发挥及城市生态安全保障，尤其是生态敏感性较高的山地城市。山地城市特有的地形地貌特征一方面赋予农林用地多样性较高的生境条件与复合服务潜能，另一方面导致用地斑块规模普遍较小且布局分散，易受人为活动蚕食与影响。本书主要针对山地城市边缘区高价值小规模农林用地进行保护与利用研究，此类用地斑块能够强化既有保护区及大型斑块间的联系，提高生境网络连通度，维持生物多样性；支撑自然生态过程必要空间模式，维持系统环境调节及产品产出；同时还能为城市提供多样性的健康食品生产与就近供给。但由于斑块规模小且分布散，易遭到集约农业生产破坏与城市问题转嫁，且规划管控措施缺失，小规模农林用地常陷入问题重、影响广、管控难的困境。本书在对比各类管控措施优缺点的基础上，结合规划诉求与用地固有特征，提出以公园的形式对山地城市边缘区小规模农林用地进行整体管控的思路，通过公园空间体系构建与网络组织，对边缘区中功能表现突出的小块农林用地进行识别与串联，强化其与大型斑块及城区的空间与功能联系，提升生物多样性维持及系统服务效能，并通过公园游憩空间组织与落地管控，实现用地实质性保护。

第一节
研究缘起及背景

一、现时代规划发展亟待农林用地保护

新型城镇化从快速拓展向优化更新的战略转变，对城乡用地布局及空间组织提出新的时代发展诉求。保护城市边缘区内农林用地、湖泊水体等环境资源及其赋存生态系统，体现新型城镇化背景下城乡协调、人类社会与自然协同发展的愿景，如生态文明建设提出保护"青山绿水"是普惠民生福祉及保障生产力的基础；"城乡全域规划"强调保护城市外围生态资源并与城区内部系统整合利用，实现保护区域生态环境、提升产业竞争力、打造休闲游憩空间的规划目标。

边缘区高价值农林资源甄别与界定，能够协助城市增长边线、生态保护红线划定与城乡空间结构优化：（1）根据用地属性、生态系统与过程维持诉求，甄别建设单元外围具有生境保护、食物供给等潜能的用地，能为增长边界划定提供科学依据，并对既有生态保护区范围进行调整与补充；（2）根据资源规模分析，可从保障城乡各类服务、产品供需平衡的角度，提出优化城乡格局的空间策略。

高价值农林资源保护与地区农林生态网络构建，能够促进生态环境保护规划目标落地。生态城市规划中，边缘区农林资源保护及关联自然过程维持有利于实现生态调节、物质循环、节能减排等目标[①]。住房城乡建设部颁发的《关于加强生态修复城市修补工作的指导意见》提出用"城市双修"推动城市转型发展，其中生态修复是以恢复系统自然调节功能为目标，有计划、有步骤地修复前期建设中城市周围区域被破坏的山体、河流、湿地、植被等生境单元及关联环境要素，其很大程度上取决于边缘区农林生态、生产环境的保护与修复。

此外，边缘区农林用地还可作为特色景观资源，丰富城市景观风貌。结合梯田、草甸等特色农林资源进行景观建设，能够凸显城市地域特色。

二、山地城市边缘区农林用地分布特征

农林用地在城市规划区内所占比重较大，除少量分布于建设组团内部，其余多位于边缘区中。山地城市边缘区农林用地较平原城市呈现更为多元的布局形式与复杂的空间特征，但同时用地保护与管控难度也更大。

（一）地域特征及潜在问题

我国是一个多山的国家，超过2/3的国土位于山地、丘陵区域，农田、林地顺势布局，全国有约27%的耕地坡度大于6°[②]，林地（尤其是天然林

---

① 沈清基、安超、刘昌寿：《低碳生态城市的内涵、特征及规划建设的基本原理探讨》，《城市规划学刊》2010年第5期。
② 第二次全国土地调查结果显示，全国耕地按坡度划分，2°～6°耕地2161.2万公顷，占15.9%；6°～15°耕地2026.5万公顷，占15%；15°～25°耕地1065.6万公顷，占7.9%；25°以上的耕地（含陡坡耕地和梯田）549.6万公顷，占4.1%。

地）多结合山脉、沟谷、崖线等分
布。城市建设对坡度平缓区域的侵
占，迫使农林用地进一步退后至坡
度较大的区域，以重庆两江新区为
例，用地坡度在6°及以上的耕地占
比85.91%（其中6°～25°的用地占比
达73.65%），林地占比98.08%，园地
占比95.13%，牧草地占比90.55%①。

相比平原地区，山地、丘陵区
域的农林用地具有整体规模较大、
景观类型多样、斑块规模偏小且布
局分散等特征（图1-1）：（1）自然
林地斑块整体规模占比较大且分布
形式多样，如四川省境内69.2%的林
地、牧草地分布于盆周山地丘陵及
西部高山地区，大型斑块多依托于

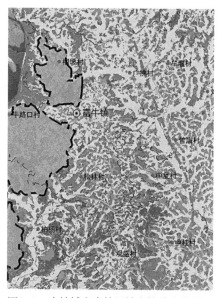

图1-1　山地城市农林用地斑块分布特征
资料来源：眉山岷东新区非建设用地总体规
划［R］.重庆大学规划设计研究院有限公
司，2015.

山体成片状存在，而小型斑块则主要沿河流、山脊、沟谷、崖线等呈簇状
或带状布局；（2）耕地斑块普遍规模较小，连片度低，布局分散，多位于地
势较缓的坡地、平坝等；（3）用地类型多样且混合布局，包括水田、水浇
地、果园、菜园、茶园、自然林地、苗圃等；（4）农林斑块依山就势，景
观层次丰富。

受地形起伏度、坡度较大等地形特征影响及冲沟、沟壑、山脊等地貌
单元切割作用，山地、丘陵地区宜耕宜建用地普遍较少，导致建设用地与
耕地、林地"争地"，并易诱发各类自然灾害。由于用地条件要求类似，耕
地成为建设用地外扩侵蚀的主要对象，如城市建设造成多山地形的贵州省
人均耕地面积50年间下降60%；农田为维持一定规模，又进一步蚕食浅山丘
陵区域大量不具备耕作条件的山坡林地，破坏大量林地生境及坡地土层结

---

① 潘卓：《基于生态位适宜度的两江新区低丘缓坡土地利用情景模拟研究》，硕士学位论文，
西南大学人文地理学系，2013，第58-59页。

构，影响生态系统稳定性及生物多样性，水土流失严重。统计数据显示，重庆市水土流失面积约490万km²，占全市总面积的60%，近90%的水土流失来自坡耕地①。而原本存在、适应地形地貌特征的小规模农林用地因难以实现机械化生产且生产投入—产出低等原因，被闲置撂荒或低效利用。

（二）区域特征及潜在问题

"因城市与乡村腹地各生态因子互补性会聚，或地域属性的非线性相干协同作用，产生超越各地域组分单独功能叠加生态关联增殖效益"②，故边缘区农林用地相较于遥远乡村腹地中的耕地及保护区内的林地来说，与城市距离更近、联系更紧密、服务能力更强，但受城市负面环境影响也更明显。边缘区农林用地为生态系统维持及城市可持续发展提供必要的物资及能源，但同时便捷的交通联系、廉价的开发成本及强烈的发展诉求，使其成为城市开发"热土"，过度的人为活动造成其系统功能下降，甚至阻碍城市与外围环境区联系。

城市外扩式建设蚕食边缘区大量农林用地，使生境斑块趋向破碎化、均质化。地方政府为图经济效益，大肆变更边缘区内土地用途，建设用地以低效、蔓延的形式向外铺陈，造成林地斑块破碎化及生境网络断裂，严重影响城市及区域生物多样性维持。高价值农田保护关系国民食品安全战略，2015年国土资源公报显示，我国耕地虽总体保持在20亿亩以上，但优等及高等级耕地占比不足30%且多分布于城镇周边，此类耕地因受城市建设蚕食及传统小农生产模式影响，用地斑块较小且连片性不高，是受建设蚕食的"重灾区"。

生态过程的连续性，使城市、乡村与边缘区内各类生活、生产活动对生态环境的影响具有交互性与叠加性。以水文生态过程为例，影响城市边缘区生态环境的污染源有：（1）城市生活、生产污水排放及随地表径流直接汇入河流水体的污染物质；（2）受城市其他功能用地排斥、布置于边缘

① 杨涛、朱博文、王雅鹏：《西南地区土地资源利用问题与对策探讨》，《中国人口·资源与环境》2003年第5期。
② 邢忠：《"边缘效应"与城市生态规划》，《城市规划》2001年第6期。

区内的邻避设施因缺乏必要防护措施，通过地表渗透、水文循环等作用进入邻近地表及地下水源的污染物质，如垃圾堆埋场或处理场；（3）集约农业生产所造成的非点源污染。多种污染物质在城市边缘区内叠加汇集，造成生态环境恶化，并形成新的复合污染源，影响城市环境质量。

（三）小规模用地保护缺失

基本农田保护区、自然保护区等划定是保护山地城市边缘区农林用地的主要手段，而《基本农田保护条例》《自然保护区条例》等既有农林资源保护措施多通过斑块规模大小与连片度来判断用地是否需要保护及应受到的重视程度，忽略用地潜在的高服务价值，致使山地城市边缘区大量小规模农林用地未得到有效保护。如四川眉山城市规划区内，未划入自然保护区或风景名胜

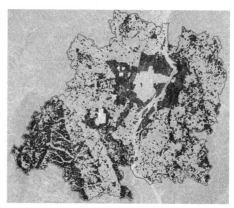

图1-2　山地城市规划区内未受保护的小规模农林用地

资料来源：根据卫图整理绘制

区，受到应有保护的林、草地斑块达7800km²，占规划区总面积的9.12%；未划入基本农田保护区的小块耕地近9300km²，园地2650km²，占规划区总面积的13.98%（图1-2）。

三、小规模农林用地复合服务价值体现

地域特征使山地生态环境要素在横向、纵向及竖向维度上叠加，塑造了特殊的地理环境并维持生境多样性，造就层次丰富、重点突出的景观风貌，而边缘区与城市密切的功能及交通联系，使地域赋予它的多元物种生境及景观资源等优势，能够更好地为城市所用，从而提高城市生活品质及物资供给，改善生态环境质量，小规模农林用地在各功能发挥及效能提升中具有重要作用。

（一）多样生境留存与联系强化

生物多样性反映物种和组成群落、系统的整体多样性和变异性，是保障其生态系统服务发挥的基础（图1-3）。泽布等通过研究发现，城市范围内生物多样性分布规律符合中度干扰理论，发展强度居中的城市边缘区域，其生物多样性高于城区及自然生态区域[①]。山地城市边缘区小规模农林用地在城市人工系统与自然生态系统交互作用下，形成环境要素及组合方式多样化均较高的生境单元，且能够强化各大型生境间的空间联系，有助于区

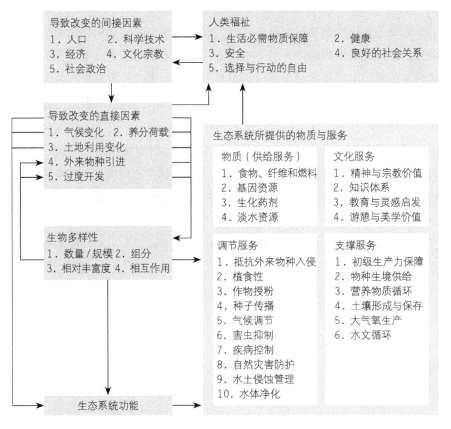

图1-3 生物多样性与人类福祉
资料来源：Secretariat of the Convention on Biological Diversity, 2006

---

① Stefan Zerbe, Ute Maurer, Solveig Schmitz and Herbert Sukopp, "Biodiversity in Berlin and Its Potential for Nature Conservation," *Landscape and Urban Planning* 62, no.3（2003）: 139-148.

域生物多样性维持：（1）农业生产区中，结合农田边缘、农村院落、"风水林"等残存的次生林地作为生态踏脚石及避难所，能够改善边缘区由于大规模建设及集约农业生产所形成的"生态沙漠"对物种的影响；（2）依托山谷、山脊等地形要素、河流蓝—绿廊道及道路防护廊道所保留的林地斑块，能够作为物种迁徙、传播的主要通道，并为某些特定物种提供栖息生境；（3）传统小规模农业种植为以鸟类为主的物种提供食物来源，并有利于本土农作物品种多样化保护。

（二）生态过程维持与环境改善

边缘区小规模农林用地是水文、大气循环等生态过程承载空间的重要组分，如低洼农田能够作为地下水回灌区，山坡草地是生成冷空气的主要区域等，所以小规模农林用地保护有利于维持生态过程完整性，并促进空气净化、固碳减排、水体净化、土壤改善、虫害防治等生态调节功能发挥。库玛等通过对日本、印度等国农林复合生态系统进行研究，发现复合系统中小规模农田及林地斑块拥有较大的碳储量，具有"碳森林"固碳减排、调节气候的潜力[1]，可缓解因全球温度升高对农林生产环境及生境保护带来的不确定影响。李伟峰等调查发现，城市内部绿地具有高度人工化、破碎化、不稳定等特征[2]，系统自净化能力较低，需通过边缘区小规模农林用地与外围更具规模、环境效益更佳的自然绿地相联系及与生态过程整合，以实现环境净化目标。

（三）多样化农副产品就近供给

山地城市具有较高的农作物多样性，一方面，地形起伏使较小的区域内存在显著的环境差异；另一方面，传统农业实践为适应自然生态条件采用的间作、轮作种植，既提高了土地利用率，又保障了农作物多样性。合

---

[1] Kumar B. Mohan and Takeuchi K., "Agroforestry in the Western Ghats of Peninsular India and the Satoyama Landscapes of Japan: A Comparison of Two Sustainable Land Use Systems," *Sustainability Science* 4, no.2（2009）: 215-232.

[2] 李伟峰、欧阳志云、王如松、王效科：《城市生态系统景观格局特征及形成机制》，《生态学杂志》2005年第4期。

理利用山地区域农林生产性用地，能为城市提供多种农副产品供给，维持一定自给自足水平，如四川省食品自给自足率达90%，其中85%的农田分布于东部低山丘陵区，而70%以上的园地分布于盆地丘陵及西南山地区域。

边缘区小规模农林用地能够为城市提供新鲜、健康且类型丰富的农副产品，如加拿大温哥华地区利用小块农田种植，实现多元食品就近生产（表1-1）。小规模农田虽不具有集约农业生产的规模效益，但与城区紧密联系使其具有组织社区农业等运输距离及储存周期较短的"短链"农副产品供给能力，利于生态环境保护，默里（Murray）及克劳斯（Klause）等对安大略州本土易于生产却大量进口的西红柿和羔羊为对象进行检测，发现进口产品产生的生态足迹是本地产品的2.85倍[1]。近年来在认清机械化农业生产的巨大影响后，重新恢复农业就近生产、供给的呼声高涨，如美国旧金山一个志愿者团队提出"100英里饮食"的活动倡议[2]，即食用生产半径100英里内的食物，支持当地、当季的农副产品。同时当地农副产品供给还能提高低收入者的经济收入，减少其食品购买支出，弘扬社区精神并维持社会稳定，在非洲、亚洲和拉丁美洲，城市低收入家庭支出中的60%~80%用作食物消费，食物自给自足会为其节省大量开销。

防风带、经济作物篱及滨水防护带[3]等林地斑块的生产潜力也不容忽视，国际粮农组织（FAO）在其出版物《森林以外的树木》（*The Trees Outside Forests*）中指出，田间小规模林木除生态功能外，还具有食品、药物、材料等生产功能。孟子在《梁惠王·上》中也有这样的论述："五亩之宅，树之以桑，五十者，可以衣帛矣。百亩之田，勿夺其时，数口之家，可为无饥矣"，可见林地潜在的高生产性。

---

① 迈克尔·哈夫：《城市与自然过程——迈向可持续性的基础》，刘海龙、贾丽奇、赵智聪、庄优波、邬冬璠 中译，中国建筑工业出版社，2012，第164页。

② Maryruth Belsey Priebe, "An Overview of the 100-Mile Diet: Understanding and Implementing a 100-Mile Diet," accessed July 20, 2019, http://www.ecolife.com/health-food/eating-local/100-mile-diet.html.

③ Scott J. Josiah, Richard St-Pierre, Heidi Brott and James Brandle, "Productive Conservation: Diversifying Farm Enterprises by Producing Specialty Woody Products in Agroforestry Systems," *Journal of Sustainable Agriculture* 23, no.3 (2004): 93-108.

温哥华地区多元食品供给　　　　　　　表 1-1

水果作物	规模（hm²）	蔬菜作物	规模（hm²）
蓝莓	2734	番茄	2285
蔓越莓	1503	苗圃	1192
草莓	208	青豆/扁豆	804
树莓	198	甜玉米	405
苹果	42	西葫芦瓜	116
葡萄	31	青豌豆	267
梨	12	莴苣	213
甜樱桃	10	南瓜	203
李/西梅	5	胡萝卜	196
桃	5	大白菜	105
其他水果	53	甘蓝	97
粮食作物	**规模（hm²）**	甜菜	55
大麦	513	菠菜	47
小麦	368	芜菁甘蓝	45
燕麦	528	黄瓜	42
粮食玉米	181	洋葱	39
干草/饲料	7597	青葱	35
其他作物	**规模（m²）**	花菜	19
蘑菇	85424	胡椒	18
温室蔬菜	1743581	西兰花	17
温室花卉	1007752	土豆	14
其他作物	485169	芹菜	7

资料来源：2006 Census of Agriculture

（四）景观提升与游憩产业发展

保护城市边缘区小规模农林斑块利于维持郊野景观风貌（图1-4）。苏利文（Sullivan）等采用照片偏好评级法，调查农户、规划专员、附近居民等对边缘区景观的认知及偏好，发现大多数人都偏好边缘区农场与森林交织的田园景观，以及独栋住房边长满成熟高大的树木[1][2][3]；沃克（Walker）等

---

[1] William C. Sullivan, "Perceptions of the Rural-Urban Fringe: Citizen Preference for Natural and Developed Setting," *Landscape and Urban Planning* 29, no.2-3（1994）: 85-101.

[2] William C. Sullivan and Sarah Taylor Lovell, "Improving the Visual Quality of Commercial Development at the Rural-Urban Fringe," *Landscape and Urban Planning* 77, no.1-2（2006）: 152-166.

[3] Neville D. Crossman, Brett A. Bryan, Bertram Ostendorf and Sally Collins, "Systematic Landscape Restoration in the Rural-Urban Fringe: Meeting Conservation Planning and Policy Goals," *Biodiversity & Conservation* 16, no.13（2007）: 3781-3802.

发现景观认可度及依赖性对居民、农户等主动参加环境保护与土地保护策略的积极性呈正相关①，小规模农林用地混合布局及特色景观风貌保持是吸引人流进入、促进其主动参与环境保护的重要因素。

图1-4　保留小规模农林用地以维持郊野景观
资料来源：作者自摄

高山、坡地、丘陵、台地等地貌景观与城市建设单元融合呼应，形成独特的山地城市风貌与景观格局，边缘区小规模农林用地因交通便捷、田野景观优美且承载着丰富的民俗与农耕文化，成为城市周边主要的户外娱乐空间②，能够避免大量人流涌入集约农业生产区及自然保护区，对生产、生态功能造成影响。因休闲娱乐功能较生产功能更能引起市民的重视③，且更多的就业机会及经济收入是用地得以有效保护的最主要动力④，所以小规模农林用地发展游憩产业可促进资源有效保护，科瓦奇（Kovacs）发现促进郊野游憩场地可达性及发展绿色产业能够增长社区经济价值⑤，提高公众对郊野绿地的关注与监督。

① Amanda J. Walker and Robert L. Ryan, "Place Attachment and Landscape Preservation in Rural New England: a Maine Case Study," *Landscape and Urban Planning* 86, no.2（2008）: 141-152.

② Christopher R. Bryant and Thomas R.R. Johnston, *Agriculture in the City's Countryside*（London: Belhaven Press, 1992）.

③ Weber G. and Seher W., "Raumtypenspezifische Chancen Für die Landwirtschaft," *DISP*166（1006）: 46-57.

④ Adrianto D. W., Aprildihini B. R. and Subigiyo A., "Trickling the Sprawl, Protecting the Parcels: An Insight into the Community's Preference on Peri-Urban Agricultural Preservation," *Space and Flows: An International Journal of Urban and Extra Urban Studies*, no.3（2003）: 115-125.

⑤ Kent F.Kovacs, "Integrating Property Value and Local Recreation Models to Value Ecosystem Services from Regional Parks," *Landscape and Urban Planning* 108, no.2-4（2012）: 79-90.

四、小规模用地蚕食动摇生态功能基础

因既有建设利用方式、规划管控措施与用地高价值属性不匹配，城市边缘区小规模农林用地易遭到人为活动影响、蚕食，导致多元生境丧失，进而危及生态系统安全及功能产出。山地城市高生态敏感的自然属性叠加，使边缘区小规模农林用地蚕食对生物多样性与生态系统的破坏程度更为显著。

城乡建设及集约农业生产蚕食小块林地、草地，易导致小微生境减少、区域景观网络断裂、大型生境孤立保护等，各类大、小生境因缺乏基因交流，遗传漂变、种群近交等发生频率升高，造成基因丢失、遗传变异程度降低，危及生物多样性维持且影响物种对特殊环境的适应性，布切特（Buchert）研究发现，用地蚕食造成的群落密度下降将导致等位基因丢失，若物种群落密度下降75%，等位基因数将降低25%，40%的低频率等位基因及80%的稀有等位基因将丢失[①]。小块农田、园地中保留着大量农作物地方品种及其野生原型、近缘种，具有较好的环境适应性与抗逆性且产品品质普遍较高，部分具有特殊利用价值，关系国民营养均衡与食品健康；小规模农田次生林地、灌木丛还是动物重要的隐蔽地、取食地及繁衍地，但因集约农业生产模式推广及城市外扩，大量小块农田、园地斑块遭到蚕食或合并，少数选育品种替代多样的地方品种，导致农作物多样性降低且病虫害发生频率增加，如20世纪40年代，我国小麦种植品种超过13000种，其中80%以上为地方品种，而至今仅保留500~600种，且需长期施用农药及化肥以维持其生产环境稳定[②]，严重影响国民营养多样性及食品安全性。小规模农林用地及其赋存地形单元破坏还将改变区域汇水模式，影响系统雨洪调节、污染过滤等环境调节功能，导致城乡景观风貌均质化、杂乱化。

四川眉山市位于成都平原西南边缘、岷江水系和青衣江上游扇形地带，是"华西雨屏"生物多样性关键区域，城市规划区位于中部浅丘河谷多样性分区，是城市建设最为活跃的区域，也是山地生态系统向丘陵、河谷生态系

---

① 陈小勇：《生境片断化对植物种群遗传结构的影响及植物遗传多样性保护》，《生态学报》2000年第5期。
② 王述民、李立会、黎裕、卢新雄、杨庆文：《中国粮食和农业植物遗传资源状况报告》，《植物遗传资源学报》2011年第1期。

统过渡的关键连接区。农林用地作为城市规划区的主要用地类型，构成区域生态本底，其中农田可分为两类：一类为基本农田，主要分布在岷江流域和沱江流域的平坦地带，少量分布于低山丘陵间，斑块连片度较高，设施完善，约占总用地面积的50%；另一类为一般农田与园地，主要结合山地丘陵地形，散布于山间小块平地，用地规模较小，约占总用地面积的24%。林地斑块多结合山体、水体布置，规模较小，分为原生林地与次生林地，约占总用地面积的10%。城市建设及农业集约生产侵占大量边缘区小规模农林用地，影响生态系统服务发挥：（1）城市建设造成小规模农林用地侵占、生态空间隔离等，如根据《眉山市城市总体规划（2009—2020）》确定，2030年眉山城市建设用地规模将从2009年的33.05km²增至82km²，由于基本农田受到高强度保护，新增49km²的建设用地主要源于对边缘区小规模农林用地的占用，连片建设用地犹如横亘于农林生态本底上的"人工屏障"，阻碍两侧生境单元联系与物质能量流动，基础设施修建、河道渠化等也将造成生境破碎化及联系断裂；（2）集约农业生产造成各类生境蚕食，为实现机械化生产，土地整理需改变用地平整度，去除与农田混合布局的自然及半自然林地、灌木草地斑块，并种植单一品种作物，这一举措不仅致使林地生境蚕食、自然过程受阻，还导致特有农作物种类及野生近缘种丧失。

五、既有保护管控效能与复合利用导向

用地规模较小、布局分散等特征使山地城市边缘区小规模农林用地难以实现集中式划线保护，而缺乏相应法律保护及法规管控使其易遭人为活动蚕食与影响，为维持复合功能发挥，需借鉴相关保护手段对其进行必要管理。用地管控措施包括指标控制、功能分区、税收鼓励、发展权置换、分级保护等，根据保护利用强度与重点，可分为：第一类为"强制型控制"，即指定用地资源不可被占用或挪为他用，主要针对生态价值或敏感度极高的用地资源，如各类保护区、风景名胜区、基本农田等，管理部门通过立法、保护范围划定等对其进行严格保护；第二类为"兼容型控制"，即用地资源虽不可被占用，但可结合社会经济发展情况进行适当利用，主要针对生态价值、敏感性较高，或在区域景观格局构建中具有重要作用的用

地,管理部门通过影响评估、用途管理等协调资源利用与生态保护间的关系,如对自然保护区实验区及缓冲区中的人为活动需进行影响评价,仅允许不影响生境功能的用途进入;第三类为"引导型控制",即用地资源可以被占用,但其建设开发必须依照有关政策控制,主要针对本身生态价值一般,但与景观网络联系、生境质量维持等具有较强关联性的用地,管理部门通过建设方式引导、税收鼓励等控制开发建设所造成的影响,如美国俄勒冈州针对农田、森林、海滩、河口地区等"资源用地"划定专属功能区,并给予非常优惠的征税估价,以维持其资源友好型利用方式[①];第四类为"供给型控制",即用地资源可被占据或转为其他类型用地,主要针对生态价值一般、生态敏感性较低且适宜建设开发的用地,管理部门通过用地分期供给的方式控制城市用地增长规模与速度。四种管控方法在实际管理中各有优劣(表1-2),且多为协同作用。

既有管控方法特征及优缺点对比　　　　　　表 1-2

	管控特征	管控对象	主要优点	存在问题	常见措施
强制型控制	严格保护土地资源并禁止其他用途	生态价值高、规模较大的用地	对资源进行最大限度的有效保护	政府部门管理成本较高;限制原住居民发展,易发生矛盾冲突	保护区划定及管理、用地指标控制、发展权置换
兼容型控制	资源保护基础上,允许合理利用	生态价值及敏感性较高的用地	较好保护用地资源,协调保护与利用矛盾	缺乏合理的管理及监督制度易造成资源的"变相"蚕食与破坏	用地分区及分级管理、环境影响评估
引导型控制	引导建设开发,削减环境负面影响	价值一般但影响资源保护效果	挖掘环境增殖效益,适应城市发展过程	用地开发建设易对环境资源及生态过程造成破坏与影响	建设方法引导与管控、税收刺激
供给型控制	建设用地分期供给以保护环境资源	价值一般且适宜建设	满足城市正常发展建设需求	城市用地蔓延造成资源蚕食与破坏	城市增长边界划定、建设规模就强度控制

资料来源:作者根据相关资料整理

---

① 杨一帆、爱德华·沙利文:《美国俄勒冈州"资源用地"保护简介:土地利用法与规划程序》,《国际城市规划》2014年第4期。

　　由以上分析可知，高昂的资金投入、严格的用途限制及较高的划定"门槛"，使强制型控制措施无法与边缘区用地动态变化、发展诉求强烈等特点相适应，从而无法对其进行有效保护，尤其是分散布局、用地权属复杂的小规模农林用地。郭玲霞等通过对生态用地保护各方利益博弈进行分析，发现用地保护需靠政府合理干预和公众保护意识提升[①]；邢忠等提出相关利益者自觉维护是实现用地保护落地的有效途径，并强调保护环境资源、塑造城镇特色空间、发掘环境关联效益、实现资源保护与建设发展共生共荣是促进强制保护向自觉维护行为转变的基础[②]，因此自上而下的政策控制保护需与自下而上的公众参与利用结合，即采用兼容型控制与引导型控制，并以建设用地的供给型控制作为补充。山地城市边缘区小规模农林用地保护的核心并非用地本身，而是其背后潜在的复合生态价值，故强调用地本身保护的法律法规对其并无明显实际意义，需以挖掘并促进用地潜在生态功能发挥为目的进行管控，通过复合利用来体现小规模用地价值，并由此激发相关部门、利益相关者对其的价值认知，从而实现用地实质性保护。

　　我国台湾地区山地区域占全岛用地总面积的73.31%，建设用地与农田多分布于坡度较缓的丘陵及浅山地带[③]，呈城市建于盆地或台地，大量种植蔬菜、瓜果、茶叶等作物的农田布置于城市近郊及周围山坡地的势态，由于城市化影响、传统小农耕作模式及地形作用，农田斑块普遍规模较小，且与林地混合布局，不适宜机械化耕作。随着工业化发展与城市化推进，大量农业人口流失、农田荒废，尤其是位于边缘区山坡地的小规模农田、林地斑块逐渐被蚕食，转变为非农业用地。为强化用地保护实效，维持山坡地小规模农田保障食品战略安全[④]及多元食品供给等重要功能，相关部门提出对农业产业进行升级转型，即在保障农田、林地基本生产功能的同时，挖掘其在休闲游憩方面所具有的潜能，发展以观光、休闲、体验为特征的

---

① 郭玲霞、黄朝禧：《博弈论视角下的生态用地保护》，《广东土地科学》2010年第3期。
② 邢忠、黄光宇、颜文涛：《将强制性保护引向自觉维护——城镇非建设性用地的规划与控制》，《城市规划学刊》2006年第1期。
③ 我国台湾地区农业用地主要分为两类，水田、稻田等主要分布于滨海平原区域，而果园、茶园、菜地等多分布于城市周围的山坡地带。
④ 我国台湾耕地面积本身偏小，2015年仅存813126km²，且大量农业人口流失及农田废耕造成本土农产品供给量缩水，目前粮食自给自足率仅维持在30%左右，依赖于食品进口。

休闲农业①。至今全台湾休闲农业园已达70余个，休闲农场已超过200个，其通过用地资源复合利用，保护大量小规模农田斑块并维持了较好的生态、生产环境。休闲农业对小规模农林用地的保护主要体现在：（1）小规模用地整体保护，休闲农业区申请一般需面积达50km²以上，并具有良好的自然、人文条件，其中资源保护区（农业生产区及自然生境区）不得小于90%；（2）环境友好的农耕模式，施行"尊重自然，顺应自然"的自然农法；（3）严格限制建设用地规模及强度，《休闲农业辅导管理办法》对休闲农场建设用地规模、性质、高度等给予严格控制，如建筑高度不能超过15m，占地面积不得超过500m²等；（4）强化生态、生产环境保护，休闲农业园区建设须满足《山坡地保育利用条例》《水土保持法》及《农业发展条例》等管控条件，并进行影响评价。

第二节

农业—自然公园是保护小规模
农林用地的有效途径

一、概念引入与适应性

（一）公园概念引入与延伸

保护城区外围农林用地的思想在城市规划理论形成早期便有体现，如田园城市理论提出应在城市四周保留一定规模的永久性农田、林地，作为新鲜农副产品供给地，及易于接近的、具有游憩功能的开放空间，并限制建设用地蔓延，接纳城市外溢人口及功能；广亩城市理论强调将建设用地分散布置在地区性农业用地组成的方格网中，使其与果园、耕地、林地等

---

① 《台湾都市农业的发展与启示：四大方面可资介鉴》，最后更新时间2013年6月4日，http：//hk.huaxia.com/tslj/flsj/nl/2013/06/3365174.html。

结合，实现食物、蔬菜的自给自足及乡村生活的维持。倡导人类发展与自然保护相协调的生态城市、低碳城市、智慧城市等规划理论与实践中，农林用地也扮演着重要角色，如联合国教科文组织"人与生物圈"（MBA）计划提出要保护具有战略意义的生态用地，并建立起长效支持城市系统的生态基础设施网络。

农业—自然公园是通过复合利用实现城市边缘区小规模

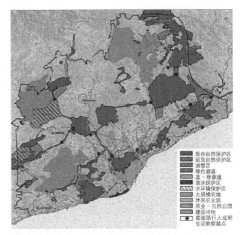

图1-5 福曼提出的农业—自然公园概念示意
资料来源：根据 *Urban Regions: Ecology and Planning Beyond the City* 内容改绘

农林用地高效保护的规划策略，由景观生态学家理查德·福曼（Richard Forman）提出，主要指位于城市区域环带（urban-region ring）内，毗邻既有保护区或大型生态斑块，由林地、湿地等自然斑块与小规模农田、园地斑块共同构成的，具有食物供给、生态保护、休闲游憩等复合功能的郊野开放空间（图1-5），其中城市区域环带是与城市存在密切物质、能量交换的外围环境区。福曼通过对全球38个典型城市及其周边区域进行调研，发现城市外围存在大量规模较小却类型丰富的农田、林地，这些斑块因靠近城区，能够为城市及其居民提供多种服务，如小块林地对大型斑块内部生境维持、农田病虫害防治、户外游憩供给等具有积极作用，小块农田能够就近生产多种农副产品并保护与农业生产相关的物种生境，但因小块林地自身生物多样性较低、稳定性较差，小块农田不适宜机械化耕作等，易被既有保护措施遗漏。针对此类问题，福曼在巴塞罗那都市区用地研究中，提出保护大型林地斑块及自然保护区周围的小块农田，通过将其与自然湿地、岸线植被等自然斑块结合，建设城区附近集市场农园（market gardening）、游憩场地等于一体的田园式开放空间[1]，即农业—自然公园。福

---

[1] Richard T. T. Forman，*Urban Regions: Ecology and Planning beyond the City*（Cambridge: Cambridge University Press，2008），p.252.

曼将农业—自然公园与大规模农业生产区、设施农业作为保障城市食品安全与自给自足的重要手段，相较于另外两者，农业—自然公园主要有以下特点：（1）兼顾小块农田等农业要素与林地、水系等自然要素保护；（2）保护农作物及相关物种多样性；（3）实现用地资源化利用，兼具自然维育服务与城市服务，是城乡公共活动的空间载体。

　　鉴于山地城市边缘区特定空间背景与特征，本书所指的农业—自然公园是在延续既有概念核心内容的基础上，对其组成及范围等进行的扩展，涵盖用地类型及范围更广泛，服务价值更多元。其中"农业"代表公园中存在的小块农田、园地等农业生产用地，"自然"代表其中小块林地、水体等自然生态用地，"公园"则强调其包含城乡游憩等复合服务属性，即采用公园的形式对山地城市边缘区内，具有较高生态系统服务价值却未被划入自然保护区、风景游憩管理区等保护范围的小规模农林用地进行实质性保护与复合利用，公园在空间上表现为由自然、半自然林地与小规模农田、园地、菜地等斑块构成，通过蓝—绿廊道（包含河流缓冲廊道、道路防护廊道等）串联整合，形成的穿插于农田、荒地、村镇聚落之间且具有网络连续性、功能复合性等特征的绿色空间网络（图1-6）。公园通过强化大型生态斑块联系的廊道及踏脚石系统建设，维持区域生物多样性；同时连接城乡及自然系统，提高系统支撑、休闲游憩、物资供给、环境调节等生态服务水平。

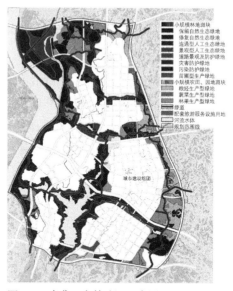

图1-6　农业—自然公园示意图
资料来源：眉山岷东新区非建设用地总体规划［R］. 重庆大学规划设计研究院有限公司，2015.

（二）相关概念关联与辨析

虽同样涉及耕地、林地等保护与布局，但农业—自然公园规划与传统农林规划间存在明显差异。农业部门主导的专项规划目标在于维持并提高粮食产量，主要采取用地总规模控制及肥力提升等手段，管控重点为以基本农田为主的连片度高、产能大的农业用地。林业部门主导的专项规划目标在于生物多样性维持及资源保护，主要针对本身规模较大、多样性较高的用地，忽略规模较小但对区域生境补充、强化作用明显的自然或半自然用地保护。农业—自然公园规划则主要针对被传统农林专项规划忽视的小规模农林斑块，强调用地的复合利用与多功能输出，引入休闲游憩功能，而并非单一目标保护。

同样具有休闲游憩功能的农业公园、自然公园、郊野公园等与农业—自然公园虽在用地构成、空间分布及景观资源上具有一定重叠性，且功能上相互联系，但在规划对象、目标制定、主旨目标等方面又各具着重点。农业公园强调与农业生产相关的环境、文化资源保护与发掘，多选址于乡村风景优美、农耕文化浓郁、民俗风情与历史遗产独特的农业生产区域（规模在1000亩以上），根据《国家农业公园申报标准及申报评价体系》及《中国农业公园创建指标体系》等相关标准、规范的农业公园相关标准定义，农业公园是"以农业景观、农产品及其生产过程、农业技术及其支撑设施、农业文化及其物化形态等为主要旅游吸引物，拥有园林化的农业生态景观、完善的旅游基础设施和较为完善的农业产业链条，农业与旅游服务业深度融合，具有游憩、观赏、环境保护等公园属性的新型农业旅游园区"[1]。自然公园强调原生自然系统、环境资源及地形特征保护，此类区域多远离城市发展区，独立存在且规模较大，常见于日本、法国等国家，以及我国台湾等地区的自然资源保护规划中，类似于我国自然保护区、森林公园、风景名胜区、地质公园、国家公园等自然地区[2]，公园规划以保护优美的自然风景、环境资源及其赋存生态系统为主导，严格限制其中人为活动类型及强度，可适当引入科研、游憩活动等。郊野公园位于城市边缘区内，以自然景观或乡村景观为主体，拥有相对便捷

---

① 《农业公园概念梳理及规划方法》，最后更新时间2017年4月8日，http://www.cclycs.com/b43448.html。

② 乌恩、成甲：《中国自然公园环境解说与环境教育现状刍议》，《中国园林》2011年第2期。

的交通条件及完善的基础游憩设施，公园建设主要为满足城市居民回归自然的渴望，缓解自然保护区及其他乡村核心资源的旅游压力①。农业—自然公园规划的实质并非某一类型公园的具体设计与建设方法，而是涵盖城市边缘区高价值小规模农林用地，综合农林用地规划、公园规划及城乡绿色空间系统规划的整体保护途径与利用方法，通过高价值小块农林用地的保护与整合，加强农业公园、郊野公园之间及其与城市内部绿地系统的空间联系，提升既有保护措施效能，并为城市提供复合生态服务产品。

（三）对山地城市的适用性

农业—自然公园规划能够较好地适应山地城市边缘区小规模农林用地的布局与功能特征，解决其环境背景复杂却疏于保护的问题：（1）用地高价值性，并非针对边缘区农林用地的整体"泛化"保护，而是通过甄选界定并重点保护具有较高服务潜能却未受保护的小规模农林用地；（2）复合服务性，兼容生态保护、蔓延控制、休闲游憩等复合功能发挥，强调对城市区域的服务供给性与增长管控性；（3）区域联系性，强调与周围环境要素、自然生态过程的联系，通过绿道网络与城市功能区、自然保护区等串联，提升区域生境单元的网络连通度并维持必要的生态过程；（4）管理有效性，公园作为管理平台，整合多部门管控措施，并通过游憩活动引入，挖掘环境增殖效益，提升管理机构及公众的监督参与度，实现有效保护。

山地城市边缘区农林用地较平原城市更适宜且有必要进行农业—自然公园规划。其一，受地形条件影响，山地区域农田更为分散、规模更小，传统意义上的农业生产功能弱化，而林地斑块依托山体、沟谷留存，林地覆盖比例及与农田的混合度更高；其二，山地区域生态敏感性更高且环境要素间联系更为紧密，不恰当的农业布局及林地管理将会诱发严重自然灾害，所以农林用地除基本的生产功能外，还需具有水土涵养、物种多样性维持等生态调节功能；其三，顺应起伏地形地貌的农林用地布局形成的独特山地农林景观风貌，具有较强的景观游憩潜能；其四，山地城市边缘区由于用地局限，易受城市建设用地蚕食且受环境影响更加明显，但同时因

---

① 张婷、车生泉：《郊野公园的研究与建设》，《上海交通大学学报（农业科学版）》2009年第3期。

与城区交通联系紧密，绿地可达性更高。高度异质化的用地斑块对于集约农业生产及生态保护是不利的，但农林斑块交织所造就的多样性景观及其靠近城区的区位优势，却为公园建设提供了极佳的空间载体，采用"农业—自然公园"的形式挖掘潜在服务功能，使用地自身具备社会、经济"造血"功能而得以长效保护，可解决城市边缘区高价值小规模农林用地因生产效率低、保护管控力度不足而被挪为他用的问题。

二、公园主要用地构成

农业—自然公园主要由山地城市边缘区高价值小规模农林用地构成，即山地城市规划区内，建设开发边界、基本农田保护线、既有生态保护红线（含自然保护区、风景名胜区、国家级森林公园等）以外，与城区功能及空间联系密切，规模较小但具有生态环境调节、生活品质提升、必要物资供给等服务潜力，却因未划入基本农田及自然保护区而得不到有效保护的农林用地。公园建设涉及E1水域（河流、湖泊、水库、坑塘、沟渠、滩涂等）及E2农林用地中的林地、园地、牧草地、耕地等。

本书结合我国山地城市社会经济发展及生态保护背景，将农林用地的"高价值"界定为能够保障并强化城市生态安全格局，为城市及其居民提供环境调节、农副产品供给、休闲游憩等复合功能或提升现有服务效能：（1）生态系统支撑与安全保障，包括提供多样化生境、迁徙廊道或生态踏脚石，促进生态屏障建设等；（2）环境调节与改善，维持水文、大气循环等自然过程，通过植被过滤、吸附等作用改善区域水体及空气质量，涵养水土以避免流失侵蚀等；（3）农副产品就近供给，维持瓜果蔬菜、花卉、药材、原材料等农副产品多样性，缩短食物"里程"；（4）城郊休闲游憩服务供给，提供多种户外娱乐、度假康养场所，满足城市居民日益增长的休闲需求。

值得注意的是，"小规模农林用地"具有狭义与广义两层含义，狭义即根据《高标准农田建设标准》NYT2148、《林地等级划分标准》等农林用地建设、保护标准，特指河谷区域规模小于5hm²的、山地丘陵区域规模小于0.67hm²的耕地及规模小于3.33hm²的林地；广义包括边缘区内未划入既有保护区的耕地、园地、林地、草地等，即本书所指含义，它是一个相对概念，由于基本

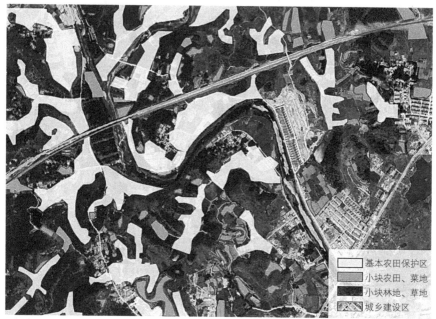

图1-7 未划入既有保护区的小块农田、林地
资料来源：作者自绘

农田、自然保护区等并未完全按照用地规模划定且与区域生产情况、地形地
貌、资源分布等相关，故难以用某一特定数值衡量。山地城市边缘区小规模
农林用地中，小块林地、草地主要结合山谷、山脊、山麓、河流廊道等地形
地貌单元及对外交通廊道等人工要素分布；小块农田、园地主要分布于山坡
平坝区域、自然林地斑块外围、建设单元周边等（图1-7）。

　　农业—自然公园涉及山地城市边缘区小规模农林用地中具有复合服务
功能的高价值用地，导致其未受应有保护的原因主要有：认知方面，保护
区划定及规划编制关注大规模成片农田与林地，小块农田、林地因规模未
及保护区划定标准且生境本身典型性不突出，潜在服务贡献被忽略；技术
方面，遥感图像精度不足，难以有效识别提取；管理方面，因用地规模小
且分布散，传统圈划方式难以有效管控。故公园应从系统服务发挥及提升
的视角进行用地识别并采取创新管控手段，即在既有保护区划定标准及考
虑其服务效能提升的基础上，结合用地功能属性、自然生态过程、生境条
件等对高价值小规模农林用地进行甄别。

三、规划研究范围界定

（一）山地城市

要理解"山地城市"这一概念，首先需明确"山地"之所指，相关研究中有广义与狭义两种定义，狭义仅包括高度较高、坡度较陡的区域，如地貌学研究中通常将绝对高度大于500m、相对高度大于200m的区域定义为山地；而广义还包括丘陵、高原及其中的山谷与盆地，如《山地城市学原理》一书中，黄光宇教授对"山地"的定义为："具有较高的海拔高度与地形起伏的地貌，包括自然地理学上的山地（低山、中山、高山）、丘陵和崎岖不平的高原等"[1]，其中丘陵又可细分为点状与带状丘陵两种[2]。

一般认为，山地城市即"分布在山地、丘陵或高原区域的城市"，在日韩或欧美国家又被称为斜面都市（Slide Cities）或坡地城市（Hillside Cities），但各专业及学科研究因视角及认知不同，在具体概念界定上并未取得统一。如形态学研究中，山地城市指自然景观与人文景观有机融合，形成空间层次丰富、立体感较强的景观风貌，与平原城市相比具有截然不同的空间形态和环境特征的城市；工程学研究多采用地理学地貌概念，如黄耀志教授根据地形地貌特征，对"山地城市"进行定量描述："城市发展的地形环境内断面平均坡度≥5°，垂直分割深度≥25m[3]。"根据研究归纳可知，"山地城市"的定义主要分为广义、中义、狭义，广义指景观视线中具有明显山地特征的城市，中义指城市范围内有一定比例的山地地貌特征的城市，狭义则通过用地坡度及相对高差具体衡量[4]。

本书认为，城乡规划学作为一门研究城乡人居环境与区域背景联系及相互作用的学科，应突出人在其中的重要性，即判断山地城市的标准应以

① 黄光宇:《山地城市学原理》，中国建筑工业出版社，2006，第3页。
② 刘博:《丘陵地区中小城市空间结构优化研究》，硕士学位论文，重庆大学城市规划与设计专业，2012，第9页。
③ 黄耀志:《山地城市生态特征及自然生态规划方法初探》，全国首届山地城镇规划与建设学术讨论会论文，重庆，1992，第17页。
④ 同①。

山地、丘陵等要素对人类生活、生产环境维持及生态安全保障的影响程度来衡量，故书中所指的"山地城市"主要采纳黄光宇教授（2006）根据用地情况与环境特征差异所提出的定义：（1）城市本身修建在坡度大于5°的起伏坡地上，与绝对海拔高度无关而主要关乎相对高度，如重庆、遵义、攀枝花、香港等，此类山地城市因地形条件复杂，地表起伏明显，建设用地布局顺应地形地势，多形成以多中心、组团式布局为特征的空间格局；（2）城市建设用地虽修建在较为平坦的用地上，但城市邻近区域复杂的地形与自然环境，对城市用地布局、空间结构等产生重大影响，如贵阳、昆明、杭州、烟台、眉山、桐柏等[①]，随着城市建设用地外延增长，山地、丘陵等要素将以绿楔、绿带或绿廊的形式整合到城乡空间格局当中，成为城市景观空间的有机组分。

山地城市中宜耕宜建用地规模相对较小，且生态敏感性较高，其生态系统与环境保护不仅关系着城市的可持续发展，更是区域乃至国家生态健康的保障。根据我国地形的三级阶梯划分，山地城市主要分布于一、二级阶梯，其中以西南地区最为集中，区域内拥有丰富的生物、环境及人文资源，且对地区及全国层面的生态安全格局及系统功能发挥具有重要作用，是重要的生态保护维育区与农产品主产区。故本书主要以西南地区山地城市为研究对象，包括四川眉山、贵州遵义、重庆两江新区，同时涉及陕西宝鸡、河南桐柏等城市规划与建设探索。

（二）城市边缘区

城市边缘区，又称"城乡接合部""城乡接合地""城乡交错带"等，指位于城市与乡村间且兼具双重土地利用性质、功能及景观特征的过渡地带，是城乡建设中变化最为复杂、用地类型最为丰富的区域。城市边缘区概念起源可追溯至19世纪城市地理学关于城市形态的研究，1936年由德国地理学家胡博特·路易斯（Hobrert Loius）首次明确提出，成为分析城市增长及形态变化的理论基础，20世纪70、80年代后得以研究推广并得到

---

① 刘博：《丘陵地区中小城市空间结构优化研究》，硕士学位论文，重庆大学城市规划与设计专业，2012，第9页。

规划领域普遍接受。我国城市边缘区研究始于20世纪80年代末，以广州为代表的大城市为改善城乡结合区域"脏乱差"的现状，划定管理专区并制定相关条例，随着快速城市化带来的社会、环境问题加剧，边缘区社会结构、产业布局、环境整治等日益成为研究热点。对国内外相关研究总结可知，边缘区与城市化过程关联，受城市建设、工业生产等人为活动影响较大，用地类型多样、斑块规模较小、布局混杂，且处于长期动态变化过程中，具有邻近市场、设施建设较为完善等优势，其环境质量及管理水平决定城区内部功能及服务供给。

国内外对城市边缘区边界的划定标准仍存争议，具体划定方法有通过距离划定的，如鲁斯旺（Russwurm）认为边缘区是城市建成区外10km左右的环城地带，伯里安特（Bryant）认为它是指城市向外延伸6～10英里的区域，弗里德曼（Friedman）则认为应包括城市周围约50km的地域；或通过特征描述确定，如崔功豪教授等认为它应包括受核心城市化区域直接或间接辐射影响较大的、乡村城市化发展较快的区域[1]；其他还包括断裂点法、遥感地图直观分析法等。本书在综合国内外界定标准的基础上结合城乡规划管理诉求，将城市边缘区的范围限定于城市规划区范围以内、建设用地增长边界以外的区域（图1-8），如此划定出于两点考虑：其一，城市规划区作为保证城乡建设和发展需求而必须控制的区域，与城市生产、生活联系密切，其中的农林用地对城市服务潜力最大，功能复合性最高；其二，便于衔接城乡规划，强化用地管控措施的强制性与法定性。

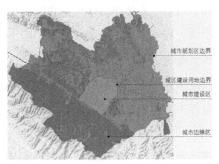

图1-8 研究范围界定
资料来源：作者根据南阳市桐柏县城市总体规划改绘

---

① 崔功豪、武进：《中国城市边缘区空间结构特征及其发展——以南京等城市为例》，《地理学报》1990年第4期。

第三节
主要研究内容与意义

地域、区域与资源特质赋予山地城市边缘区片林、小块农田、园地、菜地等小规模农林用地特殊的基础设施生态属性与服务潜能，规模农业生产破坏、城市污染转嫁危及其服务供给水平，非建设用地属性使之在城乡规划范畴中处于"弱势"，导致城市"菜篮子"丧失，生物多样性下降，游憩空间品质降低。本书在剖析边缘区农林用地分布特征、现状问题、与城市功能关联的基础上，探讨了根植于地域景观格局，以多样性及生态过程保护为导向，以保障城市及自然公益性产出为目标，以农业—自然公园复合利用为契入点的山地城市边缘区高价值小规模农林用地保护途径及利用方法，强化了城市内部绿地系统与外围生态基质的空间联系，提升了外围环境区对城市的服务供给效能，同时缓解了环境保护与城市发展之间的矛盾，弥补了既有城乡规划体例对高价值小规模用地的管控缺失。

"以过程保护为基础"，通过物种生境质量、生产潜能、景观要素等评价甄别具有高价值潜能的农林用地，并采用自然过程分析与模拟，识别与自然生态过程关联的空间模式，维护山地横向局域与纵向梯度农林斑块物种多样性，维育多样性赋存生境与复合生态系统；"以功能维持为核心"，采用规划尺度确定、生态网络分析、关键节点保护、生态廊道连接等方法，构建林地自然生境网络、农林生产景观网络、生产过程支撑网络，并对其进行叠加优化，形成串联小块农田、片林等的农业—自然公园，构筑保障农林用地长效滋养及功能产出的山、水、林、田、湖、草生命系统；"以复合利用为手段"，采用城乡梯度分析方法，分异边缘区内不同区段小规模农林斑块与城区的空间与功能关联，分类各枢纽单元功能定位与低环境建设引导，农业—自然公园规划"不是也不可能追求每一个目标的绝对最大值，而是在既有对立又有一致或互补的多个目标中减少冲突、增进协调，寻求一个平衡点，达到并实现相对的平衡，这个平衡点可以看成是以这些目标为端点而形成的多边形的重心——多目标的生态重心或生态平衡点[1]"；"以落地管控为保障"，基于城

① 黄光宇、陈勇：《生态城市理论与规划设计方法》，科学出版社，2002，第88页。

市边缘区域环境要素保护与城市发展诉求，提出城市发展所必需的结构性绿色框架，与现有规划体例衔接，提高各专项规划的系统性与技术支撑性，作为协调各规划矛盾的依据，并通过环境影响评价的方式实现"规划—建设—监测—反馈"全过程管理，强化边缘区用地管理落地。

第四节
研究技术路线

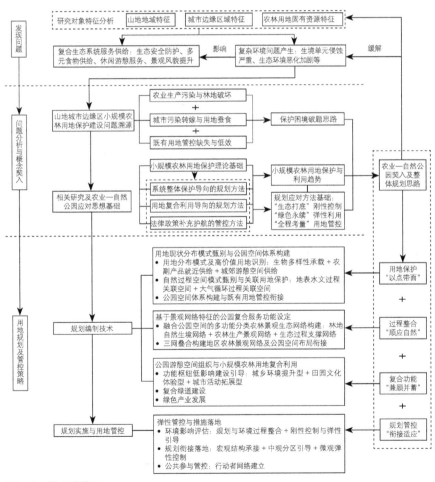

图1-9 技术路线图
资料来源：作者自绘

第二章

山地城市边缘区小规模农林用地保护困境及
农业—自然公园概念内涵

山地城市边缘区小规模农林用地关系区域生态系统稳定及服务水平，但建设实践中，常因农业生产破坏、城市问题转嫁及规划管控缺失等，难以得到有效保护。城市建设外向强度扩张与城镇周边农业集约生产，使得山地城市区域高度契合地形①的高价值、多样性小规模农林斑块遭受蚕食，生物多样性锐减，保护和开发多样性食物物种已然从百姓的忧虑与抱怨声中跃居国家战略层面；城乡发展强行改变自然过程，诱发水土流失、洪水、水体污染等灾害。用以协调与配置资源的城乡规划及空间管制显现出对问题管控的"鞭长莫及"，既无法约束城市建设行为及大规模农地平整对多样性生境的吞噬，机械化单一农作区与现代养殖区取代山地多样小规模坝区传统手工种植、养殖区，亦未能限制农田对临近水体的污染。本章以"问题解析—困境破题—概念契入"为线索，分析现状城乡土地利用及管理模式对山地城市边缘区小规模农林用地保护造成的负面影响及作用机制，提出打破困境的用地规划及管控思路，并在此基础上明确农业—自然公园概念内涵，厘清公园建设与小规模农林用地保护间存在的高度契合关系。

第一节
小规模农林用地保护困境溯源

一、农业生产破坏

　　为适应农业集约化生产，获得面积更大、连片度更高、产量更高的可耕地，农业生产者及相关部门常强势改变原有用地类型、耕作模式及地形地貌特征，危及生物多样性安全与系统稳定性。集约化农业生产清除农田中残存或次生的、物种丰度较高的自然与半自然林地，并用单一作物规模化种植取代小块农田中适宜本地小气候和土壤条件的多种农作物种植，使区域野生物种与农业多样性丧失。据统计，全球范围80%的食物供给仅来自于主要食物生产区的11种作物。集约化生产带来资源过量消耗，如全球每

---

① David B. Lindenmayer and Jerry F. Franklin, *Conserving Forest Biodiversity: A Comprehensive Multiscaled Approach* (Washington: Island Press, 2002).

年淡水资源消耗量中70%用于农业灌溉，拦水筑坝、打井抽水的农业灌溉保障方式已造成农业生产区下游城市水资源匮乏，地下水资源储量触底，集约化农业生产加剧水资源分布不均匀程度，而在山地城市水资源时空分布不均、利用效率低的背景下，巨大的农业耗水规模更加威胁城乡用水安全。受世界贸易公约操纵的全球食品市场及物流网络弱化小块农田、林地所维系的当地城乡物资供给关系，打断传统农业通过轮作、间作等进行营养物质补充的途径，伴随农副产品远距离运输、长时间储存等过程的大量能源消耗及添加剂喷洒，加剧区域环境污染及全球温室效应。

　　农业生产易诱发各类环境问题，大量农药及化肥施用导致土壤污染、板结，土壤及作物上残余的化学物品又随地表径流进入邻近水体，造成非点源污染，山地区域因水网密集、农田斑块较小且分布较散，影响更显著、范围更广，管控难度更大。四川眉山虽城区主要建设在较平坦的河坝地带，但总岗山脉与龙泉山脉在其东西两侧峙立，区域整体以山地、丘陵地形为主，属于本书所界定的山地城市范围，市域内河流水网密布，流域面积在100km^{2}以上的河流达20条以上，《眉山市环境质量监测报告》提供的水质监测数据显示，近80%受污染的河流超标因子与农业污染排放相关，笔者筛选出5处具有代表性的研究区域进行用地类型与水体质量关联性研究，发现水体中氮、磷等污染物浓度与农业生产用地规模呈正比，与林地规模呈反比，其中缺少防护林带的小块农田对水质影响最明显。为提高可耕地面积及其连片度而施加于山地、坡地区域的地形改造与土地整理行为同样极大地破坏了原有土地利用的地质及土壤结构，清除了生长在其上的植被群落，降低了用地水土涵养及保持能力，从而增加水土流失与农业非点源污染风险，如孙芹芹等通过对福建省南部丘陵区域九龙江流域农地分布及水质变化进行研究，发现河岸缓冲区及陡坡区（＞25°）的农田数量及分布是影响流域水质及控制农业非点源污染的关键，水体中总磷（TP）浓度与农田的景观聚集度指数（CONTAG）呈正相关，与反映群落多样性的香农多样性指数（SHDI）呈负相关[①]。

---

① 孙芹芹、黄金良、洪华生、李青生、林杰、冯媛，《基于流域尺度的农业用地景观—水质关联分析》，《农业工程学报》2011年第4期。

二、城市问题转嫁

城市建设及运行对边缘区小规模农林用地保护的影响主要可分为生境与廊道破坏、环境污染转嫁及自然过程阻断三类，前两类与农业生产造成的影响叠加，致使区域生物多样性下降、水土环境恶化加剧，而自然过程阻断主要表现为城市建设对水文循环及大气流动过程的阻碍与割裂。

边缘区小规模农林用地紧邻城区且占用成本相对较低，受到各类建设用地及人工绿化青睐，如美国肯塔基州每天有超过100英亩的农林用地被转化为城市用地（包括绿化隔离带），其中大部分发生在城市外围边缘区域①。随着城市外向扩张，大量小块农田、自然或半自然林地被建设用地及人工单一绿地替代，造成物种生境蚕食且趋向破碎化，内缘比增加造成依托于核心生境的物种多样性锐减而边缘物种激增；生态廊道断裂，物种缺乏必要避难及迁徙场所；植被类型及群落组成均质化，难以支撑物种多元生境要求。如重庆两江新区自设立后便开始大规模建设，根据2006—2013年统计数据，7年间新区内建设用地增长规模占总用地的12.55%，其中59.36%源于耕地占用，11.55%源于林地占用，所占用地多为城市建设单元邻近谷岭、滨江区域中小块散布农田与林地（图2-1）。

城区包含高废熵的污染物质向边缘区直接排放是造成其系统紊乱、环境恶化的主要原因之一，环境恶化使本应作为城乡联系媒介的边缘区域成

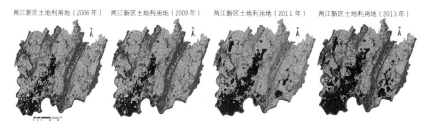

两江新区土地利用地（2006年）　两江新区土地利用地（2009年）　两江新区土地利用地（2011年）　两江新区土地利用地（2013年）

图2-1　城市建设带来的耕地与林地蚕食
资料来源：重庆两江新区"美丽山水"规划研究［R］．重庆市规划设计研究院，2015.

---

① Thomas G Barnes and Lowell Adams，"A Guide to Urban Habitat Conservation Planning," last modified January，1999，https：//www.researchgate.net/publication/262004283_A_guide_to_urban_habitat_conservation_planning.

为阻碍发展的"围墙"，给未来用地开发建设带来高昂的环境治理费用及社会成本。城区对边缘区的环境影响主要体现在大气、水体、土壤等方面：城市汽车尾气、工业废气排放，使氮氧化物、碳氧化物等温室气体浓度增高，人工热辐射源放热加上温室气体形成的逆温层，阻碍城乡间大气循环，使得城市内部气温升高、空气浊化，不仅影响城乡居民身体健康，还将影响一定范围内物种类型及分布；城市生活、生产废水排放及随径流进入的污染物质造成地下、地表水体污染，关大博和马丁·蒂洛森研究发现我国75%的湖泊和河流及50%的地下水已受污染①，大部分地区出现水质性缺水；工矿企业生产排放的废气、废水、废渣及生活固体废弃物填埋还将造成土壤污染，我国超过1/3的城市面临"垃圾围城"的威胁，全国城市垃圾堆存累计侵占土地75万亩②，10%以上的耕地已受到重金属污染。

　　未考虑自然生态过程的城市建设用地扩张，影响了边缘区生态系统稳定及功能发挥③。一方面，建设用地扩张蚕食小规模农林用地并造成其赋存地形、地貌特征改变与破坏，埋下泥石流、山体滑坡、塌陷等安全隐患；另一方面，大规模非渗水性铺装铺设阻碍径流渗透、吸附过程，使下游区域更易遭受山洪、内涝威胁。约翰逊（Johnson）、罗莎（Rosa）等发现城市用地蔓延及区域重大设施建设，将对流域内水生生物群落及滨水生态系统造成较大影响④⑤⑥；除此之外，城市建设阻碍城乡间大气流动，洛佩斯（Lopes）等观察发现里斯本在过去30年中，城市边缘区内建设用地布局不当

---

① 《外媒：中国水问题超出想象，未来缺水压力或加剧》，最后更新时间2015年1月14日，http://news.sina.com.cn/c/2015-01-14/093631397491.shtml。
② 《我国超三分之一的城市遭遇"垃圾围城"困局》，最后更新时间2013年7月19日，http://www.cusdn.org.cn/news_detail.php?md=3&pid=1&id=262574。
③ 李伟峰、欧阳志云、王如松、王效科：《城市生态系统景观格局特征及形成机制》，《生态学杂志》2005年第4期。
④ Lucinda Johnson, Carl Richards, George Host and John Arthur, "Landscape Influences on Water Chemistry in Midwestern Stream Ecosystems," *Freshwater Biology* 37, no.1（1999）: 193-208.
⑤ Rodrigo dos Santos Rosa, Anna Carolina Fornero Aguiar, Iola Gonçalves Boëchat and Björn Gückerb, "Impacts of Fish Farm Pollution on Ecosystem Structure and Function of Tropical Headwater Streams," *Environmental Pollution* 174, 2013: 204-213.
⑥ Sally L. Taylor, Simon C. Roberts, Christopher J. Walsh and Belinda E. Hatt, "Catchment Urbanization and Increased Benthic Algal Biomass in Streams: Linking Mechanisms to Management," *Freshwater Biology* 49, no.6（2004）: 835-851.

造成农田、林地等生态用地蚕食及地表粗糙度增加，导致城市上风向风速
减弱40%，污染物加速聚集，热岛效应凸显[①]。

三、规划管控缺失

（一）区域"真空"管控

农业生产破坏与城市污染转嫁叠加造成的问题，因既有规划条块化管理、
对象及范围局限、管控内容泛化，无法得到有效控制。城市边缘区农林用地
保护与建设涉及农业、林业、水务、环保、规划等多部门，各部门传统管控
体例多针对特定对象或范围，并未以环境问题"产生—解决"机制为导向考
虑部门协同管理，管控效果较差；且"划线式""隔离式"保护措施多青睐用
地斑块较为完整、规模较大的远郊区域，对于边缘区中生态潜能更突出、更易
受城市建设侵蚀的小规模农林用地却疏于管理，沦为"管控真空区"（表2-1）。

多部门管理造成城市边缘区农林用地保护效能低下　表2-1

目标导向	专项规划类型	管控对象	涉及部门	管控中存在的主要问题
脆弱生境保护	生态脆弱区保护规划、生物多样性规划	具有一定规模或生物典型性高的原生生境	环保部门	未考虑生境网络连续性，城市近郊生境保护缺失，保护区控制与周围区域发展冲突明显
游憩空间供给	郊野公园规划、休闲农业园区规划	具有游憩潜力的农业区、林业区等	规划部门、农业部门、旅游部门	多以个体保护建设为主，忽略系统建设及与城市游憩空间的衔接；游憩对用地生产、生态功能影响明显
优质农田保存	农田保护区划、基本农田控制线	具有较高生产潜力且连片度高的生产用地	农业部门	忽略斑块规模较小、但对城市多元农副产品供给具有重要意义的生产用地；未重视农业生产环境提升
森林植被保护	森林资源发展规划、古树名木保护规划	具有一定规模且植被群落丰富的林地斑块	林业部门、园林部门	重点保护原生自然林地斑块，忽视半自然半人工林地斑块在森林演替中扮演的角色
河湖水系保护	水系规划、污染防治、水源保护区	河流为主的地表水体及取水点周围区域	水利水务部门、环保部门	忽视地表径流通道的保护与维持，缺少对水系沿线、与水体及水文生态系统紧密关联的用地管理

① Lopes A，Saraiva J and Alcoforado M J. "Urban Boundary Layer Wind Speed Reduction in Summer due to Urban Growth and Environmental Consequences in Lisbon," *Environmental Modeling& Software* 26, no.2（2011）: 241-243.

续表

目标导向	专项规划类型	管控对象	涉及部门	管控中存在的主要问题
土壤保护	土壤保护区划、土壤环境保护规划	土壤类型、污染情况、受侵蚀程度等	环保部门	未考虑土壤与其他环境要素间的关系，未对可能造成土壤侵蚀及污染的生产及建设模式进行管理引导

资料来源：根据《全国生态脆弱区保护规划纲要》《基本农田保护区规划》等资料整理

（二）绿地规划编制局限

现行绿地系统规划管控范围及内容存在局限，忽略了边缘区中对城市发展起到支撑作用的小规模农林用地保护：（1）规划范围局限，现状绿地系统规划作为城市总体规划下属的专项规划，受建设用地边线影响，仅着重城区内部绿地布局及处于保护名目下的生态用地保护，忽略与城市紧密联系且具有高服务价值的边缘区小规模农林用地；（2）用地功能单一，城区内部人工绿地多强调景观效果及游憩价值，外围绿地多强调生态保护或农业生产功能，过分强调用地开发及资源保护的二元性；（3）保护规划编制滞后于建设规划，原生生境被建设用地包围或侵蚀，成为破碎化、均质化的"城市盆景"，生态功能发挥受阻。

（三）游憩功能引导缺失

城市边缘区小规模农林用地除生态保护、农副产品供给外，还具有较高的休闲游憩潜能。但既有郊野公园、休闲农业规划等由于缺乏系统功能兼容及用地协调考量，休闲游憩利用与生态保护、农副产品供给等冲突明显。

郊野公园的设立源于通过游憩区域限定及活动引导，防止大量都市人群涌向近郊乡村，以实现当地环境资源的有效保护及适当利用，但我国某些地区采取的"造绿式"郊野公园建设却导致边缘区小规模农林用地蚕食及政府财政负担增加（图2-2）。受传统造园方式与认知影

图2-2　"造绿式"郊野公园建设
资料来源：作者自摄

响，对原有农林景观进行大面积改造或重建，不考虑现状的公园建设影响生态服务产出，并带来高昂的建设与维护费用；对生态功能认识片面，忽略小块农田、林地在生态保护中发挥的作用，人工绿化建设在一定程度上造成高价值农林用地减少，甚至诱发耕地与绿化带争地现象①。

休闲农业利用农林田园、自然景观及乡村文化资源，挖掘其非生产性经济收益，是满足经济转型需求、市民休闲娱乐诉求、改善乡村物质条件的"多赢"措施，但相关系统规划及管控措施的缺乏，造成休闲农业发展危及区域生态系统及资源保护：（1）自发性休闲农业发展缺乏环境保护意识，未考虑生态保护所必需的用地保留及设施布局，违章建设占用大量具有较高产能或生态价值的农林用地及河流水体等；（2）忽视当地特色农林、山水资源保护与价值挖掘，建设一味模仿既有案例，开发内容及模式雷同，如桃花村、梨花节等大量类似项目的背后是环境资源开发深度及创新不足；（3）游客无约束行为对农林环境破坏极大，污染肆意排放严重影响用地生产或生态性能。

第二节
小规模农林用地保护破题思路

小规模农林用地在山地城市环境问题产生与解决中扮演着双重角色，一方面，农业生产是造成水体非点源污染、土壤侵蚀等环境问题的始作俑者，小块农田分散布局加大了污染防治及水土保持工作难度；另一方面，适应当地气候及水土条件的小规模农田能为城市提供多种健康食物，残存林地、片林保护又能为物种提供多元生境并促进生态系统服务发挥，是解决问题的关键。不同于规模较大的农田、林地，小规模农林用地保护并无既有法律法规可寻，而采用普适性措施进行全覆盖管控低效且施行困难。

---

① 张凤荣、张晋科、张琳、姜广辉、赵华甫：《大都市区土地利用总体规划应将基本农田作为城市绿化隔离带》，《广东土地科学》2005年第3期。

本书鉴于边缘区农林用地与城区生态环境及复合功能关联度高，具有问题复杂性、发展动态性等特征，提出针对山地城市边缘区小规模农林用地保护困境的破题思路，即用地保护"以点带面"、用地布局"顺应自然"、功能组织"兼顾并蓄"、用地管控"衔接适应"。

一、用地保护"以点带面"

"以点带面"指通过重点保护与生态系统服务发挥相关联的高价值小规模农林用地的作用，带动并优化边缘区内部以及城市、区域层面环境保护与生态功能发挥的用地策略。落地保护边缘区绿色空间的关键在于判断哪些是真正需要保护的用地，即在城乡环境改善、农副产品品质提升及乡村游憩服务供给等功能发挥及服务效能提升方面具有重要作用，却未受到应有保护的高价值小规模农林用地。

（一）系统支撑与环境改善

小规模农林用地能够有效维持生物多样性并改善城乡生态环境，对城市周围近自然生境进行维护、更新以提升区域生境网络连通性的规划方法，已受到业界普遍认可[1][2]。景观安全格局理论认为，不论均质或异质景观，其中某些区域、点位或空间关系对控制生态过程具有重要作用，是构成景观安全格局的关键，是既有或潜在的生态基础设施[3]。仅针对特定物种或大型生境的保护措施难以奏效的主要原因，就在于其忽略了景观网络连续性及战略生态区域对生物多样性保护的重要作用[4]，被公认为能够快速评价区域生物多样性的GAP分析法，其核心便是识别那些由于代表性不足而未被划入保护区，但却对维持景观网络及生态过程连续性具有战略作用的用地及关

---

① 韩西丽、李迪华：《城市残存近自然生境研究进展》，《自然资源学报》2009年第4期。
② 车生泉、郑丽蓉、宫宾：《城市自然遗留地景观保护设计的方法》，《中国园林》2009年第4期。
③ 俞孔坚：《生物保护的景观生态安全格局》，《生态学报》1999年第1期。
④ Scott J. Michael，Davis Frank W. and Blair Csuti，"Gap Analysis：A Geographic Approach to Protection of Biological Diversity，" *Wildlife Monographs* 123，1993：41.

联环境要素①。GAP分析法认为生物多样性保护不能仅考虑目标物种丰度最高的生境，还应保护能够支撑当地物种群落生息繁衍及生境维持的小规模生境，并构建连续的景观网络②。实践证明，GAP分析法基于生境及物种的双重保护措施比单一物种保护更具可行性且成本更低③。

可见，城市边缘区小规模农林用地的生态保育价值远远高于其本身的生产价值，欧美等发达国家已将其纳入城市生态修复与建设策略中，并进行保护与强化。在美国，保护高价值小规模农林用地并进行系统性建设（Jongman，1995）的思想反映在相关法规政策中，绿地设计已从休闲性与观赏性逐渐向林地、农地资源保护及生物多样性维持方向转变。小块农田、林地可作为绿色基础设施的重要组分，为城市提供必要的生态服务，同时反控建设用地增长并优化空间格局④，如马里兰州绿图计划（Randolph，2004）便将由高价值农林用地构成、对促进环境功能发挥最重要且相互联系的生态网络保护与建设作为首要目标。

（二）农副产品供给提升

在边缘区中保留一定规模的农林用地具有战略意义，尤其在地形起伏、适耕适建用地紧张的山地城市。管子曾在《八观》中提到"凡田野万家之众，可食之地，方五十里，可以为足矣；万家以下，则就山泽可矣"。高价值小规模农林用地保护是提升区域环境品质、保障多样农副产品供给的核心：一方面，适应山地、丘陵地形地貌特征的小规模农林用地保护，既增加了区域生产用地规模，还为不同类型、品种的农作物提供了适宜的生长环境，同时短距供给能减少食物生产、运输过程中的能源消耗及环境影响；另一方面，与生产区水土涵养、径流吸附、污染过滤等关联的小规模农田、林地斑块保护，能有效改善区域水土环境、维持系统稳定性，有利于提升

---

① 王棒、关文彬、吴建安、马克明、刘国华：《生物多样性保护的区域生态安全格局评价手段——GAP分析》，《水土保持研究》2006年第1期。

② Scott J. Michael, Davis Frank W., McGhie R. Gavin, Wright R. Gerald, Groves Craig and Estes John, "Nature Reserves: Do They Capture the Full Range of America's Biological Diversity?," *Ecol Appl* 11, no.4（2011）: 999-1007.

③ 同①。

④ 邢忠、乔欣、叶林、闫水玉：《"绿图"导引下的城乡结合部绿色空间保护——浅析美国城市绿图计划》，《国际城市规划》2014年第5期。

生产区产品产量与品质。

　　小规模农林用地改善生产区环境品质主要体现在：林地及灌木草地等作为植被滨水缓冲带吸收、过滤地表径流，削减生产区非点源污染；散布的坑塘与低洼耕地形成暂时性蓄水库及过滤池，吸收并滞留地表径流、过滤泥沙及污染物质，缓解暴雨径流对土壤的冲刷强度，涵养水土；林地斑块通过调节温湿度，改善生产区微气候；生产区中的林地、灌木丛、草地等能为某些物种提供生境，提高物种多样性并降低农作物病虫害发生频率。部分发达国家或地区根据主导功能（如生态安全、产品生产等），对农林用地进行分类管控，如我国台湾地区在农业用地管控中针对具有生态保育、国土安全等特殊功能的用地，及风景区、河川区、乡村区等区域具有生产功能的用地进行分类管控限制；韩国则依据《农渔村发展特别措施法》将农地划为"农业振兴区域"和"农业保护区域"两类[①]。

　　适宜地形特征的小规模农林用地保护能为城市提供多元且充足的健康食物、材料供给。美国伯克利国家实验室与萨克拉门托公益事业部的一项研究显示，城市周边林地斑块能为城市提供47%的能源供给[②]；且因小规模农林用地与城市住宅距离较近，利于农副产品就近生产与供给，并建立起利于有机废弃物堆肥及回收利用的城乡物质微循环[③]。基于此策略，西方城市规划界提出保护城郊小规模农林生产用地、追求可持续耕作以应对未来城市粮食供应的思路，如2005年卡特琳·波尔和安德烈·维翁在其著作《CPULs：连贯生产性城市景观》中提出连贯生产性城市景观（Continuous Productive Urban Landscape）的概念，尝试将小块农田纳入城市设计体系；2009年，安德雷斯·杜安尼（Andres Duany）提出农业城市主义理论（Agricultural Urbanism），致力于将农业活动，包括生产、加工、运输、分配、消费、废物回收的过程，以各种规模的农场、菜园、作坊、农夫集市、有机餐厅等用地形式组织到城市空间中。

---

① 杨兴权、杨忠学：《韩国的农地保护与开发》，《世界农业》2004年第11期。
② "Green Infrastructure：Cities," last modified July，2019，https：//www.asla.org/ContentDetail. aspx?id=43535.
③ 渡边贵史：《论日本城市农用地的保留对于可持续发展城市环境之影响》，《中国名城》2012年第7期。

(三)乡村游憩产业促进

利用城市外围区域农林景观、自然景观、民俗文化等发展乡村游憩产业、带动乡村社会复兴已成为各国共识,如1865年意大利成立"农业旅游全国协会",鼓励市民到乡村体验农田野趣[1];20世纪30年代,德国开始发展以度假农庄和市民农园为主要形式的乡村游憩;1951年法国首家农家旅舍开张,并得到法规政策支持。我国乡村旅游起步较晚但发展迅速,2015年我国休闲农业和乡村旅游接待游客超过22亿人次,营业收入超过4400亿元,从业人员790万,其中农民从业人员630万[2]。

因乡村游憩发展带来可观的社会及经济效益,农村居民及各级政府都予以高度关注及大力支持,但随着城市人群大量涌入乡村,游憩活动产生的废水、废弃物等规模严重超出本用于服务当地村民的公共服务及基础设施容量,出现垃圾肆意堆积、良田踩踏等问题。"以点带面"的规划思路指出应筛选并确定区位优势明显、具有较高游憩服务能力的小规模农林用地进行游憩活动及游线组织,使游憩服务设施及相关用地自成系统且集约布局,既能满足游客游憩需求,带动整个边缘区乡村游憩产业均衡发展,又可保障农林核心生产区及当地居住生活区相对的独立性,避免过量游客进入及其活动对农村居民的正常生活、生产造成负面影响。

二、过程整合"顺应自然"

"顺应自然"指用地布局及空间组织应充分尊重并遵循自然生态过程,通过关联环境要素间的联系维持,使人工、半人工生态系统与自然生态系统有机融合。保护与生态过程维持相关的用地及空间,通过物能流动过程将各环境要素进行组织与串联,确保环境服务及产品顺利生产与供给,如合理组织的城郊片林能够涵养水源、吸附污染物,水稻田、坑塘

---

[1] Frederick Steime,*The Living Landscape Agra-logical Approach to Landscape Planning*(Graw-Hill: Inc,1996),p.57-59.

[2] 《2015年全国休闲农业和乡村旅游接待游客超22亿人次》,最后更新时间2016年5月9日,http://news.xinhuanet.com/politics/2016-05/09/c_128968441.htm。

等能够发挥"城市湿地"的作用，在暴雨期间吸附、调蓄地表径流（图2-3）。

图2-3　城郊作为雨洪管理设施的农田湿地
资料来源：作者自摄

（一）过程关联空间预留

城市边缘区农林用地涉及地表水文过程、大气循环过程、物种迁徙过程、养分流动过程等自然生态过程，遵循自然过程承载空间模式的连续景观网络保障各类过程进行。规模大且连片度高的建设用地扩张大肆侵占边缘区生态空间，阻断自然过程，影响系统服务供给。为达成建设发展与生态系统服务持续供给的平衡关系，需在建设用地选择之前，识别并预留承载系统服务必需的自然过程的生态空间及用地。

低环境影响发展（Low Impact Development）是协调建设开发与生态保护的重要途径，强调在建设开发的同时，能够尽可能地维持场地原有自然生态过程，保障城乡间物质能量流动，规避或削减建设开发对生态系统、环境要素造成的负面影响，维持生态系统完整性，并利用景观生态网络反控建设用地发展，其关键便在于前期对生态过程关联空间进行识别与预留。地表水文过程是其最常涉及的生态过程之一，低环境影响发展提出在规划之初应充分考虑维持开发前原始地表排放空间模式及关键排放点，如开放空间选择尽量沿主要汇水线布局并靠近次级流域的下游地段，以备植入具有地表径流转送、存储和净化功能的绿色基础设施。

（二）布局顺应自然过程

小规模农林用地顺应自然过程布局主要体现在适应地形起伏及地貌特征所形成的多种农耕生产模式及农林生态系统建设。山地、丘陵区域中山脊、沟谷、坡地等地形要素勾勒出一个个规模较小但类型丰富的微环境单元，生态环境的差异为不同类型的农业生产提供契机，如坡地适宜果树生长，沟谷适宜湿地、草地型农业生产等，故农林用地布局应顺应特定的环境类型及要素分布，选择适宜的农业生产类型及模式。农林生态系统是对物质的多层次循环与能量的高效利用，即通过农田耕地与自然林地、草地、灌木地、湿地等结合布局，改善生产环境、提高系统产出：（1）林地具有涵养水土、改善周边环境温湿度等作用，农林混合布局能有效改善生产、生态环境，提高营养物质固定能力及生产效率[1]；（2）渗透性较强的耕地可作为人工湿地参与水文循环过程，尤其在洪泛区域，其不仅可补充地下水，还具有滞洪蓄洪等水文调节功能，2014年世界湿地日主题定为"湿地与农业——成长的伙伴"便体现出农田与湿地的联系，台湾淡江大学学者通过调研云林地区农业水资源利用情况，发现2010年稻田总用水量9.09亿吨，其中43.2%通过地表渗透补充地下含水层[2]；（3）林地、灌木草地等能有效吸收地表径流中的营养物质，从"源头控制"非点源污染。

　　建设用地扩展应保障城市边缘区农林生态系统、自然生态系统完整性，强调人工生态系统与二者的衔接，具体形式包括用地布局与空间形态顺应自然过程、城乡系统间物质循环过程重建两方面。建设用地边线划定应采用维持自然过程的"健康划线法"，确保土壤肥力维持、水土涵养、水源供给等，空间组织应遵循促进生态功能发挥及改善城市景观功能的原则。城乡环境问题频发主要归咎于人为活动削弱系统间物种互惠功能及自然输入补给，致其丧失原有稳定性和可持续性[3]，若增加城乡系统内能吸收比例，则城市系统以废弃物形式向边缘区排出的"废熵"便会减小，故重新建立农村生产系统与城市人工系统间的物质循环与联系，可缓解城市"垃圾围城"、生产区水土污染等问题。

---

① 樊巍、王广钦、宋兆民：《农田防护林人工生态系统物质循环与能量流动研究》，《林业科学》1991年第4期。

② 《彰云地区农业水资源利用之现状及建议》，最后更新时间2014年12月29日，https://www.newsmarket.com.tw/blog/63279/。

③ Apostolos G. Papadopoulos, "Planning on the Edge: The Context for Planning at the Rural-Urban Fringe," *Urban Study* 45, no.2（2008）：454.

三、复合功能"兼顾并蓄"

"兼顾并蓄"是指空间及功能组织应保留用地本身发挥多种功能的潜在能力，通过引导、协调等促进复合功能发挥与兼容。城市边缘区农林用地复合功能发挥符合现时代社会发展背景：一方面，我国社会发展阶段正式步入"大众休闲时代"，城市居民对城郊游憩的诉求日益增加；另一方面，边缘区生态用地是城市生态安全格局的重要组分，城区环境问题解决需要依赖外围生态用地共同作用；此外，追求健康、环境友好型食物与材料供给的趋势，使边缘区农林用地生产具有了生态保护、资源优化利用等多重意义。边缘区农林用地复合功能的选择性表达需根据环境资源固有特征及区位特点共同决定[①]。

（一）潜在冲突分析

20世纪末，在"多功能景观——景观研究和管理的跨学科方法"国际景观论坛上，多功能景观的概念被正式提出，强调在同一时间、同一用地单元内多种景观功能的整合。用地多功能整合并不等同于简单的功能或形态叠加，而是为获得多种功能产品的用地协调与复合作用过程。城市边缘区农林用地具有复合功能，但各功能在用地适应性及兼容性上存在差异，处于同一用地单元的景观要素与主要功能类型或各类型功能间可能存在矛盾与冲突[②]，如休闲农业发展吸引大量外来人群来到乡村，过量的人流、车流及人为活动破坏农业生产环境，影响农业产量；机械化农业生产对用地平整处理，造成乡村农林风貌均质化，蚕食多样物种生境。故规划需先根据用地自身条件限制及城市功能诉求，确定区域用地组成及主导功能，并对兼容功能进行引导建议。

（二）功能复合兼容

市场经济体制下，城市边缘区农林用地的主导功能会发生更替与改变，以适应区域社会经济发展与城市诉求。用地功能变化分为两种形式，一种

---

① 顾朝林、陈田、丁金宏、虞蔚：《中国大城市边缘区特性研究》，《地理学报》1993年第4期。
② 张小飞、王仰麟、李正国：《基于景观功能网络概念的景观格局优化——以台湾地区乌溪流域典型区为例》，《生态学报》2005年第7期。

虽改变用地主导功能及用途，但仍能较好地保持用地其他功能发挥的潜力，如结合农业生产发展都市农业、休闲农业等，可在不影响农业生产能力的基础上，提高非农产品经济收益；另一种因用地主导功能改变，严重影响其他功能产出，甚至使其丧失发挥其他服务的潜能，如兼具生态调节与农业生产等潜能的天然湿地，因集约农业生产引流排水或开垦而消失，这种以消耗用地"调节服务"与"文化服务"为代价，来提高作物、木材、家畜等"供给服务"的做法，已造成世界某些地区超过50%的泥炭地、沼泽、河岸、湖滨和洪泛平原消失。

边缘区用地在城市与乡村发展中被赋予多重功能属性：一方面，高能耗、低质量的集约农业生产模式已导致食品安全、生态安全、工农争水等问题爆发，且依托于农林用地的乡村社会、经济亟待发展；另一方面，城市社会为优化自身及区域发展模式，对边缘区用地提出生态调节、休闲游憩、健康食品供给等复合功能诉求；此外，边缘区用地随着城市建设扩展而处于动态变化中，需考虑功能改变与更替。故山地城市边缘区高价值农林用地功能确定需要遵循三个原则：其一，根据城市发展及生态保护诉求确定主导功能；其二，主导功能发挥不应影响其他功能发挥潜能；其三，用地其他功能发挥需要与主导功能具有兼容性。

用地功能复合兼容的核心在于商品性产品与非商品性产品的促进与融合，二者通过生产过程中的技术依赖、固定的非可分配投入及生产者可分配投入等形成联合生产。就农业多功能而言，主要为生产过程中的技术依赖，如密集劳动投入取代外部物质能源补给的农—果—林复合系统在减少负面环境影响的同时，还能够安置大量返乡人口，维持社会稳定，丰富区域景观类型，促进休闲产业发展并提供多种农副产品。

四、规划管控"衔接适应"

"衔接适应"是指边缘区农林用地规划管控应与横向层面及纵向层面相关联的其他规划在目标、内容、措施等方面进行衔接，强化管控措施的实效性，同时采用过程式管控，以应对要素变化不确定性对管控落地造成的影响。

（一）关联规划与管控措施

根据不同法律效应，涉及城市边缘区农林用地的规划管控主要可分为两类：（1）法定规划，包括基本农田保护区规划及自然保护区规划等，此类规划保护力度较强，但其管控对象主要为规模较大或自身服务能力较高的农田、林地，而对高价值小规模农林用地采用笼统分区；（2）非法定规划，作为法定规划内容补充，旨在促进边缘区用地复合服务发挥，包括各类用地区划、生态基础设施规划、游憩规划等，但因缺乏法律支撑，规划目标落地与后期建设管理难度较大（表2-2）。

城市边缘区农林用地相关规划管控内容及目标　　　　表2-2

	目标	法律效应	法规依据	管控内容及指标	相关规划
功能区划	保护环境资源，优化城镇空间格局	非法定规划	《城乡规划法》《城市规划编制办法》	分区类型，如优化开发、重点开发、限制开发、禁止开发；分区范围及规模，如用地边线、空间形态等；分区管控，如建设及管理控制	生态功能区划、农业功能区划、城市禁限建区规划、生态红线规划
基本农田保护区规划	农副产品供给规模保障	法定规划	《中华人民共和国土地管理法》《基本农田保护条例》	用地规模及边界，如耕地保有量、保护区面积、保护率；环境质量，如水利工程建设、土壤肥力建设；环境污染控制	——
林地保护利用规划	保护林地资源，优化林地结构，提高林地利用效率	非法定规划	《中华人民共和国森林法》《全国林地保护利用规划纲要》等	林地规模，如森林保有量、征占用林地定额、林地保有量；林地利用情况，如林地生产率、重点公益林地和商品林地；林地管控分区，如优化、重点开发区，限制、禁止开发区	森林保护规划、林地恢复规划、林地利用规划
自然保护区规划	保护特色自然区域及环境资源	法定规划	《风景名胜区条例》《自然保护区管理条例》	保护区范围及规模，如用地边界；保护管控分区，如保护核心区、保护缓冲区	风景名胜区

	目标	法律效应	法规依据	管控内容及指标	相关规划
区域绿地系统规划	保护城市生态环境，协调城市空间结构	非法定规划	《城市绿化条例》《城市绿地系统规划编制纲要》	绿地规模，如绿地保有量、人均绿地面积等；绿地功能划分；绿地分区管理	城市绿地系统规划（法定规划）
绿带/绿化隔离带规划	保护生态环境，控制城市蔓延，优化空间结构	非法定规划	《森林法》《城市绿线管理办法》等	绿地范围及空间格局，如用地边线、形态、廊道宽度等；绿地结构及功能类型；分区管理，如维护、建设及管理控制，反控城市区域建设用地范围	城市非建设用地规划
生态基础设施规划	优化城市景观格局，提升生态服务水平	非法定规划	《海绵城市建设技术指南》	生态基础设施系统构建，多尺度综合考虑；设施类型及布局；设施建设及维护管理；相关用地管控	绿道规划、湿地系统规划
游憩规划	满足市民休闲游憩需求	非法定规划	——	用地范围及选址；游憩功能及路线组织；游憩设施布局	森林游憩规划、乡村游憩规划

资料来源：作者根据相关资料整理

（二）规划衔接与适应管理

强化城市边缘区高价值小规模农林用地管控需从两方面着手：一方面，通过与相关法定及非法定规划的衔接与整合，强化用地管控的科学依据及法律保护地位；另一方面，适应用地动态变化特征，提高用地管控措施的落地实施性。

提高用地管控的科学依据及法律地位，可通过与横向部门规划及纵向上下位规划进行衔接[①]得以实现，横向部门规划指针对同一层级的不同环境要素或同一环境要素的不同功能目标，由不同行政管理部门制定的专项规划，如林业规划、农业区划、风景区规划、环保规划、旅游规划等；纵向上下位规划指针对某一特定或多种类型要素、自上而下的规划管控。为促进与横向部门规划及纵向上下位规划的衔接，应以统一功能目标或问题为

① 叶林、邢忠、颜文涛：《山地城市绿色空间规划思考》，《西部人居环境学刊》2014年第4期。

导向制定战略性管控纲领，以系统性、整体性视角提出用地管控策略。如深圳基本生态控制线规划、上海郊野单元规划、重庆"四山"地区开发建设管制等，以控制城市蔓延、保护自然资源为目标，尝试通过分区划定、单元管控、刚性管控与弹性引导协调等措施，实现共同目标导向下的多部门管控措施整合，从而提升用地管理水平。

　　城市边缘区用地转化率高且自然要素与人工要素作用复杂，蓝图式规划难以满足其发展诉求，可借鉴"状态—压力—反馈—响应"的研究思路，采用适应用地动态变化特征的、刚性控制与弹性引导相结合的管控方法，即在确保刚性控制区得以严格保护及用地主导目标得以实现的基础上，对规划实施后的影响及效果进行监督反馈，并适当调整弹性引导区域用地管控措施及指标，使管控更贴合用地实际情况，目标落地实施性更强。

第三节
农业—自然公园规划概念内涵

　　农业—自然公园是基于山地城市边缘区小规模农林用地现状及保护需求的必然选择。本书在原有概念的基础上，结合山地城市复合功能诉求及地域特征，赋予农业—自然公园新的用地组成及功能意义，提出以公园的形式进行边缘区高价值小规模农林用地有效保护与复合利用的管控途径：一方面可实现边缘区高价值小规模农林用地自身保护的系统性与利用的高效性；另一方面还可提升区域层面整体生态保护效能，以响应边缘区农林用地所面临的复杂问题及复合功能诉求。

一、规划本体认识

（一）用地属性认知

　　山地城市边缘区小规模农林用地因受人为要素及自然要素强烈交互影响，具有不同于其他区域或用地类型的特有属性。顾朝林先生在《中国大城市边缘区研究》一书中提到,"城市边缘区同时具有自然特性和社会特性,是城市中具有特色的自然地区,是城市扩展在农业用地上的反映"[1]。

1. 自然生态属性

自然属性是山地生态环境赋予城市边缘区小规模农林用地作为重要组成要素,参与生态系统服务产出的、固有的特征与性质,其中物质不稳定性[2]、系统整体性及生境丰富性是其所具有的三大特征:(1)山地区域用地因循地形高差、地表起伏、坡度变化等地形特征布局,相较于平原区域,具有明显的物质不稳定性[3],对抗外界干扰能力较低,易在坡度较大的区域发生物质迁移[4],如暴雨冲刷易导致山地及坡面区域农田中土壤、植被等移动,并伴随土壤养分流失;(2)小规模农林用地虽在空间布局上相对分散,却通过地表水体及潜在径流通道联系并作为区域生态系统的有机组分,影响系统稳定与健康,如流域上游区域农业生产蚕食小块林地、草地,造成水土流失、土壤结构改变,将直接导致下游区域水沙失衡、河道淤塞,危及生态系统安全;(3)因地形起伏带来的坡度、坡向变化作用于用地温湿度、风力、风向等,形成不同用地斑块内光、水、热、土、肥差异性较大的生境条件,较平原城市具有更丰富的生境类型及物种多样性。

除自然要素及生态过程外,山地城市边缘区小规模农林用地自然属性还受人为活动影响,根据作用效果可将影响分为两类:(1)促进强化型,即能够强化用地服务功能或削减其负面影响,如灾害防护工程、堤岸加固等能够强化用地及物质稳定性;(2)影响破坏型,即削弱用地服务功能或加深其负面影响,如流域内不合理的基础设施建设及农业耕作易加剧用地斑块内物质流失,并破坏其丰富的生境类型。由于受城市发展、农业生产等影响程度不同,小规模农林用地的分布特征、规模比例、自然属性等在

① 顾朝林:《中国大城市边缘区研究》,科学出版社,1995,第39页。
② 叶林:《城市规划区绿色空间规划研究》,博士学位论文,重庆大学城乡规划学系,2016,第17页。
③ 钟祥浩:《山地环境研究发展趋势与前沿领域》,《山地学报》2006年第5期。
④ 同②。

边缘区中呈梯度变化[①]，其中建设用地外围小规模农林用地斑块数量较多，由于人工干预过度，生境均质化、破碎化明显；农业生产区由于用地整理、规模生产等，小块农田、林地多被清理或兼并，数量相对较少；生产区向自然区过渡的这一区域小规模农林用地斑块增长明显且与自然要素、地形特征结合紧密，生境多样性较高。

2. 社会经济属性

社会经济属性是城市边缘区所特有的区位条件及发展背景赋予小规模农林用地作为"生产资料"，为城市提供复合服务与产品或提升经济效益的特征与性质，主要包括功能复合性、公共产品性、影响外部性及权属复杂性等。（1）城市边缘区小规模农林用地由于交通条件便捷、用地资源丰富、土地占用成本较低等原因，成为各类城乡功能争相进入的"热门"区域，用地具有复合功能属性，如边缘区小规模农田既可以作为蔬菜、牛奶等农副产品生产基地，同时还可设置苗圃、种植花卉，发展乡村游憩，提高农户经济收益，但功能复合性表达若不加以协调管控，各类城乡用地混杂布置，易导致区域环境污染与破坏，如眉山城市边缘区大量养殖场、食品加工厂、造纸厂等聚集，造成河流严重污染（图2-4）；（2）边缘区小规模农林用地参与促进的空气净化、生物多样性维持等生态服务具有公共产品属性，受益者不需要为享受服务而"买单"，长期享受边缘区环境产品的城乡居民及受益于环境增殖效益的开发商等未意识到

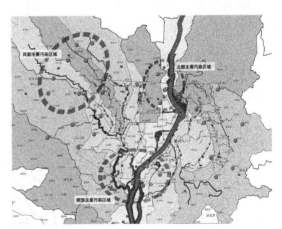

图2-4　城市边缘区用地混杂导致生态环境污染
资料来源：眉山中心城区"166"控制区概念性总体规划[R]. 重庆大学规划设计研究院有限公司，2015.

---

① M. J. McDonnell and S. T. A. Pickett, "Ecosystem Structure and Function along Urban-Rural Gradients: An Unexploited Opportunity for Ecology," *Ecology* 71, no.4（1990）: 1232-1237.

小规模农林用地保护与其切身利益的关联性，保护意愿不高，导致边缘区农林用地遭到侵占或破坏，而边缘区与城市系统间存在的持续物质能量流动，使边缘区用地环境污染具有明显的外部性，即建设侵占、农业生产造成的边缘区生境破坏与环境污染将直接影响城市生产、生活环境；（3）边缘区小规模农林用地权属涉及政府部门、开发商、乡村集体组织、农户等多方利益主体，除依法归国家所有或已被征用的用地外，大部分属于集体土地，且土地所有权、使用权、支配权等可归属一个或多个主体①，如农田所有权虽属于村集体，但其实际使用权、支配权却掌握在农户手中，各项权利交叉重叠，使传统的、仅以城市发展为价值导向的规划策略难以实施并得到有效管理。

（二）空间结构认知

1. 城乡"缝隙规划"

农业—自然公园是通过城市边缘区高价值小规模农林用地针对性保护，以实现区域自然、半自然资源整合的"缝隙"规划，其中小规模农林用地包括依托于孤立高地、山脊等地形单元及沿河残存的次生林片段，农田中散布的林地、结合居民点形成的林盘、小规模农田等。我国相关法律法规对于大规模高价值农林用地具有相对严格的保护及管理措施，如针对大规模高产农田保护划定的基本农田保护线，针对大规模原生林地保护划定的自然保护区，为控制集中建设区域划定的城市增长边界等，位于这几条保护、管控线之间的用地多被视为"弹性建设区域"。城市规划管控中，不同于城市建设区内部绿地（绿线范围）或自然核心保护区（禁建区范围）保护所采用的强制性措施，针对次级保护区域（限建区范围）的管理强度明显偏弱，仅用"尽量""需要"等字眼对开发活动进行引导性管理，为后期用地被变向侵蚀埋下伏笔。城市边缘区小规模农林用地由于缺乏纳入法定管控范围的必要规模而缺少有效保护，受到城市建设及集约农业生产蚕食，但其所具有的复合价值对于提升法定管理区的保护、控制效能具有显

---

① 崔宝敏：《我国农地产权的多元主体和性质研究》，博士学位论文，南开大学理论经济学系，2010，第33-36页。

著的促进作用，如小规模
次生林地能够强化大型自
然斑块间的联系，维持生
物多样性及生态系统服务
发挥。农业—自然公园利
用公园的形式，通过自身
系统完善及合理利用实现
高价值小规模农林用地实
质性保护，同时强化各小
规模斑块间及与大型生境
斑块（如自然保护区、风

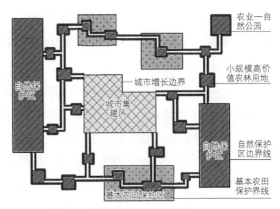

图2-5　农业—自然公园结构示意图
资料来源：作者自绘

景名胜区等）、城区的空间联系，完善区域景观格局，提升对城市生物多样
性维护、多元食品供给、休闲游憩服务、景观风貌提升等复合诉求的响应，
构建"山—水—林—田—城"空间联动系统（图2-5）。

2.复合景观网络

"'纯粹的自然'已不复存在，全球范围的城市化已产生巨型尺度的城
市区域空间结构，城市蔓延与城乡复合体所形成的环境空间，更接近地景
生态学中的混杂地景或是土地嵌合体，须以'第二自然'的观念，来重新
理解并改变传统自然保育对策"[1]，绝大部分的自然已遭到人为活动干扰，具
有可实施性的环境保护应跳出环境保护与城市发展二元对立命题，以新的
规划指向及框架来指导用地布局及管理。协调城市建设与环境保护诉求的
复合景观网络构建若要保障城乡可持续发展，需确保用地斑块间持续不断
的物质、能量流动，以维持生物多样性及生态系统服务发挥。农业—自然
公园作为城乡物能流的集汇区域，自然生态、社会经济属性的叠加使其需
满足城乡复合功能诉求，并反映在景观网络构建中。

遵循自然生态过程的网络建设为其他功能发挥奠定基础，公园景观网
络构建通过保留作为"源""汇"及其连通廊道的用地，来维持物质能量流
动及基础生态功能产出。网络构建将城区、边缘区及外部自然区视为统一

---

① 杨沛儒：《生态城市主义——尺度、流动与设计》，中国建筑工业出版社，2010，第2页。

整体，并根据系统中的功能定位来确定用地布局及空间组织，实现物质循环与能量高效利用，如城市上游区域用地组织强化水土涵养功能，下游区域突出水体净化功能等。

农业—自然公园复合景观网络还能为城区提供多种服务。城市嫁妆（Urban Dowry）理论认为边缘区用地作为城市发展的附属产物[1]，既能为大型基础设施、对外交通枢纽等提供用地，分流城市经济活动（如住区、商业消费），还能为城市提供景观、生态与休闲娱乐空间，如乡村公园、儿童开放活动地、旅游临时营地等[2]。美国西雅图城市开敞空间规划建设中，立足于城市山水资源本底，提出通过以景观生态网络的形式保护并连接城区及边缘区内现有自然斑块及公园，将作为城市绿色通勤路径的步行道和自行车道整合其中，提升绿地可达性及游憩服务能力；并在此基础上模拟自然水文过程，进行城市雨洪管理，减少污染治理和地表径流管理成本；此外，农业种植和食物生产功能也被纳入系统考量[3]。

（三）管控体例认知

农业—自然公园用地管控的主要目标，一为强化各部门专项规划间衔接，解决因用地及环境要素条块化管理而造成的管控缺失或低效；二为弥补城乡规划中忽视生态用地保护的管控缺陷，强化保护建设用地边界外、对城市发展具有重要支撑作用的用地，促进并协调生态系统功能发挥。本章前一部分内容已提到，多部门管理及城乡规划管控内容缺失是造成边缘区高价值小规模农林用地及关联要素保护失效的主要原因，农业—自然公园则是以生态环境改善、服务功能提升为目标导向，实现多规整合的管控平台（表2-3）。

---

[1] Maria Kaika and Erik Swyngedouw, "Fetishizing the Modern city: the Phantasmagoria of Urban Technological Networks," *International Journal of Urban and Regional Research* 24, no.1 (2000): 120-138.

[2] Apostolos G. Papadopoulos, "Planning on the Edge: The Context for Planning at the Rural-Urban Fringe," *Urban Study* 45, no.2 (2008): 454.

[3] 刘娟娟、李保峰、南茜·若、宁云飞：《构建城市的生命支撑系统——西雅图城市绿色基础设施案例研究》，《中国园林》2012年第3期。

农业—自然公园规划作为多规整合平台强化用地管控 表 2-3

	主要规划内容	专项规划衔接促进	链接城乡规划
高价值用地及生态过程识别	识别对生物多样性维持、农副产品就近供给、游憩服务提升具有高价值的小块农林用地，甄别关键生态过程及空间模式	充分考虑与各部门管理诉求相关联的、具有高价值潜力的小块用地及生态过程识别	识别对城市生产、生活、生态环境具有关键作用的环境资源
复合景观网络构建	通过水系、林带等将分散的小块用地进行整合，保障其复合功能发挥	将相关联的环境要素进行整合，明确各部门管控要素在生态功能上的交互作用关系	优化城乡空间格局，指导生态、建设空间及功能布局
枢纽单元建设引导	划定功能分区，根据主导功能进行针对性管控，协调主次功能间的关系	根据系统整体管控诉求，确定各分区主、次功能，并以此协调各部门管理优先权	弥补规划管控缺失，落地环境资源保护及低环境影响建设
用地管控	采用环境影响评估，实现用地"规划—实施—监控—反馈"全过程管理	通过建设条件设置，使各部门管控要求在城乡建设中得以落地实施	有助于城市增长边界划定与管理，及项目建设条件设置

资料来源：作者根据相关资料整理

二、规划思想内涵

边缘区用地结构调整及利用强度变化的主要原因在于土地所有者或使用者对不同类型用地间边际效益的认知与比较[1]，用地间边际效益差异的核心即为用地生态位的差异[2]。生态位原指生物个体或群落在生态系统中占据的空间、地位及具有的功能，用地分析中引入"生态位"的概念主要为反映不同用地类型所具有的功能并分析其间差异对用地变化的助推作用，主要可归纳为自然生态位（如生态保育、环境支撑）、经济生态位（如用地增值、开发利用）及社会生态位（如社区复兴、社会公平）三种[3]。实际建设过程中，开发者或机构多注重用地间经济生态位的差异，而忽略另外两类生态位差别，所以城市边缘区小规模农林用地因与城区距离近、地价成本

---

① 蔡运龙：《中国农村转型与耕地保护机制》，《地理科学》2001年第1期。
② 王德利：《关于生态场的几点评述》，《应用生态学报》2000年第3期。
③ 同②。

低等，成为建设用地扩张及占用的主要对象。然而，城市边缘区小规模农林用地虽经济生态位不高却具有较高的自然及社会生态位，为维护其作为城市生态支撑系统的功能基础及其公共产品产出，应由政府部门主导、利益相关者及组织协作对其进行针对性保护。

（一）既有管控分析

城市边缘区农林用地涉及环境要素、相关利益者众多，不同管控措施实效性差异较大。"指标控制"法在用地管控中较为常用，主要包括人均指标与用地比例指标，其强调的是生态用地所提供的服务与城市用地或人口规模在数量上的匹配关系，由于未考虑用地生态、社会等复杂背景，操作方法简单，得到广泛使用[①]。如各地土地利用总体规划中，根据城市粮食自给自足率目标及上级规划定位确定的城市耕地保有量、基本农田保护率等[②]。但此类管控措施多"重数量轻质量"，对于生态环境维持或系统服务产出具有关键意义的农林用地，尤其是小规模用地斑块，并未采取有针对性的保护措施，甚至疏于管理。"分区控制"法强调对用地进行分级、分区保护，主要分为"一般分区控制"与"安全格局分区控制"两类："一般分区控制"通过对用地坡度、水土侵蚀程度、生物丰裕度等进行评价，得到用地生态敏感分区，由此划定"禁建区""限建区"及"宜建区"并进行针对性管控[③]。此法虽在一定程度上考虑了用地生态保护诉求，但由于未考虑环境要素水平过程的连接，易造成用地片段式管理，人为割裂禁建区与限建区间、保护区与周围区域间、保护区与生态系统间用地存在的内在联系[④]。"安全格局分区控制"以生态系统稳定性、安全性维持及功能产出为目标进行用地整体协调与分区控制，综合考虑了环境要素在垂直与水文过程中存在的联系，能够较好地保护生态要素并维持自然过程。如俞孔

---

① 叶林：《城市规划区绿色空间规划研究》，第129页。

② 李边疆、王万茂：《区域土地利用与生态环境耦合关系的系统分析》，《干旱区地理》2008年第1期。

③ 王振健、李如雪：《城市生态用地分类、功能及其保护利用研究——以山东聊城市为例》，《水土保持研究》2006年第6期。

④ 杨建敏、马晓萱、董秀英：《生态用地控制性详细规划编制技术初探——以天津滨海新区外围生态用地为例》，《城市规划》2009年增刊第1期。

坚①、程迎轩②等采用最小累计阻力模型，从水资源安全、生态多样性保护、灾害防护等方面对用地涉及的环境要素及生态过程进行分析叠加，构建城市景观安全格局并进行分区管理。但此法现有实践与研究多集中于空间格局建构层面，缺少对用地层面的管控探索及用地社会经济属性的考量，落地实施性不强。

相关利益者及组织的支持与参与程度，往往是决定保护措施落地实效的关键，如郭玲霞等从博弈论的视角对无政府干预与有政府干预两种情况下生态用地保护情况进行分析，发现用地保护须政府合理干预、公众生态意识提高与积极参与结合③。其中城市边缘区农民发展权保护至关重要：一方面，边缘区农林资源作为实现农民发展权的物质基础，易遭到城镇建设发展的实体蚕食与虚体挤压，即建设用地扩展对农林用地造成的显性侵占，及建设用地外围划定生态保护区域（限制农林用地及农村发展）导致的发展权隐性挤压；另一方面，相较于归于国有、边界明确且受到严格保护的生态用地，边缘区小规模农林用地多为集体所有且产权细碎，一味限制用地发展的保护措施难以得到有效落实，从而陷入"政策管理—用途管控—违建蚕食—环境破坏"的恶性循环，或极大增加管理成本。

（二）高效保护手段

由于特殊的地域及区域特征，山地城市边缘区用地管控需聚焦两大问题：其一，明确哪些用地需要进行保护；其二，如何确保保护措施落地生效。由以上分析可知，能够实现生态系统及环境资源有效保护的方法应以用地对生态过程及功能产出维持的贡献多寡为依据，进行保护对象选择及控制措施制定，而并非单纯以用地本身规模大小、生境优劣等判断或仅仅进行总量控制；能够真正落地生效的管控除生态保护外，还应兼顾用地社会、经济属性及发展诉求，尤其需要在政策宏观管控下，保护农民发展权，

---

① 俞孔坚、王思思、李迪华、乔青：《北京城市扩张的生态底线——基本生态系统服务及其安全格局》，《城市规划》2010年第2期。
② 程迎轩，王红梅，刘光盛，等. 基于最小累计阻力模型的生态用地空间布局优化[J]. 农业工程学报，2016，32（16）：248-257，315.
③ 郭玲霞、黄朝禧：《博弈论视角下的生态用地保护》，《广东土地科学》2010年第3期。

使农民将农林资源作为"生产资料"、提高经济收入的同时，自愿承担保障必要的空间资源以维持城乡系统协调发展的责任，降低政府管理成本，即兼顾区域生态环境保护及发展诉求，强调充分保护并引导农民发展权的主动式用地保护[①]。

不同于城市公园、郊野公园，农业—自然公园并不是一种具体的公园类别，其研究核心也并非针对某一特定类型公园的景观组织与设计方法，而更类似于一种用地保护的手段或思路。农业—自然公园规划的本质在于通过生态过程整合串联，强化那些散布于城市边缘区范围内、具有高生态服务价值的小规模农林用地之间的空间及功能联系，使其从单纯的农林用地转换为绿色基础设施，得到系统性保护与低成本维持；同时强化与城市生境网络、游憩网络、农副产品供给网络的连接，促进用地生态系统服务及产品产出，通过复合利用实现边缘区高价值小规模农林用地的实质性保护。其保护措施的高效性主要体现在通过用地针对性保护及利用，实现用地管控落地，从而解决城市边缘区农林用地因规模较大、涉及要素及利益相关者众多等造成的既有保护措施低效的问题。

城市边缘区中并非所有的小规模农林用地都值得保护，而高价值用地保护的关键也并非在于用地本身保护，而在于区域自然生态过程维持。袁奇峰等在回顾广州市生态保护历程的基础上，提出应强化保护"农业型战略性生态空间资源"，即其现状虽为农业用途，但对城市整体生态安全格局构建、多样性维持等具有重要作用，需区别于其他农业生产用地进行针对性保护的用地资源[②]。王纪武等强调边缘区用地保护应从规模容量及生态格局构建两方面着手，即首先通过生态足迹、生态承载力测算与对比，明确资源制约下的城市发展限度及相关用地规模；在此基础上通过生态敏感性分析，确定利于城乡生态安全的空间格局，划定敏感性分区及建设适宜分

---

① 王纪武、李王鸣：《基于农民发展权城乡交错带生态保护规划研究》，《城市规划》2012年第12期。

② 袁奇峰、陈世栋：《快速城市化背景下农业型战略性生态空间资源保护研究——以广州为例》，《规划师》2015年第1期。

区，并进行针对性管控①。农业—自然公园通过自然生态过程模拟，探寻小规模用地斑块与生态过程间存在的内在关系，通过生态过程承载空间模式的维持来实现用地斑块的整体保护，不仅可落地指标管控中提出的用地保护目标，维持一定规模的用地，同时还可提升斑块内部的生境质量。

面对城市边缘区小规模农林用地复杂的用地权属及利益相关者不同的发展诉求，通过公园的形式组织用地复合利用能够提升公众对资源保护的关注与参与程度，是实现资源保护的有效途径。郊野公园与农业—自然公园在组织用地复合利用方面具有类似作用，其概念提出的最初目的，便在于保护自然野生物种及其生境，并为市民提供休闲游憩服务，后逐渐兼顾经济发展、环境保护、人文思想体现、当地景观风貌维持等多方面诉求②。香港通过郊野公园引入协助建设用地规划与管控，使其在建筑密度极高的情况下仍保留有410km²原生林地，占全岛面积的40%，并与城市形成发展时机上互相呼应、土地利用上互相制约、功能发挥上互为补充的关系③。深圳从2003年开始参照香港模式引入郊野公园，经历"城市山体隔离带—郊野公园思想引入—郊野公园建立和控制"三个阶段，基本实现了控制城市蔓延、保护自然环境资源、发展休闲游憩服务等目标④，如基于保护生态敏感区、水源涵养区等思考，划定基本生态控制线，并在其中建设马峦山、排牙山等多个郊野公园。

三、规划契入途径

（一）高价值小规模用地识别

城市边缘区高价值小规模农林用地识别与保护是对大型自然保护区域的补充。农业—自然公园规划高价值用地识别的实质便是生态系统战略点的确定，

① 王纪武、李王鸣：《基于农民发展权城乡交错带生态保护规划研究》，《城市规划》2012年第12期。
② 董波：《美国国家公园系统保护区规模的变化特征及其原因分析》，《世界地理研究》1997年第2期。
③ 张骁鸣：《香港新市镇与郊野公园发展的空间关系》，《城市规划学刊》2005年第6期。
④ 朱江：《我国郊野公园规划研究—以香港、深圳、北京、上海四城市的郊野公园为例》，中国城市规划设计研究院，2010，第10-11页。

作为物能流动的关键区域，大量物质、能量汇集使其拥有丰富的生物资源、景观层次及较高的初级生产力，能为城市提供多种生态系统服务，此类用地虽规模不大却是保障系统运行的关键。规划根据用地潜能及其在生态过程中扮演的角色，识别城市边缘区内功能价值较高的小规

图2-6 生物多样性较高的滨水用地
资料来源：作者自摄

模农林用地（图2-6），带动自然保护区及农业生产区整体保护，促进水土涵养、灾害防护、生物多样性维持等功能发挥，实现用地保护"以点带面"。

（二）网络构建维持功能产出

景观网络构建作为主动规划策略，通过斑块保护与修复、廊道建设等强化各斑块间的联系[①]，维持景观安全格局，确保生态系统稳定及功能产出，如文博等在系统分析水土保持、生物多样性保护、乡土文化遗产保护及自然景观保护四大过程的基础上，根据要素克服空间阻力的扩展趋势，确定不同层次的景观安全格局，并制定差别化用地保护措施[②]。农业—自然公园规划景观网络构建，将高价值小规模农林用地作为小微生态基础设施，整合到以水文循环空间模式为骨架的景观网络中，强化小规模农林斑块与自然过程及相关环境要素的联系，实现自然生态与人工过程整合，一方面可实现"让自然做功"的低能耗、低成本农林用地维持；另一方面可强化自然过程空间格局，维持健康、稳定的自然生态系统，并促进系统功能产出。

农业—自然公园景观网络由林地自然生境网络、生态过程支撑网络及

① 傅强、顾朝林：《基于绿色基础设施的非建设用地评价与划定技术方法研究》，《城市与区域规划研究》2015年第2期。
② 文博、朱高立、夏敏、张开亮、刘友兆：《基于景观安全格局理论的宜兴市生态用地分类保护》，《生态学报》2017年第11期。

农林生产景观网络三网叠合而成，其中林地自然生境网络用于维持一定区域内物种规模及均衡分布，生态过程支撑网络强调水文、大气循环过程的支撑与调节功能，农林生产景观网络强化农副产品就近供给及休闲游憩功能。农业—自然公园景观网络构建是对原生景观格局的延续与优化，紧密结合地域自然环境和区域社会文化环境，需整体保护①。

（三）用地布局兼容复合利用

根据产品经济属性，农业—自然公园小规模农林用地的服务产出可分为两类：一类为公共产品供给，如为城区提供洁净的淡水及空气，福曼（Forman）认为"集中与分散相结合的格局"（Aggregate-with-outliers Pattern）及"战略点"（Strategic Points）保护是协调开发建设与环境保护，保障公共产品产出的关键②；另一类为商品供给，如农副产品就近供给、户外游憩场地提供等，适应地形布局的林地及小块农田不仅增加了山地区域蔬菜、瓜果等生产用地规模，提供了多种食物及材料选择，同时特色农林景观为休闲游憩产业发展提供了基础。农业—自然公园用地布局兼顾公共产品及商品类服务、产品产出，能够较好地适应城市边缘区用地斑块较小且权属复杂、涉及利益相关者众多的现状，实现用地实质性保护。

环境公共产品是城市生活的物质及功能保障，农业—自然公园规划通过低影响设计予以强化保护，包括：（1）维持自然生态过程连续性并保护关联用地；（2）修复受破坏的环境要素及生境单元；（3）合理布局小规模农林用地，将其整合嵌入区域绿色基础设施网络；（4）采取低环境影响的建设与开发模式③。

（四）弹性管控适应复杂背景

农业—自然公园用地管控包括环境影响评估与适应性过程管理、城乡

---

① 王丽洁、聂蕊、王舒扬：《基于地域性的乡村景观保护与发展策略研究》，《中国园林》2016年第10期。

② 陈波、包志毅：《土地利用的优化格局——Forman教授的景观规划思想》，《规划师》2004年第7期。

③ 仇保兴：《海绵城市（LID）的内涵、途径与展望》，《建筑科技》2015年第1期。

规划及专项规划衔接、引导公共参与的用地管控等，能够有效适应边缘区用地动态变化特征及权属复杂现状，促进保护措施落地：（1）环境影响评价引入实现过程管理，规划编制与环境影响评价衔接，既可削减公园建设及运营对环境造成的负面环境影响，强化农林用地生态环境效益，还可根据建设反馈对规划方案进行适应调整；（2）公园作为用地管理单元及平台，协调国土（现部门整合为自然资源部）、环保、农业、林业、旅游等部门专项规划措施与目标，能够实现管控策略与用地布局匹配，强化各部门落地管理；（3）用地选择识别高价值小规模农林用地，为自然保护区域、生态红线等划定提供科学依据，并作为补充共同界定建设用地增长蓝图，优化城市空间格局[1][2]；（4）提高农副产品产出、游憩服务等城市服务以强化有公众参与保护热情，从划线被动保护到有公众参与的主动监督，提高增长边界及保护区边界控制力度。

第四节
本章小结

山地城市边缘区小规模农林用地保护与建设所面临的复杂问题使农业—自然公园的提出成为必然。农业集约生产及城市用地建设开发带来的影响在山地城市边缘区叠加，造成区内生境破碎化、网络断裂及环境恶化，必要管控的缺失使问题未得到有效控制，不仅危及边缘区内生态系统健康及功能产出，更影响区域生态安全。而城市边缘区小规模农林用地因整体规模较大、斑块布局分散且类型丰富、多部门管理等特征，全覆盖、泛化式管控措施难以适用。针对山地城市边缘区小规模农林用地复合生态功能、复杂环境问题及结合地域、区域特征所表现出的用地布局形式，本书提出

---

① 龙瀛、何永、刘欣、杜立群：《北京市限建区规划：制订城市扩展的边界》，《城市规划》2006年第12期。
② 张振广、张尚武：《空间结构导向下城市增长边界划定理念与方法探索——基于杭州市的案例研究》，《城市规划学刊》2013年第4期。

用地保护"以点带面"、过程整合"顺应自然"、复合功能"兼顾并蓄"、规划管控"衔接适应"四大破题思路,并将其运用到农业—自然公园规划过程中:其一,用地识别主要针对具有高服务潜力或生态敏感性较高的小规模农林用地;其二,网络构建以维持自然生态过程为底,并适当叠加休闲游憩及农副产品供给等功能;其三,用地布局兼顾生态保护与城市利用,将分散小规模农林用地作为绿色基础设施嵌入区域生态网络中,为城市提供必要服务,并采用低影响设计方式进行用地建设引导;其四,结合环境影响评估、城乡与专项规划衔接等实现用地弹性引导及规划过程管控,充分考虑各部门管理措施落地及利益相关者多元功能诉求。

第三章

涵盖小规模农林用地的农业—自然公园
相关研究及规划框架构建

相对于其他区域或类型的农林用地，山地城市边缘区小规模农林用地在分布形式、功能诉求、管理特征等方面具有典型性与特殊性：用地价值更高，作为区域生态网络关键连接点，保障山地生态系统健康与稳定；功能更加复合，为城市系统与自然系统提供多重服务功能；管理错综复杂，涉及利益相关者较多，城市建设压力导致区域用地结构动态变化。传统城市规划体例重建设轻保护，而既有农林用地规划多强调大型斑块保护，且目标单一、蓝图式管理，均难以适用城市边缘区小规模农林用地管控诉求。本章从城市生态规划理论及农业多功能理论着手，明确小规模农林用地管控要点，并分析总结国内外不同目标导向的小规模农林用地保护方法，尝试探索出一套针对性、落地性较强的山地城市边缘区小规模农林用地保护路径，并用于指导农业—自然公园规划，构建适应边缘区用地特征、满足城乡功能诉求、强化管理落地的多目标、多层次公园规划框架。

第一节
小规模农林用地保护与利用
理论基础

一、城乡生态规划理论

道萨迪亚斯（Doxiadis）的人类聚居学认为人类居住环境由自然界、人、社会、建筑物和联系网络组成，自然环境、人工环境、社会环境等协调可提升城市人居环境品质；吴良镛院士在道氏理论的基础上，将人居环境分为自然、社会、支撑、居住、人类五大系统，自然系统是其他系统的基础[1]，可见自然环境对人类可持续发展的不可替代性。城乡生态规划理论以生态学视角切入，提出用地布局规划需尊重环境要素及关键过程，使人工环境以一种协调融洽的姿态与自然环境结合，小规模农林用地在其中扮演着重要作用。

---

[1] 沈磊：《快速城市化时期浙江沿海城市空间发展若干问题研究》，博士学位论文，清华大学建筑学系，2004，第6页。

（一）城市系统代谢特征与相关过程

城市是以人类技术和社会行为为主导、生态代谢过程为经络、由自然生命保障系统供养，为人类生存提供物质、能量基础，具有自调节能力的社会—经济—自然复合生态系统[①②]，城市发展与运行伴随着物质能量代谢，需要与外界环境不断进行物质交换与能量传递。1857年，雅各布·莫勒斯霍特（Jacob Moleschott）首次提出关于代谢的论述，认为生命是能量、物质与周围环境进行交换的代谢现象[③]。1965年，美国水文学专家阿贝尔·沃尔曼（Abel Wolman）针对城市物质消耗导致的资源枯竭等环境问题，提出城市代谢（Urban Metabolism）的概念，涉及外界物质、能量向城市输入以及产品、废物从城市输出的完整过程[④]，在此基础上，东京、布鲁塞尔、伦敦、台北等多城市相继开展了城市代谢研究[⑤⑥]。

城市环境问题多源于城市系统内部及与自然系统物质能量代谢过程的紊乱。城市系统代谢具有典型的线型特征，其发展过程中物质、能量不断累积，熵值升高增加系统内部混乱性，需从相邻系统吸收负熵并向外排除废熵，以维持内部结构和功能有序性，可以说城市系统代谢的"生态平衡"建立在与外界环境，尤其是边缘区生态系统间通畅的物质交换及能量供给基础上[⑦]，所以城市可持续发展需要维持城市边缘区生态系统的完整性、健康性，以及与城市系统物质流动的连续性。然而城市建设蔓延及废弃物肆意堆放、填埋等行为蚕食并破坏边缘区环境，造成边缘区内部系统紊乱、

---

① Shu-Li Huang and Wan-Lin Hsu, "Flow Analysis and Emergy Evaluation of Taipei's Urban Construction," *Landscape and Urban Planning* 63, no.2（2003）：61-74.

② 马世骏、王如松：《社会—经济—自然复合生态系统》，《生态学报》1984年第1期。

③ 张力小、胡秋红：《城市物质能量代谢相关研究述评——兼论资源代谢的内涵与研究方法》，《自然资源学报》2011年第10期。

④ Wolman A., "The Metabolism of Cities," *Scientific American* 213, no.3（1965）：179.

⑤ 张力小、胡秋红：《城市物质能量代谢相关研究述评——兼论资源代谢的内涵与研究方法》，《自然资源学报》2011年第10期。

⑥ 沈丽娜：《基于物能代谢的城市生态化建设研究——以西安国际化大都市为例》，博士学位论文，西北大学自然地理学系，2013，第19-20页。

⑦ 邬建国：《景观生态学：格局过程尺度与等级（第二版）》，高等教育出版社，2007，第36-39页。

功能退化的同时，阻断城市系统与自然生态系统的物质交换与能量流动路径，影响城市正常运转。

边缘区对城市的物质与能量供给过程可看作负熵的产生及传递，当本地的自然环境资源无法提供足够的负熵时，就会加速相邻城市间或区域间通过贸易形成负熵的空间代际转移[1]。农副产品及原材料供给是边缘区向城市传递物质与能量的重要途径，全球化物质供应链扰乱区域内部物质循环与能量传递过程，产品生产、运输、储存过程中化石燃料消耗及排放废弃物降解所需用地面积远超食品及材料种植本身，导致生产地水源枯竭、土壤贫瘠，消费地城市及其周边区域却因物质及能力大量堆积，生态系统的不稳定性加大。维托塞克（Vitousek）1986年版研究发现，尽管只有约4%的陆地直接为人类和家养动物生产食物，却有超过34%的陆地和相关人类活动有关；且随着用地中环境资源消耗殆尽，需要更多的外界物质及能量输入，而研究显示，农场机械、施用化肥等方面增加十倍的投入，才可获得农作物产出的两倍增加。

对城市系统代谢情况进行分析与评价有助于判断城市对周围环境的影响程度，及周围环境对城市的支撑能力与限制条件，并引导城市生态化建设[2]。分析方法主要分为三类：（1）物质流动分析（Materials Flow Analysis，MFA）是以质量守恒定律为基础，从实物质量出发，对参与城市社会、经济系统的物质进行分析；（2）能量流分析（Energy Flow Analysis，EFA）是以能量守恒定律为基础，跟踪分析能量在城市系统中的流动途径[3]，美国生态学家奥德姆（Odum）提出的能值分析法便属此类；（3）生态足迹分析（Ecological Footprint Analysis，EFA）即通过计算满足城市系统代谢（包括提供指定人口生存发展所需资源及吸纳其产生的废弃物）所需虚拟土地

---

① 刘耕源、杨志峰、陈彬：《基于能值分析方法的城市代谢过程研究——理论与方法》，《生态学报》2013年第15期。

② 沈丽娜：《基于物能代谢的城市生态化建设研究——以西安国际化大都市为例》，博士学位论文，西北大学自然地理学系，2013，第19-20页。

③ Fridolin Krausmann and Helmut Haberl, "The Process of Industrialization from the Perspective of Energetic Metabolism: Socioeconomic Energy Flows in Austria 1830-1995," *Ecological Economics* 41, no.2（2002）: 177-201.

数量，来判断城市系统代谢是否在自然系统生态承载范围内[①]。

自然生态过程是保障外围环境区对城市系统物质、能量输入及城市高熵物质输出的重要途径，小块农田、林地以"源""汇"或联系通道的形式参与其中，人为建设蚕食阻碍过程进行，不仅影响环境区复合服务水平，更埋下安全隐患。与城市系统代谢相关的生态过程包括水文、地貌、泥沙、物种迁徙（物种流）、营养物质循环（养分流）等过程。

（二）城乡生态规划思想内涵及要点

1．边缘区用地空间特征

1）生态尺度效应

在不同空间尺度下，研究对象随尺度变化而表现出不同特征的现象，即为尺度效应，如随着空间尺度粒度增加，斑块数量、形态复杂性、多样性将减小，而平均斑块面积及聚集度增加[②]。尺度的确定通常与特定功能、环境问题或研究对象相关，旨在通过适当的尺度界定来确定研究范围并推进相应物能流分析，从而合理解释生态现象、强化特定功能发挥或解决特定环境问题。

城市边缘区农林用地具有明显的尺度效应，即在宏观、中观、微观尺度景观格局中支撑着特定生态过程并发挥着特定服务功能，但生态系统整体性使其相互联系，在结构上呈现具有组织层次的嵌套形式，上一层级尺度景观格局包含下一层级尺度景观，为其提供稳定的环境基础，下一层级尺度景观作为上一层级尺度景观格局的组成部分，影响其功能发挥。尺度等级理论认为，空间尺度产生是生态系统中各类生物和非生物因子之间复杂作用的结果[③]，不同尺度景观格局和生态过程变化特征并非一定具有相似性，根据差异程度，可分为单一尺度变异（Simple Scaling）与多重尺度变

---

① William Rees and Mathis Wackernagel, "Urban Ecological Footprints: Why Cities Cannot be Sustainable and Why They are A Key to Sustainability," *Environmental Impact Assessment Review* 16, no4/6（1996）: 223-248.

② 申卫军、邬建国、林永标、任海、李勤奋：《空间粒度变化对景观格局分析的影响》，《生态学报》2003年第12期。

③ 邱扬、傅伯杰：《异质景观中水土流失的空间变异与尺度变异》，《生态学报》2004年第2期。

异（Multi-scaling）：单一尺度变异表现为不同尺度间变化特征具有较高相似性，多为各影响因子累积作用；多重尺度变异表现为不同尺度上变化特征具有较大差异，多因各影响要素作用倍增或抵消所致[1]。单一尺度变异为根据某一尺度空间变化特征推测相邻尺度空间变化趋势提供可能，但在实际操作中，大部分尺度变异处于单一尺度变异和多重尺度变异之间[2]。

2）城乡梯度变化

城市边缘区不同区段空间及用地属性随与城区的距离变化而变化，新城市主义者安德雷斯·杜安伊（Andrés Duany）受生态样条启发提出"城乡样条"（Urban-rural Transect）的概念模型（图3-1），成为研究自然生态环境在受到不同程度及类型人为干预后发生变化的样本，一方面能模拟全球生态系统应对连续气候变化的"时—空序列"[3]，探究生态系统承受人为影响的临界值[4]；另一方面能够反映不同景观类型及构成对生物多样性维持及生态系统功能的支撑能力。

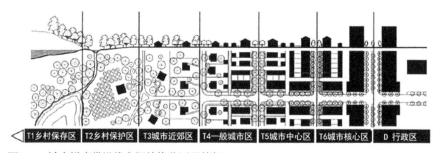

| T1乡村保存区 | T2乡村保护区 | T3城市近郊区 | T4一般城市区 | T5城市中心区 | T6城市核心区 | D 行政区 |

图3-1　城乡梯度带沿线空间结构分区及特征

资料来源：Andrés Duany, Emily Talen. Transect planning [J]. Journal of the American Planning Association, 2002, 68: 3, 245-266.

① Vijay K. Gupta and Ed Waymire, "Multiscaling Properties of Spatial Rainfall and River Flow Distrihutions," *Geophys* (Res) 95, no.D3 (1990): 1999-2009.

② Gimenez D., Rawls W. J. and Lauren J. G., "Scaling Properties of Saturated Hydraulic Conductivity in Soil," *Geoderma* 88, 1999: 200-220.

③ Margaret M. Carreiro and Christopher E. Tripler, "Forest Remnants along Urban-Rural Gradients: Examining Their Potential for Global Change Research," *Ecosystems*, no.5 (2005): 568-582.

④ 玛丽娜·阿尔贝蒂：《城市生态学新发展——城市生态系统中人类与生态过程的一体化整合》，沈清基 中译，同济大学出版社，2016，第110页。

相较于自然影响类型,城市建设、农业生产、政策管控等人为活动对城乡梯度沿线农林用地分布及生境质量影响更为突出。陈皓等采用kappa指数法分析南京市城乡梯度景观要素,发现耕地斑块总体规模稳定性高,但空间稳定性差,而林地、草地等斑块数量及空间稳定性都较低[①],可见城市建设对近郊农田、林地、草地等侵蚀明显,但基本农田保护条例对耕地数量维持作用突出。郭培培对杭州、宁波等城乡梯度沿线乔木分布及生长情况进行调查,发现城市建设及绿地管理等直接影响树种多样性及植被密度,进而影响生态系统服务发挥[②]。

城乡梯度用地变化受自然与人工过程影响,并反作用于区域生态环境,大卫(David)等通过对美国山地区域水质变化及影响序列进行检验,发现土地利用类型与自然因素(如坡度、水源)叠加在城乡梯度上形成"带状"影响分区,对水质影响较大,尤其在偏远的乡村腹地及城市单元外边缘[③];麦克·道涅尔(McDonnell)等发现梯度沿线用地构成影响物种分布及生物多样性维持[④]。

2. 边缘区生态规划思想内涵

1)自然生态保护为本

"置自然于自然之中"是对尊重和保护自然景观的强力呐喊[⑤]。"让自然具有更高的显示度"是城市边缘区重要的生态保护原则,以绿色空间引导城市建设有利于维持自然系统的完整性与人工系统的健康性,众多生态规划设计理念都将保护边缘区自然生态要素及过程融入城区作为工作基础。查尔斯·瓦尔德海姆(Charles Waldheim)于1990年提出的景观都市主义

① 陈皓、刘茂松、徐驰、杨雪姣、黄涛:《南京市城乡梯度上景观变化的空间与数量稳定性》,《生态学杂志》2012年第6期。
② 郭培培:《城乡梯度上的乔木分布格局与功能研究》,博士学位论文,浙江大学生态学系,2014,第35-63页。
③ David N. Wear, Monica G. Turner and Robert J. Naiman, "Land Cover along An Urban-Rural Gradient: Implications for Water Quality, *Ecological Applications* 8, no.3(1998): 619-630.
④ McDonnell M J, Hahs A K. The Use of Gradient Analysis Studies in Advancing Our Understanding of the Ecology of Urbanizing Landscapes: Current Status and Future Directions [J]. *Landscape Ecology* 23, no.10(2008): 1143-1155.
⑤ "Natural Areas Journal," Natural Areas Association, accessed February 9, 2017, http://www.naturalarea.org/joinrenew.asp.

（Landscape Urbanism），强调尊重自然演变过程和场地自我维持。莫森·莫斯塔法维（Mohsen Mostafavi）提出的生态都市主义[①]，强调将自然与人文生态的理念融合到城市规划设计和管理过程中。我国传统城市格局亦多取决于与周围山水环境的关系：一方面，山水资源作为城市的"基底"，城市建设中巧妙处理并结合自然地形；另一方面，山水资源作为城市的"构图"，城市形态塑造充分利用自然地形[②]，现代城市规划亦承其精髓，如王如松先生在北京总体规划修编中提出共轭生态规划概念与方法，即协调人和自然、资源和环境、生产和生活，以及城市和乡村、外托和内生之间共轭生态关系的复合生态规划[③]。

　　2）城乡过程整合为脉

　　城乡过程整合旨在通过用地及空间管控，使物质及能量的输入与输出实现循环代谢与高效利用[④]。奥德姆认为城市可持续发展意味着引导原有线型生产、消费模式向脉冲状转变[⑤]，需将城市系统及周围区域视为整体进行用地布局引导[⑥]。边缘区农林用地所支撑的自然生态过程是城市及其居民持续获得自然服务的基础，维系着城市核心区与农业生产区、自然景观区之间十分必要但又非常脆弱的空间关系，且积极作用于城区内部生态环境维持[⑦]，需予以重点保护并强化其与区域系统的联系，如位处城市及其边缘区，延续至周边乡村腹地、自然区域，承载重要生态过程，为人类及野生动物提供多重服务的绿色基础设施网络建设[⑧]。黄光宇先生提出的生态城市规划

---

① Mostafavi M. and Doherty G., *Ecological Urbanism*（Swiss：Lars Müller Publishers，2010）.

② 陈宇琳：《基于"山-水-城"理念的历史文化环境保护发展模式探索》，《城市规划》2009年第11期。

③ 王如松：《绿韵红脉的交响曲：城市共轭生态规划方法探讨》，《城市规划学刊》2008年第1期。

④ Huang Shu Li, Kao Wei Chieh and Lee Chun Lin, "Energetic Mechanisms and Development of An Urban Landscape System," *Ecological Modelling* 201, no.3/4（2007）：495-506.

⑤ Howard T. Odum, *Environment, Power, and Society for the Twenty-First Century: the Hierarchy of Energy*（Columbia：Columbia University Press，2007）.

⑥ 刘耕源、杨志峰、陈彬：《基于能值分析方法的城市代谢过程研究——理论与方法》，《生态学报》2013年第15期。

⑦ Adam Ritchie, "Sustainable Urbanism：Urban Design With Nature," *Journal of the American Planning Association* 75, no.1（2009）：97-98.

⑧ *The London Plan: Spatial Development Strategy for Greater London*（London：Greater London Authority，2011），p.47，301.

标准中，也特别强调可根据条件在城市边缘及居住区中保留小规模农林种植，其不仅能为居民提供新鲜农副产品及户外活动场所，还可衔接区域物质能量流动，提高物质循环利用率[①]。

3）分区控制引导为手段

为协调边缘区生态保护与发展诉求，需进行针对性分区管控，如黄光宇等提出"以非建设用地反控建设用地和非建设用地分级、分类保护控制"的规划方法[②]；常青等根据空间构成要素，将绿色空间分为自然型（如自然保护区、自然保留区、难开发区）、半自然型（如郊野公园、绿色廊道）、人工型（如农业用地、城市园林绿地）三类，并进行相关管控探讨[③]；俞孔坚等提出不同级别生态底线划定的规划方法[④]。用地管控应反映自然过程维持，如城市蓝色足迹（Blueprint）规划以水环境关联用地为切入点，关注水循环过程中相关环境问题，致力于恢复城市及周边地区自然水文功能[⑤]，并以此引导用地发展。

（三）生态保护策略与规划基本方法

1．基于景观生态学的保护策略

城乡生态规划是为了保护城市赖以生存的生态系统与环境资源，协调城乡发展与环境保护诉求，优化城市空间格局，实现城市低环境影响发展。不同时代背景催生相应的生态环境保护理念与方法，如绿道系统[⑥]、绿色基础设施[⑦]、封闭环式管理[⑧]等探索方法，整体表现出单一目标的生态保护措施逐渐向系统保护和多目标复合利用的整体策略发展转变的趋势（表3-1）。

① 黄光宇、陈勇：《生态城市理论与规划设计方法》，科学出版社，2002，第123-124页。
② 邢忠、黄光宇、靳桥：《促进形成良好环境的土地利用控制》，《城市规划》2004年第12期。
③ 常青、李双成、李洪远、彭建、王仰麟：《城市绿色空间研究进展与展望》，《应用生态学报》2007年第7期。
④ 俞孔坚、王思思、李迪华、乔青：《北京城市扩张的生态底线——基本生态系统服务及其安全格局》，《城市规划》2010年第2期。
⑤ Charles River Watershed Association, *Blue Cities Guide: Environmentally Sensitive Urban Development* (Boston: Boston Water and Sewer Commission, 2009).
⑥ 刘滨谊、余畅：《美国绿道网络规划的发展与启示》，《中国园林》2001年第6期。
⑦ 马克·A·贝内迪克特、爱德华·T·麦克马洪：《绿色基础设施：连接景观与社区》，黄丽玲、朱强、黄丽玲、刘琴博 中译，中国建筑工业出版社，2010，第2、3页。
⑧ "Open Standards for the Practice of Conservation," The Conservation Measure Partnership (CMP), accessed February 13, 2017, http://www.conservationmeasures.org.

基于景观生态学的生态保护策略与方法发展历程　　表 3-1

时代与背景	保护思路与方法	保护措施与设计应对手段	代表人物或事件
20世纪60年代，城市蔓延与单一用途农林业生产导致城市地区物种多样性下降	保护鉴定为濒危的物种及其赋存生境，保护优先于娱乐与其他发展需求	《濒危物种法》（Endangered Species Act）	1969年美国国会首次颁布《濒危物种法》，1973年再次修改和强化该法
20世纪80年代，单一生境保护与特定物种保护无法解决城市地区生境破碎化所致的生态退化与系统保护问题	系统分析生态及生物多样性热点分布，图示大型生态斑块分布，系统分析和指明保护方向	缺口分析（Gap Analysis）	迈克尔·斯科特（Michael Scott）、弗兰克·戴维斯（Frank Davis）、布莱尔·科萨提（Blair Csuti）、雷德·诺斯（Reed Noss）、巴特·巴特菲尔德（Bart Butterfield）等
20世纪60—80年代，设计科学与技术结合，有效保护生物多样性生态单元	强调将核心生境与生物多样性热点整合为能够长期维持生物多样性且可操作的生态单元	保护设计（Reserve Design）	拉里·哈里斯（Larry Harris）、雷德·诺斯（Reed Noss）、迈克尔·苏尔（Michael Soulé）等
20世纪70年代开始，应对城镇人口快速增长和生境破碎化带给生物多样性保护的问题，构筑区域绿道系统	强调保护连续系统的生境斑块的同时，构建便捷连接临近城市的娱乐休闲用地系统	绿道系统（Greenways Network）	查尔斯·利特尔（Charles Little）、菲利普·路易斯（Philip H. Lewis Jr.）、威廉·怀特（William White）等
20世纪70—80年代，以生物多样性与生态过程系统保护取代孤立自然区域的保护方法；20世纪90年代至今，强调绿色基础设施系统的连接	以考虑了生态特征的科学和过程理念指导复杂的土地利用规划，理解景观格局和过程，连接城乡地区的自然区域，有效保护当地的自然生态系统	绿色基础设施（Green Infrastructure）	由美国自然保护基金（Conservation Fund）和农业部森林服务部门提出，事件为佛罗里达州与马里兰州绿道及绿色基础设施建设
2010年至今，以全过程管理取代片段式环节保护措施	五环节封闭环式管理方法：项目概念设计—规划行动与监控—执行与监控—数据运用与适应性管理—回馈与总结学习	保护实践与适应性管理（Conservation Measure Practice and Adaptive Management）	保护方法合作组织（The Conservation Measure Partnership，CMP）制订保护实践的开放标准

资料来源：作者整理

2. 强化边缘区用地保护的生态规划基本方法

1）生境识别与保护

城市边缘区生境单元识别与保护是生态系统服务发挥的基础，涉及物种丰裕度较高的自然或半自然区域、生态敏感区及生产力较高的用地（集约农业用地除外）等，强调重要生境的保护、提升与修复；确定区域内典型物种类型，并对现状土地覆盖类型、生境类型及分布等进行摸底；确定物种主要栖息地、迁徙廊道并识别生境缺口；根据生物多样性保护诉求，结合经济、社会影响要素，制定基于生物利益的生境保护与修复策略[①]。

2）生态景观网络建构

保护高价值绿色空间[②]，构建生态景观网络是实现生境保护从局部到整体、从单纯生境保护到综合保护利用的必要途径。生态景观网络由城市开放空间、河流及其他连接城市与边缘环境区的廊道、绿带等构成，以边缘区绿色空间为依托向城市腹地渗透，强调带状绿色空间准网格对城市建设地块的复合生态界定作用。规划应尽可能延伸绿网职能：连接城市、边缘区及乡村，串联开放空间使其整体功能放大，弥补边缘区开放空间可达性差的缺失；保留并协调开放空间潜在复合功能；多学科交叉贯穿设计管理全过程[③]。

3）生态区划管理

生态区划管理不仅是对规划区内环境要素的分区描述，还是引导城市功能发挥、落地环境资源保护与利用的管理依据，应充分考虑用地内适应性与外部诉求，实现用地与功能匹配，包括环境要素分区、生态过程分区及生态敏感分区等。环境要素分区强调用地本身的自然属性，包括土地属性、水文属性及生物属性等，如多伦多城市"自然遗产系统"（Natural Heritage System）分区，包括陆生自然生境、重要河道及水文要素、峡谷

① *Santa Clara Valley Habitat Conservation Plan/Natural Community Conservation Plan* (Sacramento, CA: Jones & Stokes Associates, Inc., 2006), p.2-15.
② Jongman Rob H. G. and Pungetti Gloria, Ecological Networks and Greenways-Concept, Design, Implementation (Cambridge: Press Syndicate of the University of Cambridge, 2004), p.3.
③ *The London Plan: Spatial Development Strategy for Greater London*, p.47.

及溪流廊道、滨水区域、重要植被群落物种区等[①]。生态过程分区强调对生态系统维持具有关键作用的过程保护，如水体缓冲区、泄洪区、洪泛区等，生态过程分区可协助环境保护从环保部门指标控制走向规划部门前期土地利用源头控制。生态敏感分区是基于用地垂直过程模拟，通过地形、植被、水文等环境要素评价叠加所得，反映区域环境要素所能承受的人类活动强度，可用于指导建设用地及保护区域选择。

二、农业多功能理论

随着粮食产能过剩及机械化农业衍生的环境问题愈演愈烈，如何由规模扩张转向质量提升，及挖掘用地复合服务潜能成为发展关键。20世纪80年代中期，各国陆续开始探讨现代农业体制与农村空间本质、变动和未来的发展进程，"农业后生产论"（Agricultural Post-production）和"多功能农业"（Multifunctional Agriculture）成为农业发展新范式[②]。

（一）用地功能演变及趋势

农业发展模式及关联用地布局、功能确立等受社会发展阶段及科技水平影响，分为原始农业、传统农业、机械农业、替代农业四种，其中原始农业对生态环境的改造程度及范围均较小，且用地布局形式不典型，故不予讨论。

1. 传统农业阶段

传统农业时期指工业革命前，以手工劳作为主的农业生产阶段，在该阶段，人类对自然环境充满敬畏，农业生产呈现劳动密集、环境适应、功能复合的特征。农林用地因受特定的社会及耕作制度影响，多规模较小且混合布局，除生产功能外，还具有防灾避险、景观塑造、文化体验等多种

---

① Natural Heritage Study Technical Working Group and Toronto Region Conservation Authority, *City of Toronto Natural Heritage Study-Final Report: A Project in Partnership between City of Toronto and Toronto and Region Conservation Authority* (Toronto, Ont.: Urban Development Services, 2001).

② 李承嘉:《农地与农村发展政策——新农业体制下的转向》，五南图书出版社，2012，第25-28、44-52页。

功能。城郊作为百姓日常休闲之所，如汉代以后市民出城踏青、春游、秋游渐多，三月去郊外水边修禊及九月重阳登高的风俗逐渐盛行[①]，出现一些游憩性质较强的农林用地。

"天时、地利、人和"是传统农业阶段用地选择的要义。货运能力限制致使城市食品供给多自给自足，农林用地紧密围绕城市周围，且表现出极富规律的河流趋向性。乡村聚居点因考虑耕种与收获方便，与耕地相邻[②]；林地因对聚居点具有庇护及取材之用，多结合农田或聚居地布局；城乡交接区域设置粮食物品交易场所，曰"市"，设在城外郊野的称为"草市"。战国时期开始出现的、以小农家庭为生产单位的农耕制度放松了对农户耕作范围及方式的限制，农户对土地具有更多的拥有权及支配权，出现了多种土地利用形式[③]。

2. 机械农业阶段

机械农业阶段指工业革命后，大规模以农机生产代替手工生产技艺的阶段。机械化生产对城市的影响是多方面的：其一，以蒸汽机为代表的能源消耗型机器的投用极大提升了各行业的生产效率，解放出的多余农村劳动力离开乡村、涌入城市，造成城市用地规模极度膨胀，建设用地跨越城市边界逐渐向城郊农林用地蔓延，侵占大量优质耕地及林地；其二，为适应机械化生产，生产区多选择远离城区且较为平整的用地，对起伏地形进行平整改造，破坏地貌特征，农田大规模集中布局、功能单一且形式单调，农药、化肥过度使用带来环境恶化、水土污染、生物多样性锐减等负面影响；其三，远距离食品、原材料供给取代周围农林用地对城市的供给功能，城乡间农副产品生产—供给关系割裂，城市选址及功能组织逐渐摆脱自然条件"束缚"，切断与自然要素及过程的联系。

3. 替代农业阶段

极度依赖石油及化肥使用的机械化农业模式在收获其"初期红利"后，潜在问题逐渐爆发，粮食产量不断下降、大量温室气体排放、农业生物多

---

① 陈渝：《城市游憩规划的理论建构与策略研究》，博士学位论文，华南理工大学城市规划与设计专业，2013，第104页。

② 游修龄：《中国农业通史：原始社会卷》，载杜青林、孙政才主编《中国农业通史》，中国农业出版社，2008，第43-45页。

③ 同②。

样性丧失、化肥使用带来水土环境污染等，皆证明"石油农业"自身局限性与不可持续性。面对食品安全及能源枯竭的威胁，人类不得不反思自己的发展方式，替代农业便是应对措施的一种，其体现出对生态环境限制的尊重及对可持续农业思想的回归，农林用地布局讲求因地制宜，兼顾食品供给、休闲游憩、环境改善、文化传承等复合功能。作为对"唯经济发展"农业模式的反思及解决食品安全、环境污染等问题的重要途径，替代农业（包括有机农业、可持续农业、绿色农业、生态农业等新型农业模式）力图克服单纯追求经济利益而忽略生态环境的发展弊端，探索多样农业生产模式及农业多功能体现[①]。

4. 整体发展趋势

随着城市社会经济发展，边缘区农林用地功能呈现集约化与多元化两大趋势。集约化主要出现在远离城市的乡村腹地，反映出资本驱动下农业规模化生产的趋势，为获得更大的产量与更高的经济收益，小规模农林混种式用地布局逐渐被大面积耕地集中布局取代，传统劳动密集型劳作被机械高效型劳作取代。而城市边缘区域农林用地，尤其是小规模农林用地的传统功能正逐渐衰退而新兴功能凸显，功能组织及用地布局呈现多元化特征。

1）环境问题加剧，用地生态功能强化

生态功能主要指边缘区农林用地作为城市生态屏障、净化空气与水源、保护生物多样性及庇护良田沃土等服务。根据发展规律，人的需求通常具有从低级到高级的层次渐进性，耕地主次功能间存在耦合演替关系（图3-2）[②]。

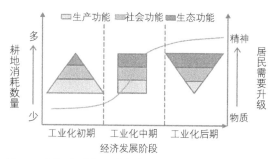

图3-2　不同经济发展阶段的居民需求变化

资料来源：张凤荣，孔祥斌.大都市区耕地多功能保护理论与技术集成研究成果介绍［R］. 北京：中国农业大学，2010.

① 郑晶：《低碳经济视野下的农地利用研究》，博士学位论文，福建师范大学人口、资源与环境经济学系，2010，第58-59页。

② 张凤荣、孔祥斌（主要完成人）：《大都市区耕地多功能保护理论与技术集成研究》（国土资源部2010年科技进步一等奖），中国农业大学，2010，第7页。

随着社会及经济水平发展，居民精神方面的追求逐渐超越对物质的基本需求，在此基础上公众对城郊农林用地的生态功能诉求与日俱增。而与此趋势相悖的是，工业推动下的城市发展呈爆炸性增加趋势，蚕食大量具有生态服务功能的小块农田、林地，且以经济效益为核心的城市建设造成区域环境污染严重，用地生态功能退化或丧失。

2）规模生产基地外移，用地生产功能退化

本书中所提的生产功能并非狭义的粮食生产，而是指蔬菜、瓜果、粮食、苗圃园艺等农副产品生产功能，其在历史时期曾作为主导功能，决定城市的位置及规模。随着社会及技术发展，耕地选址摆脱水源供给及土壤肥力束缚，大规模生产基地逐渐向地价较低且用地资源丰富的区域外移，城郊小规模农林用地因不适应集约生产且农业生产缺乏经济吸引力，农户耕作热情不高，生产功能退化。

3）精神文化需求增长，用地生活功能凸显

生活功能主要指休闲游憩功能，其在粮食供给得到满足后强化凸显。城市郊野山林与田园景观相得益彰，具有极高的游憩景观价值，是古代百姓踏青赏景、郊野游憩，君王外出狩猎的主要场所。当今城市拥有高效的生产能力及便捷的服务设施，但恶劣的环境及淡漠的人际关系，使得生活在大城市的人们常利用闲暇之时到城郊或乡村区域，感受大自然的纯粹与安详，体验乡里乡亲的融洽与亲近，而边缘区小块农田、林地因其丰富的景观多样性及较高的可达性，成为发展休闲游憩功能的适宜载体。

（二）理论发展沿革及内涵

1．理论发展沿革

"二战"后至20世纪80年代，各国政府对农业的支持与保护处于高峰，国际农业贸易亦趋紧张，20世纪80年中期新自由主义思想抬头，主张减少政府干预，回归市场机制和自由贸易。为抵御主要粮食生产国产品倾销，维持当地农业及农村发展，农业多功能概念应运而生，有关国家政府认为农业在粮食生产功能以外，还存在降低自然灾害风险、保障粮食自给自足率及食品安全、维持生物多样性等与农业生产过程相关联的、不可替代的

贡献。20世纪80年代末，日本提出"稻米"文化，强调农业生产的文化性
与美学性；1992年联合国环境与发展大会通过《21世纪议程》，定义"可
持续农业与乡村发展"为"基于农业多功能特性考虑上的政策、规划和综
合计划"；1993年，农业重新被整合入关贸总协（GATT），并在当年的乌
拉圭回合谈判中决定了未来的农业改革方针；1996年世界粮食首脑会议通
过《罗马宣言和行动计划》，承诺"将考虑农业多功能特点，在高潜力与
低潜力地区实施农业和乡村可持续发展政策"；1997年欧盟提出"欧洲农
业模式"（Model of European Agriculture，MEA），主张通过多功能农业
保护自然环境、维护乡村景观、带动乡村复兴；1998年经济合作发展组织
（OECD）召开的农业部长会议上引入农业多功能性概念；1999年联合国粮
农组织（FAO）召开国际农业和土地多功能特性会议；2000年国际非贸易
关注大会强调，WTO农贸改革应充分考虑农业的多功能性，并留予各国政
府政策弹性空间。

　　2. 理论内涵认知

　　经合组织、世界粮农组织与欧盟是探讨多功能农业的三大组织，但因
背景不同，对多功能农业的内涵认知存在差异：经合组织偏好于环境经济
面向，认为农业非商品产出是商品产出的副产物，强调经济功能的多样性；
粮农组织更关注粮食供给的公平性及农业生产的多样性，保障发展中国家
粮食供给、农业环境治理及乡村社会问题改善等；欧盟较少关注粮食生产，
更为重视资源保育、复兴空间及文化景观等非商品产出。2001年，经合组
织（OECD）赋予多功能农业以工作性定义：（1）多种商品（粮食、木材等
物质产品）与非商品产出的存在是由农业联合产出的；（2）某些非商品产出
呈现的外部性或公共性特征，是市场生产无法提供或供给能力不足的。农
业的非商品产出（Non-Commodity Outputs，NCO）包括环境、社会、文化、
食品安全等方面，多功能农业规划的核心便是寻找并界定区域发展所需的
非商品产出，促进非商品产出生产并协调其与商品产出间的关系，保障产
出供给的关键在于如何以公共财产或私有财产的形式进入公共服务与市场

流动领域[1]。笔者认为，针对我国现阶段发展特征的用地规划，既需要认识到农业在环境保护、文化传承等方面发挥的重要意义，也不能忽视农田作为生产性用地所发挥的粮食供给、食品安全等方面的基本功能。

3. 产出供需特征

农业多功能产出的必要性及必然性，可通过供给面及需求面得以体现。供给面的观点将多功能农业界定为单一活动或活动组合的多重联合产出，产品间的关系可能是互补的，也可能是竞争性的[2]。非商品产出的供给可分为外显供给与潜在供给，外显供给指计划导向且明确指定的目标功能；潜在供给是利用专业知识或技术所能获得的潜在产品，或同一计划因地区资源特性或国家整体发展目标差异而具有的发挥不同正面外部性的潜能，及需面临不同负面外部性的威胁。需求面的多功能性源于社会对农业功能的期望，即经由农业生产结构、生产过程或农业空间得以满足的物质或非物质产品、服务的社会实际或潜在需求。需求面的多功能性可转变为农业所能提供社会期望的价值与功能，具有两个特征：一为强调地域的镶嵌性，把农村区域与消费空间连接在一起；二为强调土地本身的功能与价值[3]。需求面也分为外显需求与潜在需求，外显需求是指政府为特定公共服务目标所采取的施政措施，如农业环境计划（Agri-Environmental Schemes, AES）；而潜在计划则是指由于环境改善或设施健全等，所激发的潜在或尚未实现的需求。

多功能农业的施政重点是在分析非商品产出供需落差的基础上（图3-3），制定相应措施对其关系进行调节引导。值得注意的是，作为公共产品的非商品产出往往缺乏经济效益或效益较低，相关利益者缺乏保护自觉性，需由政府制定相关反馈及保护政策，对其进行监督与促进。

---

[1]　王俊豪、周孟娴：《农业多功能性的影响评估——欧洲农业模式评估计划》，引用时间2017年12月15日，http://www.biotaiwan.org.tw/download/structure4/Meng-Sian/農業多功能性的影響評估-歐洲農業模式評估計畫（200609）.pdf。

[2]　Durand G. and Van Huylenbroeck G., "Multifunctionality and Rural Development: A General Framework," in *Multifunctionality*, *A New Paradigm for European Agriculture and Rural Development?*, ed. Van Huylenbroeck G. and Durand G. (Berlington, Singapore, Sydney: Ashgate, 2003), p.1-16.

[3]　李承嘉：《农地与农村发展政策——新农业体制下的转向》，第50-52页。

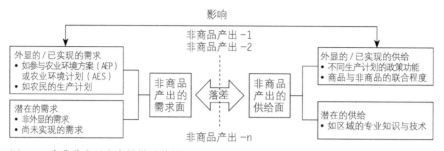

图3-3　农业非商品产出的供需落差
资料来源：引自《农业多功能性的影响评估——欧洲农业模式评估计划》

（三）多功能产出实现路径

1．多功能实现路径

多功能农业研究是多面向的，伦廷（Renting）等人2009年以分析路径为基础，将多功能农业实现概念路径分为四类：（1）市场调节路径（market regulation approaches），此路径与前述结合组织观点一致，从经济学角度解释多功能性，并试图通过治理机制来构建农业非商品产出市场，即使非商品市场与商品市场脱钩，以免市场扭曲效果对商品市场产生影响；（2）土地利用路径（land-use approaches），涉及多功能农业与乡村用地、空间整合，关注区域土地利用，从整体系统的角度作决策；（3）行动者导向路径（actor-oriented approaches）把视线聚焦于农场层面的多功能性，特别是多功能农业实践中行动者决策过程，研究重点为农场如何调整其经济方式，以符合多功能的农业政策；（4）公共调节路径（public regulation approaches）认为提供公共商品是国家的主要施政任务之一，注重机构制度，即促进多功能发挥并监测多功能对社会、经济、环境方面所扮演的角色。

本书研究内容涉及四类实现路径，但以土地利用路径为基础，即关注用地布局、空间组织、农田利用方式等。多功能农业的土地利用路径需面对不同层面的空间问题，威尔森（Wilson）认为不同行动者会在特定空间范畴中尝试采用不同的多功能策略，按空间规模分为农场（farm）、农村社区（rural community）、区域（regional）、国家（national）与全球（global）层面。国家层面属于政策形塑，农场层面属于基层实践，而中间层级（社区与区域）则是两者的媒介，起着承上启下的作用①，是本书研究的重点。

2．用地功能与诉求匹配

实现环境资源非商品及商品产出的最优配置，需提前对供给能力及社会需求进行分析权衡。农地生产可能性曲线（Production Possibility Curve，PPC）直观反映非商品产出与商品产出间的关系，曲线上每一点代表商品与非商品的不同组合价值，相关部门可根据目标导向选择相应的用地布局或管理策略。生产可能曲线在实际操作中需较多基础资料，故难度较大，常采用层次分析法替代（Analytic Hierarchy Process，AHP），即在不确定情况或有多个评估标准时，将其简化为明确的元素分层系统，而后由专家评估，计算各阶层元素对上一层元素的贡献及优先性（priority），再将此结果依据分层架构加以计算，求得下一层级各元素对上一层级的权重值②。李承嘉等针对我国台湾地区农地选择所构建的评价层级，包括最终目标（多功能性下的最适农地使用策略）、评价主因子（农地主功能）、次评价因子（农地次功能）、方案（农地使用方案）四层，试图探寻功能发挥与土地利用间的联系（图3-4），强化正面影响并削减负面影响。

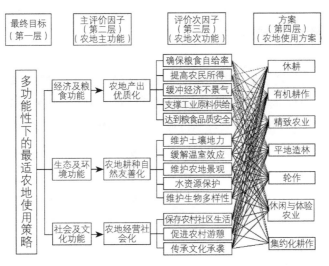

图3-4 我国台湾农地（潜在）功能评价层次分析

资料来源：李承嘉. 农地与农村发展政策——新农业体制下的转向［M］. 台北：五南图书出版社，2012.

① 李承嘉：《农地与农村发展政策——新农业体制下的转向》，第83页。

② 李承嘉、廖丽敏、陈怡婷、王玉真、蓝逸之：《多功能农业体制下的农地功能与使用方案选择》，《台湾土地研究》2009年第2期。

第二节

小规模农林用地保护与利用
方法探索

特别针对城市边缘区小规模农林用地的规划方法较少，多与开放空间建设结合阐述，涉及的规划模式包括公园系统模式、田园城市模式、景观生态决定模式、视觉景观模式、形态相关模式等[①]。根据规划目标导向，开放空间规划可分为供给导向、需求导向[②]与复合导向，供给导向强调开放空间及赋存系统保护以维持生态服务潜能，突出对高价值、敏感区域及生态过程等的保护；需求导向强调城市居民休闲游憩、环境改善等诉求满足，突出用地可达性、可见性与邻近性；复合导向强调需求与供给关系的平衡[③]。本书将三类目标导向进行融合，并结合小规模农林用地特征，尝试从系统整体保护导向及用地复合利用导向两方面着手，对相关保护利用方法进行分析。

一、系统整体保护导向

城乡系统间物质能量流动链断裂是造成诸多环境问题的罪魁，可持续城乡发展应重建并维持二者间必要的生态过程，相关规划方法主要强调两方面：一为保护边缘区内对循环过程具有关键作用的用地及空间格局，强化不同用地及系统间的整体性与联系性，提升"内在"生态系统核心功能产出；二为提高边缘环境区与"外部"系统的联系性，"外部"系统包括城市内部绿地及远郊自然生态绿地，并反控城市建设用地扩张对边缘区用地的蚕食与影响，使生态系统能够更好地服务于城市及其居民。

---

① 闫水玉、应文、黄光宇：《"交互校正"的城市绿地系统规划模式研究——以陕西安康城市绿地系统规划为例》，《中国园林》2008年第10期。

② Tseira Maruani and Irit Amit-Cohen, "Open Space Planning Models: A Review of Approaches and Methods," *Landscape and Urban Planning* 81, 2007: 1-13.

③ 叶林：《城市规划区绿色空间规划研究》，第54页。

（一）"内生"系统强化保护

1．高潜力用地识别与保护

奥德姆曾评论："一个最舒适当然也是最安全的适于居住的景观，应该拥有不同的庄稼、森林、湖泊、溪流、道路、沼泽、海岸和废弃地，是不同时期生态群落的混合体"，用地多样性保留意味着给城市提供多样的选择及更高的生活品质①。地形地貌、土壤、水文及植被等要素的特殊性与多元性汇合赋予城市边缘区农林用地复合服务潜能，应识别并保护其中生态敏感性或服务潜力较高的用地，以应对复杂的生态环境与复合的功能诉求，尤其针对那些未划入既有保护范围，易遭城市侵蚀的小规模高价值用地。

　　自然及半自然林地、初级生产力较高的小块农田斑块等能为物种提供多元生境，对生物多样性维持、生态系统服务发挥具有不可替代的作用，是促进生态规划目标实现的重要物质载体。美国俄克拉荷马州穆雷县（Murray County）生态网络规划为实现水资源保护、生态过程保护、生物多样性保护三大目标，提出对陡坡土壤侵蚀区、地下水回灌区、湿地和洪泛区、水生生物多样性重要承载地、无路径地区等区域中的林地、草地进行保护②。高价值农林用地界定还是城市增长边界划定的关键，美国马里兰州城市增长管理要求对边缘区洪泛平原、陡坡、物种生境、集水区等区域的高价值农田、林地进行严格控制；美国社区规划"绿色成长"导则为保护重要绿色资源，制定"住区资源清单"，要求保护重要野生动植物生境区、城市重要景观通廊、湿地及其缓冲带、中度及陡坡地等区域的林地及高产农田③。未采用集约生产模式且本身具有较高生产潜力的农田斑块对支撑生物多样性具有积极作用，且与景观多样性维持相关，以法国为代表的欧盟国家强调对此类具有高自然价值（High Natural Value，HNV）的农田斑块进行保护，主要包括具有丰富农作物多样性、施行低密度耕作或保留一定规

---

① 迈克尔·哈夫：《城市与自然过程——迈向可持续性的基础》，第18-19页。

② *Final Report: Southeastern Ecological Framework*（Georgia：Planning and Analysis Branch U.S. Environmental Protection Agency，2002）．

③ Andres Duany，Jeff Speck and Mike Lydon，*The Smart Growth Manual*（McGraw-Hill Professional，2005）．

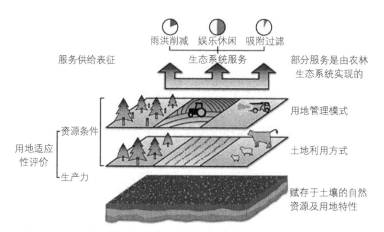

图3-5 结合用地适应性与资源特质的用地潜能评价
资料来源：Looking to the future of land evaluation and farm systems analysis[EB/OL]. https://www.landcareresearch.co.nz/publications/newsletters/soil/issue-24/land-evaluation-and-farm-systems.

模半自然植被（如牧草地、灌木篱墙、坑塘湿地等）的农田[1]。

高价值农林用地识别需兼顾用地生产力、资源条件及区域特征，不能就用地论用地，应从系统、整体的视角进行判断。美国农业部土壤保育局为协助农户用地管理所提出的用地潜力分析（Land Capability Analysis）[2]，不仅注重用地本身生产力评价，还与州及地方规划者合作进行"农地评价与立地分析"（Agricultural Land Evaluation and Site Assessment, LESA），明确用地资源条件（土壤、水源等）及立地条件（区位因素等）所赋予其的雨洪削减、娱乐休闲等复合功能（图3-5）。

2. 内部景观网络建设

城市边缘区内部景观网络建设借由自然生态过程及其承载空间，串联整合散布的小块农田、林地，以系统整体的视角，对其及相关生态过程进行保护，涉及概念包括绿带、绿道、绿色基础设施等。绿色基础设施是位于城市及其边缘区域、延伸至周围乡村腹地的多功能绿色开放空间网络[3]，

---

[1] Plieninger Tobias and Bieling Claudia, "Resilience-Based Perspectives to Guiding High-Nature-Value Farmland through Socioeconomic Change, *Ecology and Society* 18, no.4（2013）: 20.

[2] "Looking to The Future of Land Evaluation and Farm Systems Analysis," accessed February 13, 2017, http://www.landcareresearch.co.nz/publications/newsletters/soil/issue-24/land-evaluation-and-farm-systems.

[3] Karen S. Williamson, *Growing with Green Infrastructure*（Doylestown, PA: Heritage Conservancy, 2003）.

既包括维护人类社会水资源管理、休闲游憩、食品生产[1]等多种利益且相互连接的公园、绿地系统、农林生态系统及以自然为背景的文化遗产网络[2]，又包括为野生物种迁徙和生态过程维持提供起讫点的自然生境网络[3]。绿色基础设施规划的核心在于判断真正需要保护的内容，识别并构建复合景观网络，潜在网络格局识别方法包括强调垂直生态过程及要素保护的叠加分析法、强调水平生态过程维持的空间分析法及形态学空间格局分析法等[4]。

绿色基础设施网络建设有利于维持系统内部自然生态过程并强化环境区与城区的功能连接[5]，促进边缘区生态环境的保护、提升和管理，创造绿色休闲设施，为地区自然、野生生物和历史文化等资源打造空间管理平台[6]。其雏形可追溯到19世纪中期奥姆斯特德（Olmsted）等设计的纽约中央公园及其之后推动的公园道（parkway）建设，设计中提到公园除休闲游憩、文化审美等传统功能外，还应兼具公共卫生改善、环境提升等生态功能；20世纪60年代，生态保护运动的兴起带动岛屿生态学、景观生态学等理论发展，先后提出生态廊道、生态网络、景观安全格局等概念与方法，绿色基础设施的生物及生态系统保护功能得到强化，1984年人与生物圈计划（MAB）提出的生态基础设施（ecological infrastructure）概念强调连续景观生态网络对于城市发展的支撑性作用，福曼（Forman）、俞孔坚等在其基础上发展出强调生态过程及人文过程维持的景观安全格局理论[7][8]；20世纪90年代，特纳（Turner）提出开放空间系统概念，使绿色基础设施网络融入保护城市

① 邹锦、颜文涛、曹静娜、叶林：《绿色基础设施实施的规划学途径——基于与传统规划技术体系融合的方法》，《中国园林》2014年第9期。
② 俞孔坚、李迪华、刘海龙、程进：《基于生态基础设施的城市空间发展格局——"反规划"之台州案例》，《城市规划》2005年第9期。
③ 同①。
④ 裴丹：《绿色基础设施构建方法研究述评》，《城市规划》2012年第5期。
⑤ *The London Plan: Spatial Development Strategy for Greater London*（London：Greater London Authority，2011）.
⑥ "Green Infrastructure Case Studies：Municipal Policies for Managing Stormwater with Green Infrastructure," last modified July，2010，https：//nepis.epa.gov/Exe/ZyPURL.cgi?Dockey=P100FTEM.TXT.
⑦ Richard T. T. Forman，"Some General Principles of Landscape and Regional Ecology," *Landscape Ecology* 10，no.3（1995）：133-142.
⑧ Yu Kongjian，*Security Patterns in Landscape Planning: with ACase in South China*（MA，USA：HarvardUniversity，1995）.

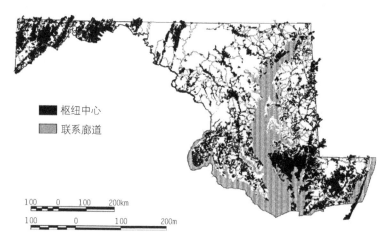

图3-6 马里兰州绿色基础设施网络
资料来源：Ted Weber, et al.. Maryland's Green Infrastructure Assessment: development of a comprehensive approach to land conservation [J]. Landscape and Urban Planning, 2007 (76): 94-110.

及周边区域未开发用地的功能[1]，如基于绿道体系发展形成的马里兰州"绿图计划"[2]；1999年，美国保护基金会和农业部森林局首次正式提出绿色基础设施的概念，并作为"国家自然生命支撑系统"，随后其在土地保护、绿道建设、低影响开发、雨洪管理、生态恢复、市政设施生态化建设等领域得到快速发展[3]。马里兰州绿图计划被公认为绿色基础设施规划的成功典范，通过识别地区重要自然及人文资源，并以图示语言标识来指导城市增长，决策侧重于绿色环境资源复合效能的显现和积极的保护措施[4]（图3-6）。

绿色基础设施网络在空间及功能组织上具有系统性、层次性、连通性及复合性[5]，强调贯穿城乡的生态系统整体性保护，以及规划路径从以物种为中心向以生态系统为中心转变。系统性指城乡生态背景下，各类自然、半自

① Turner A., "Urban Planning in The Developing World: Lessons from Experience," *Habitat International* 16, no.2（1992）: 113-126.
② Fábos J G. "Greenway Planning in the United States: Its Origins and Recent Case Studies," *Landscape and Urban Planning* 68, no.2/3（2004）: 321-342.
③ 栾博、柴民伟、王鑫：《绿色基础设施研究进展》，《生态学报》2017年第15期。
④ *West Galveston Island Greenprint for Growth Report*（San Francisco: The Trust for Public Land, 2007）.
⑤ 王静文：《城市绿色基础设施空间组织与构建研究》，《华中建筑》2014年第2期。

然或人工景观要素通过自然过程连接，共同构建内在健康的自然生态系统并维持功能发挥。层次性指绿色基础设施涉及相互关联的多层次空间组织及用地布局，其在区域及城市尺度上多表现为连续的开放空间网络，如在欧盟政府"鸟类指令"与"栖息地指令"的基础上建设的贯穿各国的"自然2000"（Natura 2000）生态网络、美国环保署第四区完成东南生态框架计划[1]；在地方和场地尺度则被定义为模仿自然水文过程的雨水管理途径，强调特有生态及人文要素植入[2]，通过模拟水文过程，在源头控制雨水径流[3]，并与城市景观及基础设施建设结合[4]。连通性指绿色基础设施是连通城市中心、边缘区、乡村及自然区域的网络系统，既存在实体空间联系，同时也存在功能过渡与连接。复合性指绿色基础设施可提供多种复合功能，如社区菜园提供劳作场地，促进公众身心健康[5]，削减城市雨洪威胁[6]；充分利用地域景观特征的休闲农业实践能实现生态保护、乡村游憩、社区活化等复合目标。

　　绿色基础设施能够削减人为活动对系统内部要素及过程的影响，是实现用地建设低环境影响的重要途径，与之相关的规划实践包括低影响设计（Low Impact Design，LID）、美国最佳管理措施、澳大利亚水敏感城市设计、英国可持续城市排水系统模式等。其在实践中取得理想效果，如德国康斯伯格社区开发前地块雨水排放量为14mm/a，采用低影响设计进行开发建设后排放量为19mm/a，远低于周围其他区域的雨水排放规模[7]；美国波特兰市

---

① *Final Report: Southeastern Ecological Framework*（Georgia：Planning and Analysis Branch U.S. Environmental Protection Agency，2002）.

② 邹锦、颜文涛、曹静娜、叶林：《绿色基础设施实施的规划学途径——基于与传统规划技术体系融合的方法》，《中国园林》2014年第9期。

③ 王思元、李慧：《基于景观生态学原理的城市边缘区绿色空间系统构建探讨》，《城市发展研究》2015年第10期。

④ 王春晓、林广思：《城市绿色雨水基础设施规划和实施——以美国费城为例》，《风景园林》2015年第5期。

⑤ Soga Masashi，Cox Daniel T. C.，Yamaura Yuichi，Gaston Kevin J.，Kurisu Kiyo and Hanaki Keisuke，"Health Benefits of Urban Allotment Gardening: Improved Physical and Psychological Well-being and Social Integration," *International Journal of Environmental Research and Public Health* 14，no.1（2017）：71.

⑥ 蔡君：《社区花园作为城市持续发展和环境教育的途径——以纽约市为例》，《风景园林》2016年第5期。

⑦ 托尼黄、王健斌：《生态型景观，水敏型城市设计和绿色基础设施》，《中国园林》2014年第4期。

通过区域、街道、邻里等多尺度雨洪管理系统建设，滞留区内90%的地表径流及70%的悬浮固体①。

（二）"外部"系统协同衔接

1."城乡结合"的用地布局

"城乡结合"的规划思想为边缘区小规模农林用地保护提供理论依据，可追溯至埃比尼泽·霍华德（Ebenezer Howard）在《明日的田园城市》一书中提出的田园城市理论，虽其初衷并非以生态保护为目的，却强调以城市自给自足、环境改善为发展前提，提供了支撑城乡物质循环利用的空间样板——"城市与乡村结合发展"，即在建设用地外围保留由耕地、牧场、果园、森林等组成的永久性绿地环带，用以控制城市蔓延，实现农产品就近供给②，同时也为市民提供就近休闲游憩场所。盖迪斯的区域规划理论则首次揭示了维持城市成长和发展的动力源于自然，强调将城市与周围环境区纳入同一规划体系中，受其影响的规划实践均体现出对城市边缘区农林用地的保护思想，如1919年弗里茨·舒马赫（Fritz Schumacher）在德国科隆城市扩展规划竞赛中，在已拆除的两条城市外围防御工事中布置农田与草坪以供市民游憩；1928年法国总理委命规划委员会对以巴黎市中心为核心、半径35km的范围进行规划，建立巴黎市与周围656个乡镇的空间联系，并保护其中开放空间、历史建筑、农田等，吸引游客前往体验③。

如果说之前的规划探讨还停留在用地及空间组织层面，1971年联合国教科文组织在"人与生物圈"（MAB）中提出的"生态城市"概念，则从用地组织、物质能量流动等方面，进一步明确了边缘区小规模农林用地保护与城市可持续发展的关系，真正引发了规划界基于生态学考量，从区域、城市、功能区等多层次开展的，促进城市与乡村、人工环境与自然环境相结合的探讨。1975年，理查德·雷吉斯特（Richard Register）主导成立城市生态组织，以"重建城市与自然的平衡"为宗旨，提出生态城市建设十

---

① 张园、于冰沁、车生泉：《绿色基础设施和低冲击开发的比较及融合》，《中国园林》2014年第3期。
② 周国艳：《西方现代城市规划理论概论》，东南大学出版社，2010，第37-38页。
③ 曹康：《西方现代城市规划简史》，东南大学出版社，2010，第122-123页。

项原则（1996年），出于对环境保护与食品安全的考虑，其中特别强调用地布局应支持地方化农业、废弃物回收利用等；第三届国际生态城市会议通过国际生态重建计划，提出设计城市应依据能源保护及废弃物资循环利用的要求，并修复城市及周围区域自然环境及具有各类服务及产品生产潜能的农林生态系统；1997年澳大利亚城市生态协会（UEA）提出将退化土地修复、维持城市发展与土地承载平衡、培育丰富的文化景观等作为生态城市设计原则；2000年欧盟可持续发展人类住区十项关键原则中，提出住区空间，尤其是边缘区住区空间组织应利于有机垃圾制作堆肥、城市物质循环利用以及在当地生产所需的主要食品[①]；2003年英国政府在《我们能源的未来：创建低碳经济》中提出"低能耗、低影响、高效益"的低碳经济模式，支持地方性农业生产的边缘区小块农林用地保护及组织布局对改变过分依赖化石能源的农产品生产—运输—供给方式，实现低碳经济意义重大。

2.协同城市空间拓展

反控建设用地无序蔓延，协同引导城市空间拓展的绿色空间规划也强调对边缘区小规模农林用地的有效保护，之前提到的田园城市规划便蕴涵着引导城市理性增长，优化城乡空间格局，保护生态资源的思想。

环城绿带规划方法简单、便于推广，是控制建设用地增长最常用的方法之一，其在城市外围保留由农田、林地等组成的永久性开敞空间以阻止城市蔓延，限制、调整城市空间规模与发展模式，并在近郊保留农业生产、森林维育、户外娱乐的可能性[②]。其中英国环城绿带建设历程最具代表性，1933年恩温（Unwin）提出构建一条宽约3~4km的绿带环绕伦敦城区；在此基础上大伦敦区域规划委员会为遏制城市向郊区发展、保留未来户外游憩空间，提出"绿带（Green Girdle）政策"，主要措施为在边缘区设置环状绿带并限制环内开发活动；1938年英国议会通过"绿带法案"（Green Belt Act），尝试通过国家购买的方式保护城市外围农林资源，但因资金限制及法律、规划支撑缺失而收效甚微；1942—1944年艾比克隆比（Abercrombie）主持的大伦敦规划在以伦敦为中心、半径约48km的范围内，由内向外划分内圈、

① 黄肇义、杨东援：《国内外生态城市理论研究综述》，《城市规划》2001年第1期。
② 贾俊、高晶：《英国绿带政策的起源、发展和挑战》，《中国园林》2005年第3期。

近郊圈、绿带圈与外围农业圈，其中宽约8km的绿带圈中保留大量自然林地及小规模农田，设置各类游憩、运动场地及大型公园[①]（图3-7）；1955年，环城绿带被纳入城市规划管控；20世纪80年代，英国各地绿带规划逐步完成；1988年英国政府颁布绿带规划政策指引（PPG2），从战略性角度对绿带功能、土地用途、边界划分和控制要求等内容进行了详尽规定[②]。英国环城绿带建设取得了较为显著的成就，如在伦敦城区外围保留约4860km²的绿地[③]，有效控制了城市增长。此后，多国借鉴英国绿带政策，将绿带纳入城市建设及管理实践，用以控制城市蔓延并

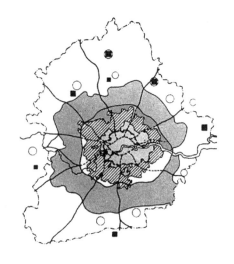

□外圈 ▨绿带圈 ▨近郊圈 ▥内圈
——快速干道 ┄┄干道 ——伦敦郡界 ┄┄大伦敦
■建成的新城 ○计划的卫星城镇 规划区界

图3-7 大伦敦规划示意图
资料来源：黄光宇，陈勇. 生态城市理论与规划设计方法［M］. 北京：科学出版社，2002.

保护边缘区农林资源，如1955年日本制定"首都圈规划"时，在近郊设置一条宽度达5～10km、以农田、耕地为主的绿带；韩国在《国家总体空间规划（1972—1981）》中亦提出，以绿带保护城市周边农田并为未来发展保留弹性的发展策略。

区域型绿地规划是对环城绿带规划内容的拓展，多伴随都市圈、城市群等规划实践出现，旨在协调区域生态保护与城乡发展诉求[④]，能有效保护位于多城市间的农林用地资源。以荷兰兰斯塔德地区为例，该地区主要由阿姆斯特丹、海牙、鹿特丹和乌得勒支四大核心城市及超过50个小城镇组成，人口密集。受低地、洼地、水体等地形分布特征影响，在地区中部保

① 黄光宇、陈勇：《生态城市理论与规划设计方法》，第24页。
② 杨小鹏：《英国的绿带政策及对我国城市绿带建设的启示》，《国际城市规划》2010年第1期。
③ 杨玲：《环城绿带游憩开发及游憩规划相关内容研究》，硕士学位论文，北京林业大学城市规划与设计专业，2010，第12-13页。
④ 叶林：《城市规划区绿色空间规划研究》，第60页。

留形成一个由约400km²农业区构成的"绿心",各城镇围绕绿心呈环带分布①,因地形条件先天限制及"绿心"政策强化管控,区域内建设用地增长得到有效控制,整体分布较为集中,生态环境结构完整性得以保持。

绿带政策引入北美规划体系后,发展出"增长管理""精明保护""精明利用"等理论体系,并成为"精明增长"的重要组分。城市增长边界(Urban Growth Boundry, UGB)是最早由美国俄勒冈州提出、对城市增长进行引导控制的管理工具②,通过管理手段控制或限制基础设施延展,达到限定、引导城市化空间在边缘区指定区域扩张的目的③,可细分为"预期性城市增长边界""协调性城市增长边界""警戒性城市增长边界""周期性城市增长边界"四类,其中警戒性城市增长边界是保障生态安全或粮食安全等的战略性、永久性不可开发边界,其中包括高产农田、生态林地等。绿色增长(Green Growth)旨在拓展城市空间的同时,保护好边缘区自然与文化特色载体④,其指导下的绿色空间规划被视为城市增长边界管理的技术支撑,保护城市增长边界内的自然景观、管理地区自然区域等内容,也被写入美国伊利诺伊州东北部地区的"2040区域增长管理政策"(Region 2040 Growth Management Policies)⑤。

非建设用地规划是我国用地管控体例下特有的规划类型,是相对于建设用地规划的一种概念,后在其基础上发展出若干生态空间控制与保护规划类型,如北京绿化隔离带、深圳基本生态线、杭州市生态环境功能区规划、成都"198"环城控制带等,其在管控思路上与绿带、绿图规划等具有类似性,即保护对城市具有关键生态功能的水源保护区、水土涵养区等及相关生态用地,利用"以底控图"的思路控制建设用地蔓延。

---

① 张衔春、龙迪、边防:《兰斯塔德"绿心"保护:区域协调建构与空间规划创新》,《国际城市规划》2015年第5期。

② 冯科、吴次芳、韦仕川、刘勇:《城市增长边界的理论探讨与应用》,《经济地理》2008年第3期。

③ William Fulton *Ballot Box Planning and Growth Management* (Sacramento, CA: Local Government Commission, 2002).

④ "Green Growth Guidelines," Coastal Resource Division and Georgia Department of Natural Resources, last modified June 24, 2011, http://www.coastalgadnr.org/cm/green/guide.

⑤ *Northeastern Illinois Planning Commission.2040 Regional Framework Plan* (Chicago: Green Area Northeastern, 2006).

二、用地复合利用导向

未考虑社会利用及经济发展的强制性用地保护易带来高昂的管理成本，尤其对于布局分散且处于城乡用地动态转化过程中的边缘区小规模农林用地，对其应采取适当利用，挖掘潜在环境增殖效益，让政府、开发者及民众认识其价值所在，从而主动参与到保护中，提高保护措施效能。

（一）用地生产功能保障

1. 食品生产自给自足

都市农业为提高食品自给自足率，利用城市规划区内规模较小的、具有耕作潜质的低效或闲置土地进行农业耕作，作为集约农业生产的补充。1935年日本经济地理学家青鹿四郎在《农业经济地理》中首次定义"都市农业"，即分布在都市工商业区、住宅区等区域内，或分布在都市外围的特殊形态的农业。发达国家随后对其进行了广泛研究与实践，并成立都市农业顾问委员会、都市农业支持组织、都市农林业资源中心[1]。因各国在自然资源条件、经济发展水平等方面存在不同，故其对都市农业的价值认知及实践重点具有明显差异：（1）生存自助型都市农业多见于发展中国家，经济困难的城市居民利用城区内部及近郊小规模农田林地进行生产，从而获得基本食物保障并增加经济收入；（2）生态休闲型都市农业常见于西方发达国家，其发展一方面源于地方政府对农林用地生态、文化等价值的重视，另一方面源于城市居民对回归自然的需求及对传统农业生产的珍惜；（3）多功能型都市农业常见于新加坡、韩国、中国台湾等人多地少且经济发展水平较高的国家及地区，其在为城市居民提供新鲜农副产品等基本功能的同时，还具有避减灾害、休闲游憩、景观美化等功能[2]。

为生产出类型丰富的农副产品，美国马里兰州海厄茨维尔还提出类似于农林复合系统的"食物森林"（或称为"森林农园""可食森林农园"）

---

① 刘盛和：《都市农业与城市可持续发展》，海峡两岸观光休闲农业与乡村旅游发展——海峡两岸观光休闲农业与乡村旅游发展学术研讨会论文，北京，2002，第211-214页。
② 同①。

概念，即模仿自然森林来种植并管理多年生生态农业系统，以朴门永续（Permaculture）的理念，因地制宜地对阳光、地形、人类活动等进行生态设计[①]。

2. 农业生产环境改善

环境友善型农业根据源—汇能量学（Source-sink Energetic）建立物质循环型能量补给过程，即通过边缘区农田、林地布局组织，将城市生态系统生产过剩的有机物产物（源），输出到另一个低生产力的生态系统（汇）中，从而提高城市生态系统的稳定性，并保障农业生产系统的物质及能量供给。日本在《新的食品、农业、农村政策的方向》中首次提出"环境保全型农业"概念[②]，强调充分结合环境资源的小块农林用地保护，并由此发展出多样的农林业开发模式，如结合流域分区管理的小流域综合利用模式，注重农业发展与生态保护的山坡地综合利用模式、结合地形开发的低洼地基塘系统模式与高畦深沟模式，以及农林结合农业发展模式等。通过土壤修复、林地更新、休耕、养分管理、水资源收集及储存、农林系统实践、耕作能量作物[③]等恢复土壤肥力，改善植物生长条件，实现水资源、营养物质及阳光在系统中的合理分配。

（二）休闲游憩功能促进

1. 休闲农业发展

休闲农业充分挖掘并利用农业、自然景观资源，发展与农业、农村相关的观光游憩及旅游度假。我国台湾地区拥有着丰富的自然生境及农业景观资源，城市居民经济水平提高及对乡村生活的向往助推岛内休闲农业发展，萌芽于20世纪50年代的台湾休闲农业经过60余年的发展，已逐步完成从个别农场自发尝试到政府推动引导，从单一的农业观光到集生态旅游、文化体验、社会提升等复合功能于一体的转变。台湾休闲农业在初始阶段主

---

① 裴成：《为什么我们需要城市农业？关系每一个人》，最后更新时间2016年6月6日，http：//www.yogeev.com/article/68101.html。

② 喻峰：《日本保全型农业概况》，《国土资源情报》2012年第1期。

③ Lal R.，"Soil Carbon Sequestration Impacts on Global Climate Change and Food Security," *Science* 304，no.5677（2004）：1623-1627。

要由农民自发建设，以开放农园供市民采摘为主，如大湖草莓采摘园，但此类休闲农业分布较为零散，忽视环境保护、区域协同发展对可持续发展的必要性，后期逐渐显示其弊端；从1970年开始，政府大力推广休闲农业，各级政府相继制定"发展观光农业示范计划""森林游乐区设置管理办法""休闲农业区设置管理办法""休闲农业辅导办法""21世纪台湾发展观光新战略"等，提出将生态旅游、健康游憩等观光策略与休闲农业相结合，通过休闲农场申请筹设及登记制度，强化管理与约束，并逐步规范相关配套设施。目前台湾休闲农业发展充分利用农林、坑塘、物种等资源，实现综合生态保护、乡村游憩发展、文化复兴等目标及资源保护式利用，这得益于政府、公益组织的支持与民众环保意识的觉醒。

位于城市建设单元外围、交通条件便捷或邻近自然保护区，由小块农田、园地、草地、林地等构成的农林混合景观，对台湾休闲农业发展具有支撑性作用。台湾农委会公布的数据显示，台湾全岛已划定批准的休闲农业区共71处，其中超过80%依赖于此类农林混合景观资源①。

2．农业公园建设

农业公园作为休闲农业的高级表现形式，是集农业生产场所、农产品消费场所和休闲旅游场所于一体的生产—游憩复合体，通过基础及游憩服务设施建设，挖掘农业潜在游憩功能，提高公众对城市边缘区小块农田、林地的认知与保护程度。日本农业公园自20世纪80年代逐渐兴起，主要集中于三大都市圈（东京、大阪、名古屋），种植各种花卉、果树、蔬菜等，园内设施包括温室、植物园、样本园及小游园等，具有农产品生产加工及销售、农业实习与进修、研究与技术开发、展览与参观学习、休闲游憩等多种功能，现已成为农业用地保护与农村复兴的主要路径。

西班牙农业公园建设除保护农业要素外，还强调自然要素整合与区域景观格局保护。在巴塞罗那城市边缘区内，由于历史景观结构及农耕传统，农业成为构成区域景观的有机组分，包括家庭园艺、小型农场、自然生境等小规模农林用地，其不仅为社区提供健康的食物，还是邻近社区的教育、

---

① 笔者根据台湾地区农业委员会公布信息总结，引用时间2017年2月17日，http：//www.
taiwanfarm.org.tw/com/index.php/tw/farmgps.html。

环保及美学设施。根据不同的功能导向，农业公园主要分为两类：另一类强调将农业作为经济活动进行维持，重点保留传统的山丘、城镇、农田、农舍所形成的大地景观；另一类强调将农林空间作为公共开放空间进行保护，保留大规模农田、小块菜畦、林地交织形成的农林景观风貌，公园仍保留大面积农田，但宜人的尺度让人感觉身处开敞的空间中①。

美国农业公园在高价值小块农地保护中，发挥着农业实践教学、农业社区辅助服务等关键作用。如位于巴尔的摩县的马里兰州农业及农场公园（图3-8）是一个面积为149hm²的农业资源中心，整个中心设计参照传统农场的用地布局及建筑形式，拥有谷仓、家畜摊位、牧草地、耕作区域、农业管理用房和农村生活展示说明中心，通过现代化设施支持多种活动：提供农业实践教学，教育公众在地食品生产和其他农业活动的重要性与经济性，提供大量学科信息查询功能（包括园艺学、森林学等）；布置马术及游憩设施（野餐亭、公厕），增强登山步道及其他开放空间的休闲娱乐性；中心建筑设有相关部门办公室，为农业社区提供便捷服务，如土壤保护特区、美国农业—自然资源保护服务部等②。

3. 农林生态—文化复合体保护

在长期的生产实践中，农林复合生态系统是农业要素与自然要素相互融合、适应而成的，是民俗文化、农耕文化的载体，农林用地及其相互关系的保留即为人类与自然漫长演进历史的记录与传承。"欧洲农业模式"便强调农业与欧洲社会文化具有不可分割的关系，并形成一套从理论、保护用地评价与选择（图3-9）③、施政规划到成效评估的完整政策思维④。

① Attila Toth and Jan Supuka, "Agricultual Parks: Historic Agrarian Structures in Urban Environments (Barcelona Metropolitan Area, Spain), *Acta Environmentalica Universitatis Comenianae* (Bratislava) 2, no.21 (2013): 60-66.

② "Maryland Agricultural Park," accessed July 17, 2017, http://www.baltimorecountymd.gov/Agencies/recreation/countyparks/mostpopular/agcenter.html.

③ Eva Kerselaers, Elke Rogge, Joost Dessein, Ludwig Lauwers and Guido Van Huylenbroeck, "Prioritising Land to be Preserved for Agriculture: A Context-Specific Value Tree," *Land Use Policy* 28, no.1 (2011): 219-226.

④ 王俊豪、周孟娴：《农业多功能性的影响评估——欧洲农业模式评估计划》，最后更新时间2006年9月，http://www.biotaiwan.org.tw/download/structure4/Meng-Sian/農業多功能性的影響評估–歐洲農業模式評估計畫（200609）.pdf。

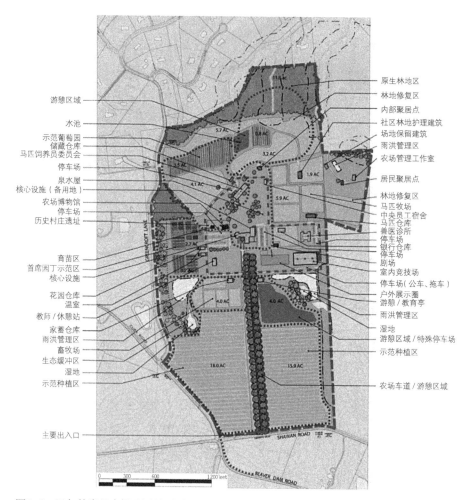

图3-8　巴尔的摩县农场公园总平面图

资料来源：http://resources.baltimorecountymd.gov/Documents/Environment/landpreservation/final-masterplan051208.pdf.

里山是日本对半自然半人工的浅山景观的统称，其有别于人烟稀少的深山，包括传统森林、水稻田、草地和村庄混合体。不同种类的树林、草地与湿地混合形成多种野生动物栖息地，可提供防灾、集水区保护等生态服务功能。里山的用地布局体现了日本文化对自然的敬畏，为防止其受城市化影响，日本各地政府结合自身发展特点，提出多项保护措施，如东京开展龙猫（Totoro）家乡基金运动；横滨在大学校园内部保护农林景观并

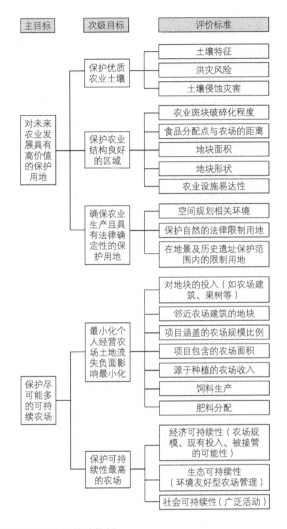

图3-9　佛兰德斯农地价值评估价值树

资料来源：Kerselaers E, Roggea E, Desseinae J. Prioritising land to be preserved for agriculture: a context-specific value tree［J］. Land Use Policy, 2011, 28(1): 219-226.

将其作为教学基地，通过互动激发市民的参与性①。里山的核心概念为"社会—生态—生产地景"，即通过人类与自然长期交互作用，形成类似于马赛克般的自然生境与人类利用混合布局的土地镶嵌，其中环境资源在系统承

———————————————

① Hiromi Kobori，Richard B.Primack，王胜：《对日本传统的农林景观 Satoyama 的参与性保护途径》，《Ambio-人类环境杂志》2003年第4期。

载阈值内得以循环利用，当地传统文化的价值也获得认可，这有助于在维持粮食生产、改善民生经济和保护生态系统三者之间取得平衡。在2010年"联合国第十届生物多样性公约缔约方大会"上，联合国大会和日本政府提出"里山倡议"（Satoyama Initiative）[①]，以类似里山的复合式农村生态系统为对象，提倡人与自然和谐共处，同时兼顾生物多样性和资源可持续利用的"里山精神"，并对其愿景、方法及关键行动面向进行总结概括[②]。与日本里山类似的农林复合景观还包括我国传统农林生态系统、欧洲Streuobst系统、非洲地区Quezungual系统、缅甸"塔亚"系统（Taungya System）等，它们均体现出在外界技术及资金投入有限的情况下，各地传统农林用地布局对环境的有效适应。

三、法规政策补充护航

协调边缘区农林用地保护与利用关系，提升用地管控力度与保护落地性，需相关法律规范护航。发达国家更是以保护公共福祉的多目标为导向，用专类法、专门机构管理对应衔接专题研究与专项规划措施，如美国生境规划（Habitat Conservation Plan）、流域保护规划（Watershed Conservation Plan），欧洲的农场林地计划（Farm Woodland Scheme），加拿大自然遗产研究及规划（Natural Heritage Study and Plan）等。

（一）用地规模及用途管控

用地规模及用途管控反映着各国政府对农林用地的功能认知及价值导向。美国针对农林用地保护的法律法规中，表现出单一目标向复合目标转变的趋势及对农业用地保护重视程度的提升，20世纪30年代，美国政府制定了《水土保持和国内生产配给法》，强调提升农地生产能力；1964年森林服务部针对联邦土地提出分类管理及多用途利用的规定，要求对国家森林

---

① 《湿地、农业与生物多样性：农业湿地保育与里山倡议》，引用时间2017年12月11日，http://www.shifee.com/content/6908.html。
② 《里山倡议的核心概念与国际发展情况》，环境资讯中心，最后更新时间2012年7月18日，http://e-info.org.tw/node/78570。

系统、联邦土地及资源实现复合利用；由于城市扩展蚕食大量农田，加州管理部门从众议院第十五次会议开始，引入农地保护议题，于1965年颁布针对农林用地保护的《威廉森法案》（Williamson Act），并成立农业资源协会以界定优质农田；1974年密歇根州颁布《农地和开敞空间保护法》（即P.A.116）；1981年联邦政府制定《农地保护政策法》（FPPA）[①]；夏威夷州于20世纪90年代首个提出通过强制的综合性区划政策来保护优质农田[②]。随着农副产品供过于求及其影响问题加剧，管理部门提出通过生产控制与价格补贴实现土地休耕及环境效益提升，如在农业法"土壤银行"项目中，若农场主把部分土地存入"土壤银行"，进行长期或暂时休耕，银行将对此提供补助；美国农业管理协会亦会向农户提供成本分担及奖励措施，以鼓励农户自发将环境保护措施纳入生产过程。对于城市发展具有重要支撑作用的边缘区农林用地，政府采用政府工具集成、彻底买断、自愿计划三类方式获取用地所有权或使用权，从而控制其开发建设，具体保护手段又分为管理工具、区划工具、直接购置获得、保护使役权、联邦保护计划五种[③]。

　　面临人多地少且国土逾七成为山地、丘陵的状况，日本通过立法协调生态保护与发展诉求，保障食品供给自给自足率，并构建涵盖风景地、农地、林地的保护体系。2010年日本重新修订的《食品、农业、农村基本法》提出，至2020年粮食自给率将提高到50%，并大力发展多功能农业，构建高品质产品出口机制，应对自由化市场。为保护边缘区农林资源，颁布针对城市内部及近郊林地保护的《近畿圈保全区域整备法》《首都圈城市近郊绿地保全法》，设立"近郊绿地保全区域"制度，保护"城市近郊的树林地、水体两侧林地及与此状况类似的用地，确保林地具有较大规模且环境良好"；颁布保护城市内部与周围农地的《农业振兴地域整备法》、《生产绿地法》（针对城区内现存农地），设立"生产绿地地区"制度，通过税收减免来增加农户收入，实现农地农用[④]。

---

① 林培、聂庆华：《美国农地保护过程、方法和启示》，《中国土地科学》1997年第2期。
② 张安录：《美国农地保护的政策措施》，《世界农业》2000年第1期。
③ 龙花楼、李秀彬：《美国土地资源政策演变及启示》，《中国土地科学》2000年第3期。
④ 刘畅、石铁矛、赤崎弘平、姥浦道生：《日本城市绿地政策发展的回顾及现行控制性绿地政策对我国的启示》，《城市规划学刊》2008年第2期。

韩国通过分类保护与利用来缓解保护低效、耕地侵占等问题。韩国政府1962年颁布的《农业振兴法》，将国土分为城市地域、准城市地域、农林地域、准农林地域、自然环境保护地域五类。在此基础上，1992年推行"农业振兴区域"制度，依据《农渔村发展特别措施法》将农林地域细分为"农业振兴区域"与"农业保护区域"，其中农业振兴区域一般为优质农田，一旦划定就会受到严格控制，区域内只允许农业生产及农地改良直接相关行为；农业保护区则包括农业环境维持及提升所必须控制的区域，如生产区水源地等①。

（二）环境影响评估及管控

边缘区是城市向外扩展的主要区域，应考虑其合理的建设与发展诉求，但任何环境政策或建设行为都会对区域生态环境造成不同程度的影响，需模拟预判项目可能造成的环境影响并采取必要规避措施，如美国各州于20世纪50年代先后开展环境规划研究，通过设定环境目标、环境评测、规划方法等，对道路、土地、娱乐、公园布置、水资源利用、污水处理等进行环境影响研究；英国20世纪60年代末以改善居民生活质量，合理开发当地资源为目标，结合经济发展及新城建设，对大气、水体、噪声、废弃物、棕地等进行环境影响控制②。

环境影响评估最初在美国《国家环境政策法案》中提出，用于评估建设项目或环境政策等对环境要素及生态过程的影响程度，涉及政府出台、资助或许可的重要政策、法令、规章、计划和项目及改变自然环境的开发活动③。环境影响评估作为规划编制辅助工具，用于分析评价项目规划、建设全过程的环境影响，并提出削减、规避措施，能有效促进各类规划项目优化。以美国加利福尼亚州为例，规划通常首先考虑环境保护问题，其次

---

① 《他山之石 国外城市群如何"大而不臃"》，最后更新时间2014年5月6日，http：//www. urbanchina.org/n/2014/0506/c369544-24982280.html.
② 张义生、王华东：《国外环境规划研究现状和趋势》，《环境科学丛刊》1986年第2期。
③ 梁江、孙晖：《论美国环境影响评估体系》，《国外城市规划》2001年第5期。

才是城市空间发展需求①，众多保护法中，《加州环境质量法》(*California Environmental Quality Act*，CEQA) 被公认为将生态保护与地方土地利用规划进行有效连接的管理工具，被引入总体规划、地块划分、区划、建设开发许可的审批过程中，作为法定审查环节，理性引导城市开发。

影响要素选择是环境影响评价的重要环节。影响要素选取及权重赋值取决于目标功能设定，且直接关系对未来开发活动的限制或引导条件，如美国《圣克拉拉谷地生境保护规划》中，主要针对生态、环境污染、美学、人类兴趣四大要素，并根据实际情况对其进行细分评估及加权赋值（图3-10），以得到环境影响综合评估。各地也可依据自身条件予以调整，

注：相邻数字为要素相对权重值

图3-10　巴特尔环境影响评价体系图

图片来源：Canter L W. Environmental Impact Assessment, 1999.

① William Fulton and Paul Shigley. *Guide to California Planning*（*3rd ed*）（California：Solano Press Books，2005）.

如在我国台湾环境影响评估中，除空气、水、土壤、噪声、地形、地质、动植物等之外，还加入废弃物处理、文化古迹保护、社会关系、经济环境、休闲游憩等[①]评估，扩大传统环境影响评价范围。

多机构相互监督、协同作用及公众监督和参与能够提高环境影响评估的指导有效性。加州环境质量法是典型的程序法，注重流程管理，主要涉及四方作用机构：公共机构、责任机构、编制主导机构与决策机构。公共机构负责核实申请项目是否满足申请标准，是否具备责任豁免权，及是否会对环境造成严重影响；编制主导机构作为环境影响评估编制主体，主要进行报告编制、公示及修正工作；责任机构为许可证申请方，主要工作为提出申请，提供所需原始调研数据，并对环境评估报告进行反馈；决策机构负责对环境评估报告及否决申请的妥善性及有效性进行审核，颁布许可证书，并对批准项目设置开发利用活动相应条件。环境评估报告初稿及成果编制工作结束后，均需进行公示，以确保评估结果的大众认可性，并接受公众所提出的合理建议，对评估结果进行完善。

（三）生态与生产环境管控

为维持生境质量及生物多样性，各国政府制定了多种保护及管控政策。如美国建立了各类自然保护区，制定了《濒危物种法》，并结合基本制度设计（如财政援助制度、超级基金制度）保护濒危物种；英国为保护边缘区生境，颁布《野生环境与乡村法》和"环境敏感地区计划"，并在环境保护相关法规的基础上制定了"农业林地计划"及"农业和保护授权计划"；法国对自然区域进行调查、登记，制定群落生态环境保护法令，并将生物多样性保护纳入土地管控政策。

农业生物多样性关系全球生物多样性维持，也是实现食品自足供给、解决贫困问题、实现社会公平等目标的重要途径。欧盟致力于环境友好型农业管理，为遏制农业生物多样性减少采取了多种措施：保护有特殊自然价值的草场、荒地等；制定各项法律确保农地生境得到保护及减少环境污染，如《野鸟法》《栖息地法》《硝酸盐法》及《水框架法》等；提供更宽

---

① 宋锡祥：《台湾〈环境影响评估法〉及其借鉴》，《华东政法学院学报》2002年第1期。

泛的农业生物多样性保护计划，并通过环境报告、环境评价及交叉遵守等制度来保证法令实施①。

农业生产环境影响区域生态环境及产品品质。英国在农业环境保护方面具有代表性，早在20世纪80年代便颁布《野生动植物和农村法》《欧盟施用氮肥指导法》等农业环境保护法规，规定养殖农场须有说明环保措施如何实施的环保计划书；农场主须负责保护农场附近的树林及河沟；还针对农村居住区及英格兰主要9条河流制定《河流盆地计划》，提出水质保护措施等。此外，英国政府还制定了一系列农业规划，通过补贴引导农民采取环境友好的经营模式，包括有机农业生产规划（Organic Farming Scheme）、农地造林奖励规划（Farm Woodland Premium Scheme）、坡地农场补贴规划（Hill Farm Allowance Scheme）和林地补助金规划（Woodland Grant Scheme）等。

四、研究趋势及缺口

（一）研究趋势

1．将边缘区纳入城市规划管控范围

从田园城市、区域规划等经典理论，到生态城市建设实践等，都可清楚看到城市边缘区农林用地作为粮食基地、游憩场所，控制建设用地蔓延的重要性，故应划定与城市生产、生活有着密切关系的用地范围，并将其作为规划研究及管控区域，取代传统规划中以建设用地外边缘线为实际管控范围的做法，并将其中农林用地纳入各级城市规划体系进行整体考量。近几年来，各国对城市空间的规划研究已逐渐脱离建设用地或行政边界的束缚，更偏向于生活圈、大都市发展区等规划导引；绿地规划也不再"就绿论绿"，而是凸显绿地的多元功能，《墨尔本2050》《伦敦2015》《纽约2030》《大巴黎规划》《波特兰2035》等城市战略规划都强调从多尺度、多面向保护与人类福祉相关联的边缘区生态绿地。如《墨尔本2050》中，规划从环境保护、绿色基础设施、绿色开放空间、绿色交通可达性、生物多

---

① 李慧英、王育红：《欧盟农业生物多样性法律保护研究》，《世界农业》2014年第2期。

样性、废物处理、雨洪管理等目标出发，强调了城区内外系统性、复合性的绿地布局及空间组织的重要意义。

2．多尺度保护利用规划引导

发挥生态系统服务的用地布局与空间组织是在保障网络完整性的基础上，结合用地现状、城市诉求等形成的，强调多尺度、整体化的规划引导与管控，而并非片段化、破碎化用地保护：区域层面确定结构型景观格局，是城市用地合理布局及规模控制的前提条件，如泛欧洲生境网络建设及保护区域生物多样性的结构型网络框架；城市层面多考虑对功能分区的呼应及与其他类型用地的衔接，如衔接道路交通网络、游憩配套设施，提高绿色空间服务效能；社区层面强调落地与实施，强调维持场地的自然生态过程，并促进公众参与等，如绿色基础设施建设。在国内外先进的保护经验中，对具有高价值的农林用地应进行严格的法规管控，甚至永久性保护，并将其作为城市规划编制的前提条件，通过功能赋予及组织衔接，与城市建设空间实现协同增长。

3．农林用地复合潜能表达

从"唯生产论"到"多功能论"，各国经过反思集约农业生产及经济主导型城市扩张造成的环境及社会问题后，开始逐渐重视农林用地除粮食生产外的复合功能表达，包括生态屏障、资源保护、环境调节、文化传承、食品安全等。如日韩、欧美等国和地区出台各种法规政策保护对人类福祉具有重要意义的高价值生态用地；我国台湾地区将支持城市边缘区休闲农业，将其作为保障食品自给自足、吸引返乡人口、实现乡村社区复兴等的重要途径。其中，游憩功能是实现城市边缘区物质条件改善、生态及文化资源保护的综合体现，日本、美国等国家，以及我国台湾等地区通过休闲农业及农业公园建设，不仅增加了农户的非农业收入，还通过互动体验式活动设施，带动农业社区发展并促进公众环境教育。

4．"农地、农村、农业"整体保护

农地是农业发展的基础，而农业是农村社会复兴的主要推力，应对其进行整体保护：（1）维持农田、园地、林地等基于自然生态过程形成的复合生态系统，有利于系统整体保护与要素维育；（2）受自然演替与人类社会发展复合作用的农林生态系统是"环境+文化"综合体，独特的地理及生态环境特征是造就这一类型文化与景观的基础，应进行整体性保护，既保护相关环境要素、历史人文要素，还应保护维持重要生态过程及历史文化脉络的空间与用地，如日本里山保护。用地及设施建设亦不可一味弃旧建新，应深挖当地资源，在尊重传统文化脉络及生态环境的基础上逐步更新。

5. 强化规划措施落地的用地管控

城市边缘区农林用地管控应适应其动态变化、管理主体多元、生态环境敏感等特征，实现规划措施落地：（1）用地过程式管理，蓝图式用地规划常因发展条件变化而难以落地，应变被动强制性保护为主动参与性引导，并实现"规划—管控—监测—反馈"过程式管理；（2）管控要素"软硬结合"，管控对象不仅应包含用地布局、设施建设等物质硬件，还应兼顾生产方式等软件，如欧洲针对农业生产环境保护及生物多样性维持颁布的《野鸟法》《硝酸盐法》等；（3）规划对象"分级分类"，边缘区农林用地占地广阔，不可采用普适性管理方法一概而论，应根据其功能属性及重要性，对其进行分级分类管理。

（二）研究缺口

1. 高价值小规模农林用地识别与保护方法缺失

既有农林用地保护方法主要适用于服务能力突出、典型性或代表性较高、较成规模的用地，而对提高景观网络连通度、提升系统服务效能具有重要意义的小规模农林用地却少有涉及，而这一类用地正是城市建设的主要蚕食对象。国土部门（现为自然资源部）公布的数据显示，1996—2014年，在全国范围内，耕地减少逾2亿亩，其中边缘区未划入基本农田保护范围的小规模优质耕地减少最为明显，而新增耕地多距农村聚居点较远且土壤肥力差，耕地土壤整体退化40%以上（图3-11）；林地建设忽略现存原生或次生植被保护，2008—2013年，全国造林面积

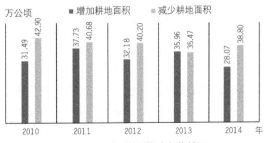

图3-11　2010—2014年耕地增减变化情况
资料来源：《2015中国国土资源公报》

接近2400万hm²，总面积仅提升668.59万hm²，可以说是以近似人工林地置换自然林地、远郊林地替代近郊林地的方式维持绿地覆盖率的相对稳定。

2. 缺乏与生态过程协调的绿地建设方式

现有规划及建设方法多强调农林用地总体规模控制，而忽视其与自然生态过程相匹配的用地布局：（1）重规模轻质量，相关部门通过人工造林、基本农田红线划定等确保用地总体规模达标，而忽略对高质量用地的优先保护；（2）绿地布局未考量与生态过程的整合及对环境资源的有效利用，带来巨大建设及维护成本；（3）作为边缘区重要生境保护单元的郊野公园与保护区等布局相对孤立，未重视区域生态系统及过程连续性，建设中"重视觉效果轻环境功能，重建设结果轻建设过程"。绿色基础设施网络建设较好地阐释了自然生态过程与用地布局匹配的思想，但现有研究多集中于与水文过程相关的用地布局，而对大气循环过程、生物迁徙过程等探索较少；多关注自然林地功能，忽略小块农田、园地、草地、灌木等的重要作用。

3. 用地多功能匹配及协调机制缺失

虽已有针对用地多功能表达的研究和探讨，但多为针对某一类功能的挖掘，如农田休闲游憩功能、林地生产功能等，缺少多种功能匹配与协调机制研究，如怎样在发展休闲游憩产业的前提下，维持农林用地固有的农副产品生产功能，规避过量人为活动对农业生产环境、水土资源造成的负面影响。用地功能表达缺乏系统性引导，边缘区用地具有过渡性，不同区域用地主导功能及兼容功能类型会因与城市功能区距离不同而有差异，如何实现不同城乡区段农林用地的城市服务功能与生态维持功能协调与叠加，并进行有效的资源保护与建设管理，值得进一步探讨。

4. 缺乏多部门规划衔接与协同管控方法

多部门管控割裂边缘区环境要素间及与城市开放空间、自然生态基质的空间及功能联系，使其成为"管理真空区"；而诸多环境保护策略因与用地管控措施不相匹配，亦难以付诸实践。"多规合一"的规划探索为多部门协同管理提供了契机，但现在仍处于研究探索阶段，且其更多强调国土、规划、环保相关部门的规划整合[①]，缺少农业、林业、水务等部门针对

---

① 黄慧明、陈嘉平、陈晓明：《面向专项规划整合的空间规划方法探索——以广州市"多规合一"工作为例》，《规划师》2017年第7期。

城市边缘区农田、林地等的管理措施整合与协同。除缺乏同级别不同部门管控的横向整合外，强化同一部门不同级别管控措施纵向衔接的相关研究也较少。

第三节

涵盖小规模农林用地保护的
公园目标体系与规划框架构建

一、用地保护路径确定

（一）相关保护路径分析

在城乡建设过程中，保护边缘区高价值生态用地的思想已得到管理部门及学界的普遍认可，并反映在诸多规划探索与实践中，根据不同的管控重点，用地保护路径主要可分为三类：（1）以建设用地蔓延控制为主，即在识别高价值生态用地的基础上，通过建设边界划线控制、分区建设引导等，将建设行为及强度控制在一定范围内，避免建设蔓延对边缘区自然资源造成蚕食与破坏；（2）以强化生态景观网络建设为主，即识别与生态过程相关联的空间及用地，通过廊道连接、斑块修复等，构建保障系统完整及自然过程正常运行的景观网络，避免或缓解建设开发造成的斑块破碎化及生境退化；（3）以挖掘系统复合服务潜能为主，即在保障生态系统稳定及环境功能产出的基础上，挖掘并叠加用地经济、社会方面的潜在服务，构建复合功能景观网络，增加社会公众及其他利益相关者对保护工作的认同与支持，从而降低规划实施阻力，并用以指导城乡空间优化与低影响建设[1]。

以上三种路径都可实现对生态用地的保护，但在实施难度、保护程度等方面有所不同。第一种路径控制用地建设，需辅以规划用地及项目审批

---

[1] 张定青、党纤纤、张崇：《基于水系生态廊道建构的城镇生态化发展策略——以西安都市圈为例》，《城市规划》2013年第4期。

制度作为保障，如北京市限建区规划根据"水、绿、文、地、环"五大限制要素制定建设政策分区，但环境区相邻用地增值带来的巨大经济利益，常使开发商、当地居民、地方政府铤而走险，突破红线的违章建设屡见不鲜。第二种路径强化生态用地本身网络系统建设，能够较好地保护生态用地并维持良好的生境条件，如香港通过23个郊野公园与15个特别地区划定，保护全港总面积40%以上的生态用地，但高昂的土地获取成本使保护工作推行缓慢，需以生态补偿制度等作为补充；再如马里兰州政府通过立法建立绿图计划基金体制，通过购买或保护地役权实现重要区域保护，其中仅有不足9%的土地通过购买获得①。第三种路径植入复合功能，不同于前两者，其提倡以合理利用促进生态用地保护，在保障利益相关者合理发展权利的同时，实现生态用地有效保护，公众对用地保护措施的自觉维护及主动监管，降低了管理及土地获取成本。

（二）复合利用路径优选

　　鉴于山地城市边缘区小规模农林用地具有布局分散、权属复杂、功能多元、易受蚕食等特征，笔者认为与其相适应的高效保护路径应"多管齐下"，即以用地复合利用为导向，通过提升并维持小规模农林用地对自然系统及城市系统的复合服务及产品产出，增加利益相关者对保护行为的认同并自觉维护，在此基础上整合农林生态网络建设及城市建设用地控制等相关保护方法，从而实现对高价值用地的实质性保护：高潜能用地及生态过程承载空间识别—强调自然维育及系统安全的生态网络构建—服务于城市系统的复合功能网络叠加—区域农林生态网络衔接—重点区域用地建设引导—建设用地管控强化与高价值小规模农林用地适应性管理。

二、公园复合目标体系

　　农业—自然公园规划是对山地城市边缘区小规模农林用地复合服务潜能的选择性表达及协调引导，公园目标体系设置需有意识地调节用地功能

---

① 李咏华、王竹：《马里兰绿图计划评述及其启示》，《建筑学报》2010年第S2期。

产出与自然、城市系统诉求的落差关系。

（一）目标体系构建

目标体系建构是将综合性总体目标设定为"顶层"目标，再将其逐渐细化为各次级目标，直至最终确定目标对象的期望状态[①]。公园目标体系构建的重点在于：（1）明确各专项规划提出的外显功能间的关系，并对其进行协调与整合；（2）挖掘自然系统及城市系统对公园的潜在功能需求；（3）提高公园规划措施的落地实施性，并提高有关部门的管控效能，保障边缘区小规模农林用地复合功能供给，缩小功能供需差。公园复合目标体系包括功能目标与管控目标两类（图3-12），各子目标虽彼此独立但又相互联系，目标体系构建旨在协调各子目标的关系并强化其相互间的支撑作用。

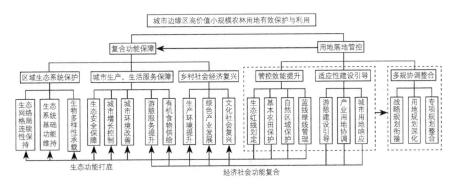

图3-12　农业—自然公园规划复合目标体系
资料来源：作者自绘

（二）规划措施链接

目标实现需要具体的规划措施作为支撑，由于生态系统的尺度性与相关性，需对多尺度空间及用地进行整体规划与管控，并使其与目标体系链接。

---

① 田慧颖、陈利顶、吕一河、傅伯杰：《生态系统管理的多目标体系和方法》，《生态学杂志》2006年第9期。

1．多尺度整体管控

根据景观生态学尺度效应，规划管控及研究需考虑包含目标对象在内的三个空间尺度，即核心层（研究对象）、上一层及下一层，上一层级对核心层具有控制与包含作用，而下一层对核心层具有支撑作用[①]。规划尺度划定需理解生态过程及空间格局在其中扮演的角色[②]，而管控内容则需根据尺度差异选择相应变量并进行取舍，如宏观区域层面强调生态格局维持，微观场地层面则着重土壤、植被、地表铺装等布局引导。农业—自然公园规划基于山地城市边缘区小规模农林用地所具有的生态系统、用地管控等特征，结合生态环境边界与行政管控边界，划定"区域地景—城市边缘区—汇水功能区"三个规划层级。

区域地景尺度研究重点聚焦于生态系统整体空间格局及物质能量流动，主要用于厘清边缘农林环境区与外围自然生态区及城市内部景观区的功能与空间联系，确定边缘区小规模农林用地在区域生态系统中所扮演的角色及承担的主要功能。

城市边缘区尺度强调与城市规划区、建设用地在边界及功能上的衔接与协调，考虑行政边界以便用地获取及管理，规划管控内容强调区域结构性生态网络构建与绿地布局，是城市绿地系统中"市域绿地系统规划"的组成与深化内容。

汇水功能区尺度强调用地复合利用与落地管控，既需考虑便于生态保护与管理的汇水单元区划，也需考虑保障城市公益性产出的功能单元。汇水单元是由自然水文过程串联的关联环境要素集合，具体范围大小与研究对象及划定标准关联；功能单元则根据城市系统及自然系统赋予其的主导功能类型予以确定。汇水功能区尺度管控重点在于如何通过用地比例、功能组织控制及低环境影响建设引导，来强化城市服务功能及自然支撑功能，提升公共产品供给效率[③]。

① 邬建国：《景观生态学——概念与理论》，《生态学杂志》2000年第1期。
② 岳邦瑞、刘臻阳：《从生态的尺度转向空间的尺度——尺度效应在风景园林规划设计中的应用》，《中国园林》2017年第8期。
③ 戈晓宇、李雄：《基于海绵城市建设指引的迁安市集雨型绿色基础设施体系构建策略初探》，《风景园林》2016年第3期。

2．目标分解与策略链接

不同目标功能产出对用地布局及空间组织的要求有所不同，如仅以生产功能为主，应平整土地，尽量增加耕作面积；当叠加休闲游憩功能时，则需要考虑景观多样性维持；若再叠加生态功能，则需从系统整体功能着手，兼顾水环境、生境保护等。将农业—自然公园规划复合目标在区域地景尺度、城市边缘区尺度及汇水功能区尺度进行分解，能够更具有针对性地指导公园用地布局与空间组织，实现目标导向与空间策略的多层次链接（表3-2），并与对应层面的专项规划及城乡规划进行衔接。

农业—自然公园目标分解及与空间策略链接　　　表 3-2

规划尺度	目标分解	规划用地及空间策略	对应规划类型
区域地景尺度	生态网络格局连续性保持、基础功能维持、生态安全保障	生态保护区划、区域生态空间格局分析、自然生态过程承载空间模式甄别等	区域规划
城市边缘区尺度	农林系统复合服务维持（生物多样性保护、环境改善、休闲游憩）	用地潜能分析及高价值用地识别、多样性景观网络建设、用地与城区空间及功能关联分异等	总体规划
汇水功能区尺度	用地复合利用（游憩服务提升、有机食物供给、生产环境提升等）、绿色产业发展、文化社会复兴	枢纽单元划定、匹配多功能的用地布局及空间组织、低环境影响建设引导等	详细规划

资料来源：作者自绘

三、公园规划框架构筑

（一）公园规划框架

农业—自然公园规划作为践行山地城市边缘区高价值小规模农林用地保护的策略与方法，通过潜在公园空间识别、融合公园的空间组织与网络构建、公园枢纽单元用地布局、用地适应性管理四大环节，呼应衔接用地复合利用保护路径（图3-13）。

1．潜在的公园空间识别

强调高价值小规模农林用地及与其相关联的自然过程空间模式甄别，即在区域自然地理及城乡发展框架下，对现状环境要素及生态过程进行摸

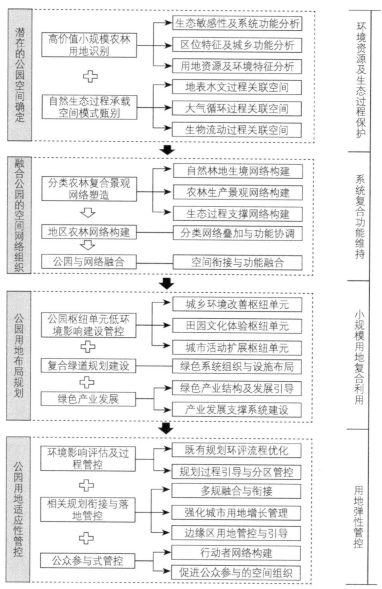

图3-13 融合小规模农林用地保护路径的农业—自然公园规划框架
资料来源：作者自绘

底调查，识别那些生态敏感性较高、潜在服务功能突出、资源禀赋良好但却未受到相应保护的小规模农林用地；同时通过生态系统物质、能量流动过程梳理，明确与其紧密联系的自然生态过程空间模式及环境要素。

2．融合公园空间的网络构建

边缘区农林生态景观网络外接自然生态系统，内联城市内部绿地系统，是联系城市规划区内外、建设用地与非建设用地、人工系统与自然系统的关键，农业—自然公园通过自然生态过程联系，成为其重要组成部分，所以农业—自然公园空间组织应依托于农林生态景观网络构建。规划通过分类农林景观网络构建与叠加，将散布的滨水林地、林盘片林、沟谷片林等串联成网，维持区域生态系统完整及复合服务产出能力。

3．公园用地布局规划

强调公园枢纽单元划定与分类管控、绿道网络组织及绿色产业发展，即根据公园用地在城乡梯度沿线不同区段所处的自然生态、社会、经济区位分析，明确用地空间及功能分异，据此划定不同主导功能的枢纽单元分区并制定针对性低环境影响建设引导，协调用地复合利用与生态保护的关系。通过绿道网络组织，将公园各枢纽单元及城区、农业生产区、自然生态区等进行串联，带动城市边缘区农林用地整体保护与品质提升，同时强化公园可达性与游憩服务能力。在此基础上形成集有机农业生产及加工、都市休闲农业、乡村休闲游憩于一体的绿色产业发展模式，引导产业结构转型，带动乡村社区活化。

4．公园用地适应性管理

借助环境影响评估、相关规划衔接及公众参与引导等手段，实现规划的过程管理及措施落地实施，强化规划管控的动态适应性与法定性，改善城市边缘区"管理真空"的现状，同时弥补城乡用地规划中对高价值小规模农林用地的管控缺失。

（二）绿地规划补充

1．与传统绿地规划的区别

农业—自然公园规划能弥补作为保护自然和文化资源标准化工具的自然保护区制度在城郊生态资源保护及游憩功能挖掘上的失效，是根植于生态系统整体观，结合山地城市边缘区特色环境资源及景观形态塑造，以公园（公众可以活动、游憩的地方）的形式，整合高价值小规模农林用地并实现其复合功能产出的一种规划策略与方法，虽关联却又不同于单一管控要素或规划目标导向的传统农地规划或林地保护规划，其在规划框架、范畴及目标等方面与城市绿地系统规划（包含市域及城市绿地系统）类似，但更具系统性、针对性与适应性：（1）更注重与区域大环境背景及城市内部系统衔接，对城市规划区内环境区与建设区进行整体功能及空间组织考量，从系统格局保护及城市功能挖掘两方面组织景观网络构建；（2）遵循"物质—能量—空间"模式的用地布局与空间组织，摒弃仅为达到景观视觉效果营造的"构图式"绿地建设，用地布局遵循自然生态过程，空间组织强调系统内部物质能量流动过程承载，保障区域生态系统健康发展；（3）充分考虑社会、经济、生态多方面诉求，避免"就绿论绿"、被动式保护导致的保护与发展冲突激化，借助多技术应用平台，挖掘环境增殖效益；（4）用地管理实现前期分析、规划编制、规划实施反馈、措施优化全过程引导，且考虑城市不同阶段的用地及功能需求。

2．对绿地系统规划的补充

农业—自然公园规划并非一种新的独立规划类型，而是针对传统城市绿地系统规划存在的管控缺陷所提出的优化策略，二者在规划内容及范围上存在关联并互补。传统绿地系统规划主要包括市域范围与城市范围两类[①]，市域绿地系统规划构筑覆盖全市、以中心城区为核心的城乡一体化绿地系统；城市绿地系统规划涉及中心城区范围内公园绿地、生产绿地、防护绿地、附属绿地和其他绿地结构与布局。但两类绿地系统规划范围普遍差距较大，过大的面积差异使市域绿色空间格局难以与中心城区内部绿地实现有效空间连接并指导关键用地管理，且导致中心城区外围，尤其是城市边缘环境区因缺乏落地保护而饱受建设活动侵蚀。因此，应在市域绿地系统规划与中心城区绿地系统规划之间，增加城市规划区绿地系统规划，将其作为过渡与衔接[②]。这种做法既能对内部绿地组织提出详细控制要求，又便于衔接市域绿地空间格局，还可强化边缘区绿地保护与管理。农业—自然公园规划编制有助于城市规划区绿地系统规划识别并保护具有高价值的生态用地斑块及结构型生态景观格局，实现与其他类型绿地系统的衔接（图3-14）。

---

① 根据建设部2002年颁布的《城市绿地系统规划编制纲要》（建城〔2002〕240号）相关内容整理。

② 叶林：《城市规划区绿色空间规划研究》，第111-112页。

现有城市绿地系统规划多强调建设区内部绿地，而对外围绿地进行"泛化"管理，这样不仅带来高昂的建设及维护费用，且真正具有高服务潜能的用地并未得到保护。城区内部绿地因规模局限及过度人工化难以发挥明显的生态支撑与环境调节功能，且建设、维护过多依赖人为介入，高成本、高能耗、低效益，如上海世纪公园30万㎡草坪年养

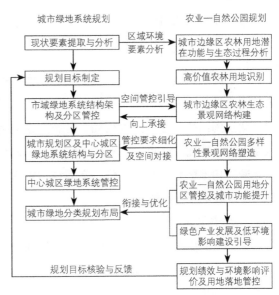

图3-14 农业—自然公园规划与绿地系统规划衔接
资料来源：作者自绘

护费高达450万元[①]，北京奥林匹克森林公园年维护费更高达2亿元，其中浇水、修剪、病虫害防护费用等占比高达63%。而服务于城市、具有高价值潜能的边缘区农林用地却并未得到必要管理，根据《城市绿地分类标准》，生产绿地（G2）是为城市提供苗木、草坪、花卉和种子的各类圃地，其他绿地（G5）指位于城市建设用地以外，生态、景观、旅游和娱乐条件较好或亟须改善的区域，以上两类用地大部分位于城市建设用地边缘及外围，对内部绿地系统功能补充、景观空间丰富、生态网络延续、游憩空间供给等具有重要作用，但建设用地边线外"泛绿式"绿地规划及"重量轻质"的硬性指标控制，如人均公园绿地面积、建成区绿地率、公园服务半径等，并未得到足够重视与有效保护。农业—自然公园建设主要结合城市边缘区具有高价值的小规模农林用地，强调其与自然过程的关系，低成本、低影响且服务产出高，弥补现状绿地规划与建设中存在的问题，并对高价值用地进行有效保护。

---

① 《上海18座公园可滚草坪 游客且耍且珍惜》，最后更新时间2015年5月12日，http：//sh.sina.com.cn/news/b/2015-05-12/detail-icczmvup1554283.shtml。

（三）相关规划衔接

1．对接战略规划

区域规划、城乡统筹规划、社会经济发展规划作为战略性规划，是政府整合区域现状资源、实现资源保护与高效利用的重要手段，通过控制区域产业空间结构、生态空间格局、区域交通网络等结构型空间格局，协调城乡土地、景观、空间、生态、产业及设施一体化建设[①]。农业—自然公园主要通过用地区划、功能定位、空间结构组织等，对接呼应区域产业、生态、景观等空间及功能格局。

2．完善用地规划

国土空间规划等强调土地利用方式与其内在适应功能的匹配，可与农业—自然公园规划相互促进与完善。农业—自然公园通过生态敏感性、用地适应性分析，以提升生态系统服务为目标，提出需要保留的必要生态空间格局及用地，可用以反控城市蔓延，促进生态红线、城市增长边界等划定并优化城乡空间格局；而用地规划所确定的功能分区，又会影响公园枢纽单元内用地布局及功能分异。

3．协调专项规划

城市边缘区环境保护与用地管理涉及水利、农业、林业、环保、旅游等多部门，环境要素间紧密联系与部门条块化管理形成鲜明对比，导致既有保护及管控效果不佳，规划部门因空有协调权却无管理监督权而难以发挥作用，如环保部门编制自然保护区规划，旨在通过具有典型性或代表性的自然生态系统与自然遗迹、珍稀或濒危野生物种集中分布区保护等来维持生物多样性，但孤立的保护区因未能彼此联系形成网络，生物多样性维持功能大打折扣，且高额征地及后期维护成本成为政府财政负担，资金不足、缺乏周边社区补偿及利益共享机制等[②]，导致长效监督管控难以维持。农业—自然公园规划作为各专项规划的协调平台，能够从系统角度对各环境要素进行统筹布局，促进环境效益最大化，并为专项规划协调及优化提供依据。

---

① 叶林：《城市规划区绿色空间规划研究》，第113-114页。
② 沈兴兴、马忠玉、曾贤刚：《我国自然保护区资金机制改革创新的几点思考》，《生物多样性》2015年第5期。

4．指导下位规划

边缘区开敞空间是由自然林地、农田林地、小斑块农田、湿地坑塘等构成的绿色网络系统，是城市游憩空间的重要组分。高服务能效的开敞空间应具有连续性与系统性，但现有规划建设项目多以地块为主，缺乏与区域生态背景及周边资源的联系：（1）休闲观光农业发展极大地带动了乡村社会经济发展与文化复兴，并为城市提供了休闲游憩服务，但由于现有休闲农业建设与经营多以个人或企业为主，只注重自身建设，缺乏对用地布局、生态环境保护及设施建设等的系统化考量，易对周围环境造成负面影响；（2）郊野公园（郊野单元）以保护生态资源、控制城市蔓延为主，兼顾休闲游憩功能，但片段化公园建设缺少与周围环境的联系，保护效果不明显。农业—自然公园规划能够从更为宏观、系统的视角将休闲农业、郊野公园建设与区域景观网络组织进行整合，并基于系统综合产出管理对项目提出功能定位及建设指导要求。

第四节
本章小结

本章通过城市生态规划及农业多功能相关理论研究，明确边缘区小规模农林用地在城市生态系统维持中扮演重要作用，同时农林用地多功能表达是城市社会经济发展到一定阶段的必要趋势，故此类用地管控既需要保障其生态环境功能发挥，也需要满足城市发展功能诉求。在总结国内外小规模农林用地保护与利用方法的基础上，本书提出复合利用导向的用地保护路径是兼顾山地城市边缘区小规模农林用地内在属性及外在功能诉求的优选策略，即在确保生态系统健康稳定的前提下，对小规模农林用地进行合理开发与利用，通过挖掘环境增殖效益，缓解生态保护限制与城市发展诉求间的矛盾，实现用地实质性保护；并结合复合目标体系，将用地保护路径贯彻落实到农业—自然公园规划框架中。

第四章

小规模农林用地现状分布模式甄别与农业—自然公园空间体系构建

景观理论家本顿·麦凯认为："规划师的参与不仅要表达人的渴望，同时也要揭示伟大自然力量施加的限制，因此规划最终是两件事：准确理解人类自身的愿望和需求，及准确解读自然给予的限制或机遇。"[①] 同时，自然生态过程是维持系统持续产出的基础，加拿大安大略省土地林业处首席研究专家安格斯·希尔斯提出人类对景观的利用需以不切断有机体与物理、生物环境间的联系为前提。我国现有土地利用分类系统主要以用地社会经济功能为基础，忽视其生态属性及价值[②]，导致高潜力用地遭到蚕食，过程阻断，系统服务能力下降。农业—自然公园规划的核心目标在于维持并提升城市边缘区，至于区域生态系统复合服务功能，则应兼顾自然生态及人类对其社会功能的诉求，甄别能够提供高品质生态服务或维持必要自然过程却未受应有保护的小规模农林用地及空间模式。

第一节
用地识别要点与系统功能发挥

一、景观模式与功能产出

上一章已提到，城市系统需外围农业与自然生态系统为其持续输入物质与能量，并消解其在生产、生活过程中产生的废水、废热、废弃物等。黄书礼在假定承载人类活动的用地、空间形态与生产及消费过程相关联的基础上，提出"都市分区的进化模式"[③]，认为城市发展即生态系统生物质量及能量汇聚、储蓄的过程（图4-1）。虽其研究结论并未与城市实际发展过程完全相符，但边缘区生态用地支撑城市系统，通过水文、大气等生态过

---

① 福斯特·恩杜比斯：《生态规划——历史比较与分析》，陈蔚镇、王云才 中译，中国建筑工业出版社，2013，第17页。

② 欧阳志云、李小马、徐卫华、李煜珊、郑华：《北京市生态用地规划与管理对策》，《生态学报》2015年第11期。

③ Shu-li Huang, "Ecological Energetics, Hierarchy, and Urban Form: A System Modeling Approach to the Evolution of Urban Zonation," *Environment and Planning B: Planning and Design* 25（1998）: 391-410.

程实现物质能量传递的思想却得以
充分体现。

　　边缘区绿色空间作为城市物质
能量的供给主体及运输通道，相比
于城区内部以人类需求为主导的开
放空间或远离城市的荒野空间，服
务潜能更高且可以维持区域生态过
程正常运行，却因不符合城市社会
"主流"美学标准或分布较散、规模
较小、构成要素多且混杂等，未受
到应有的重视与保护。城市规划区
内长期共存着三类景观：第一类为
人工精心培育的"正统景观"，主
要指基于正统的景观设计理论及美
学观点，而非场地环境及周围用地
特征的，修剪整齐的草坪、灌木、
花卉、树阵等，其维护需要大量的
能量输入和熟练的园艺技术，且通

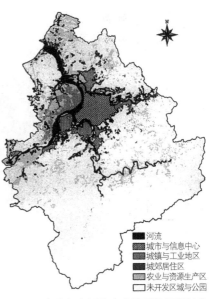

图4-1　台北都市圈依生态能量阶层所划分的都市分区

资料来源：Huang S L. Ecological energetics, hierarchy, and urban form: a system modeling approach to the evolution of urban zonation [J]. Environment and Planning B: Planning and Design 1998, 25: 391-410.

图例：
- 河流
- 城市与信息中心
- 城镇与工业地区
- 城郊居住区
- 农业与资源生产区
- 未开发区域与公园

过人力可在任何地方复制出类似画面；第二类为人工管理与自然力量共同
塑造的"农业景观"，分为传统农业景观与规模化农业景观，传统农业景
观充分结合地形特征呈现错落有致的农林混合风貌，而规模化农业试图通
过技术削减不同用地在适用作物种类及产量中存在的差异性，呈现广袤无
垠、均质化的地景风貌；第三类为受自然驯化的由城市或农业植物构成的
偶然景观，譬如季节性雨水淹没区域、道旁空地及农田边缘生长的植被群
落，它们的存在不需要任何额外维护，茂密的植被资源提供阴凉的环境及
丰富的食物来源，是野生物种理想的栖息地与避难所[①]。其中，传统农业景
观及偶然景观是维持自然生态过程及系统服务产出的关键，主要由本地或
受自然驯化的植物群落构成，适应场地与当地气候、水土等，是联系大型

① 迈克尔·哈夫：《城市与自然过程——迈向可持续性的基础》，第90-92页。

生境斑块、构建景观生态网络、承载自然生态过程的重要景观类型，且能为当地居民提供多种服务。

图4-2　规模化农业景观破坏原有景观模式
资料来源：作者自摄

传统用地规划及建设并未对具有高服务潜能的农业景观及偶然景观予以重视，甚至带来污染与破坏，如建设用地蔓延与规模化农业种植推广，使规整均质的城市"正统景观"与规模化农业景观取代了多样化乡土景观（图4-2），割裂了景观要素与区域物质能量流动过程间存在的联系，景观维持不得不依赖大量物质及能源输入，边缘区景观空间俨然成为人类掌管的"大盆景"与生产大棚，并埋下水土污染等潜在威胁。此外，功能分区造成绿地功能单一化，与城市多元诉求之间的矛盾凸显，而公众对乡村休闲游憩及食品就近供给等的普遍倾向说明多功能景观存在的必要性。

二、系统支持型景观模式特征

山地城市边缘区传统农业景观及偶然景观蕴含着深层次的城市系统生命支撑功能，此类景观的保护重点不是向纯粹自然状态"倒退"，而是将人类活动内化为自然过程的一部分，创造一种自然过程与人为活动相互融合的景观类型，应具有以下特征：（1）用地多样性。生物资源、景观要素多样性维持是保障生态系统健康、抵抗外界压力的基础，而城市品质生活也意味着多样性选择的可能，如分布于滨水空间、道路沿线、建设单元边缘等空间的小规模农林用地，因处于不同的外部环境及外力作用下而维持着多样的物种及群落构成，为生物多样性维持提供了适宜生境，且塑造出具有差异化的特色景观风貌，以满足公众多元休闲娱乐需求；（2）空间连续性。维持边缘区环境要素关联性、生态过程连续性，对于生态系统物质转换及能量传递具有重要意义，能够保障必要生态系统服务发挥；而城市与近郊生态用地的联系性保持，能够为市民就近提供健康、新鲜的农副产品与原材料，及面向所有阶层的户外游憩空间等；（3）过程可见性。维持自然生态过程空间模式可见性，既能激发公众对自然过程的好奇心，使其了解自己享用的公共产品与周围环境的联系，产生保护环境的责任感，又能促进与自然过程相关联的绿色空间的保护与建设，如承载径流汇集、净化等过程的雨水花园、植被草沟等。

三、公园高价值用地识别要点

传统农业景观及偶然景观作为农业—自然公园中重要的景观模式，能够促进公园复合功能发挥，其中次生林地、滨水林带、小块农田等小规模农林用地保护，及以各类生态廊道与径流通道为载体、串联用地斑块的空间模式维持奠定了功能基础。山地城市边缘区高价值小规模农林用地对区域生态系统功能发挥的影响主要体现在：其一，用地本身具有较高的生态服务价值；其二，能够强化大型斑块间及与城区用地间的空间联系，故公园规划应识别并保护具有复合服务潜能的高价值农林用地及自然生态过程空间模式，以维持对边缘区自然生态环境演进及城区持续健康发展有基础性支撑功能的绿色空间布局。

斑块本身便具有较高服务价值的小规模农林用地可通过相关属性评价识别，评价指标包括地形特征、土壤类型、植被覆盖度、乔灌草结合度、乡土乔木比例、水文分布等，各单因子综合叠加可得到基于特定服务产出的潜在功能分区[1]。值得注意的是，不同服务产出所对应的关键指标及功能分区是不同的，如水土涵养功能主要与用地坡度、土壤可蚀度、植被覆盖度、乔灌草比例等相关，而农副产品供给功能主要与土壤类型及肥力、水文资源供给等相关。除单因子评价叠加外，农林用地服务价值还可通过分析其对城市发展的影响程度进行判断，如高军等通过评价用地资源的不可

---

[1]　翟宝辉、王如松、李博：《基于非建设用地的城市用地规模及布局》，《城市规划学刊》2008年第4期。

替代性、经济性、安全保障性、功能性与可持续发展性，识别对城市发展具有高价值的生态用地[①]。

区域生态系统服务发挥不仅需要保留足量的高潜能农林用地[②]，还需维持必要的空间格局，保护对某种生态过程具有战略意义的区域，旨在以最少的用地数量实现服务效能最佳的空间格局[③]，所以对于斑块本身不具有较高服务价值，但对区域景观格局维持具有重要支撑作用的小规模农林用地也需要得到识别与保护。如刘昕等提出重要生态用地识别，应将科斯坦萨（Costanza）的生态系统服务价值估算法与福曼的景观生态概念模型相结合，对用地类型、生态活力、景观空间结构等进行综合判断[④]；吴健生等将景观连通性、生境质量、生态需求等纳入高价值生态用地识别框架[⑤]。

第二节
小规模农林用地分布模式及高价值甄别

一、生物多样性支撑

（一）生境类型及用地分布模式

山地城市边缘区生境单元主要由林地、草地、灌木等组成，包括以人工植被或作物为主但受自然驯化的生境、半自然半人工生境及残存自然生

---

① 高军、裴春光、刘宾、潘丽珍：《强制性要素对城市规划的影响机制研究》，《城市规划》2007年第1期。

② Per Bolund and Sven Hunhammar, "Ecosystem Services in Urban Areas," *Ecological Economics*, no.29（2009）: 293-301.

③ 俞孔坚、乔青、李迪华、袁弘、王思思：《基于景观安全格局分析的生态用地研究——以北京市东三乡为例》，《应用生态学报》2009年第8期。

④ 刘昕、谷雨、邓红兵：《江西省生态用地保护重要性评价研究》，《中国环境科学》2010年第5期。

⑤ 吴健生、张理卿、彭建、冯喆、刘洪萌：《深圳市景观生态安全格局源地综合识别》，《生态学报》2013年第13期。

境（图4-3）。边缘区生境单元识别对保护当地物种资源、维持区域生物多样性具有重要意义，在欧美等发达国家，边缘区生境保护是城乡规划的重要组成，如联邦德国及各州自然保护法要求相关部门需对城镇化影响辐射区域（类似于城市边缘区）进行自然生境保护及管理，并绘制城乡生境单元图，直观反映需受保护的生境

图4-3　山地城市边缘区多元生境类型
资料来源：作者自摄

单元类型及环境资源分布，保护具有濒危/稀有动植物群落的生境及能够满足特定物种最低生存条件的区域[1]。边缘区生境单元还是城市系统相关物种重要的补充生境及避难场所，根据伦敦生境保护实践经验，城市及周边区域野生动植物丰富程度主要依赖于以次生林地、庭院林地等为主的半人工半自然生境[2]；美国科罗拉多州福特可林斯市的"庭院生境保护项目"也强调城市及周边地区湿地建设及滨水小规模林地恢复的重要性[3]；国际自然保护联盟特别提出划定城市及周边区域林地生境保护与管理单元，作为自然保护区及国家公园的补充[4]。此外，未采用集约生产模式的小规模农田因具有充足的食物来源与快捷扩散途径，且与农田林网、河流水系、灌溉沟渠、

① Wolfgang Schulte，Herbert Sukopp，李建新：《德国人文聚落区生态单元制图国家项目》，《生态学报》2003年第3期。
② 包静晖、王祥荣：《伦敦的生态及自然保护》，《国外城市规划》2000年第3期。
③ Rutherford H. Platt，Pamela C. Muick and Rowan A. Rowntree，*The Ecological City: Preserving and Restoring Urban Biodiversity*（Amherst：The University of Massachusetts Press，1994）.
④ "Urban Protected Areas- Profiles and Best Practice Guidelines，" International Union for Conservation of Nature，last modified May 20，2014，https：//www.iucn.org/content/urban-protected-areas-profiles-and-best-practice-guidelines.

湿地坑塘等交织形成丰富多样的生
境单元[①]，也能够为野生物种，尤
其为野生鸟类提供适宜的栖息及庇
护场所，如美国生境保护规划特别
提出将高产农地作为重要生境进行
保护。

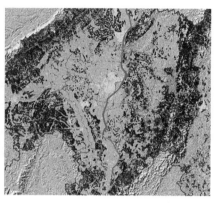

　　自然及人工林地是城市边缘区
生境单元最为重要的组成要素，虽
其规模较自然保护区内林地斑块偏
小，但类型丰富，能有效提高区域
内生境数量与密度。通过现状土
地利用资料提取与分析，眉山城市
边缘区内林地总规模约为7800hm²，
以小于10hm²的小规模林地为主
（图4-4），其中斑块规模在1hm²以下
的林地总面积约为1780hm²，1～2hm²
的林地总面积约为1460hm²，2～5hm²

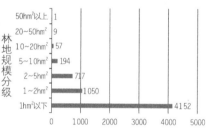

图4-4　规划区内林地分布及不同规模斑块出现频率

资料来源：作者根据眉山中心城区"166"控制区概念性总体规划相关资料改绘

的林地总面积约为2185hm²，5～10hm²的林地总面积约为1325hm²，而斑块规
模大于10hm²的林地仅占14%。根据依托要素，山地城市边缘区小规模林地斑
块分布模式主要可分为四类（图4-5）：（1）依托水文要素分布，此类林地多
沿河流或围绕坑塘、湖泊周围呈带状分布，为湿生或水生物种提供适宜生境
及庇护物，也可为其他物种提供迁徙廊道；（2）依托山地、丘陵地貌单元分
布，如沿山脊、山谷等分布的带状林地；（3）依托农村院落或农田边缘分布，
李良涛经研究，发现乡村庭院、农田边界及田间岛屿中由次生林地、草地等
构成的非农生境是乡村聚落景观和农业生产景观生物多样性保护的热点[②]；
（4）依托道路两侧分布，多结合城市对外道路、机耕道、田坎等呈带状布局。

---

① 贺坤、赵杨、刘渊、周佳诚：《基于生境网络理念的城市绿地系统规划研究——以浙江余
　姚市中心城区绿地系统规划为例》，《中国农学通报》2012年第31期。
② 李良涛：《农田边界和居民庭院植物多样性分布格局及植被营建》，博士学位论文，中国农
　业大学生态学系，2014：第157-158页。

沿河流水系分布的小块林地　　结合地貌单元分布的小块林地　　结合居民点分布的小块林地

图4-5　城市边缘区小规模林地部分分布模式示意

资料来源：作者根据卫图识别整理

（二）高价值用地识别方法确立

城市边缘区内不同农林用地斑块对生物多样性的支撑作用不同，识别其中具有高生物多样性支撑潜力的用地能够明确最迫切需要保护的对象。现有针对生物多样性高价值用地的识别方法主要可归纳为两类：一类以特定物种保护为中心，多针对稀有或代表性物种，基本方法为根据专家经验或实地调查确定适宜目标对象的生境条件、影响因子及权重，以此对现状用地进行评价[1]，此类方法较为常用，但在目标对象选择、影响因子及权重确定上主观性较强，且未考虑生境间的联系；另一类以区域生境网络整体保护为中心，即在明确区域潜在生境网络的基础上，识别对网络空间格局维持及多样性保护具有重要意义的用地，此类方法既强调对生境单元的有效保护，同时还强调其与周围环境及其他生境单元的联系维持，以提高区域物种对环境变化的适应性。

山地城市边缘区语境下，针对生物多样性保护的高价值用地识别宜采用以区域生境网络整体保护为中心的方法，主要原因有：其一，因山地地形及边缘区域特征所致，其中林地、草地等斑块普遍较小、内缘比较低，易受人类活动影响，按照稀有物种保护中规模大、自然性高等用地评价标

---

① 田波、周云轩、张利权、马志军、杨波：《遥感与GIS支持下的崇明东滩迁徙鸟类生境适宜性分析》，《生态学报》2008年第7期。

准，易被忽略；其二，景观连通度与生物多样性通常正相关，而边缘区农林用地正是强化各大型生境联系，促进生境网络构建以对抗生境破碎化、维持区域生物多样性的关键，邦德（Bond）等研究发现，由于生境内部物种的竞争性，保护流域、都市区等大尺度空间的物种多样性及网络连通度比局部生境保护更为重要。

对于生物多样性维持来说，农业—自然公园规划最为核心的意义便是恢复被人为活动割裂的生境联系，强化区域生境网络格局，其中高价值用地识别及保护可按以下步骤进行：（1）摸清主要生境类型、规模、分布及状态；（2）辨识构成区域生境网络、维持景观连通度的重要景观单元，常用方法中形态学空间格局分析法（Morphological Spatial Pattern Analysis，MSPA）对结构性连接单元识别较为有效，即采用地理信息系统分析土地利用数据，通过要素分类、提取及相关图像处理等，识别出7类重要景观单元，包括核心区、桥接区、环道区、支线、边缘区、孔隙和岛状斑块[①]；（3）甄别位于重要景观单元内或能够强化孤立斑块连接的高价值用地，通过"生境面积因子"（Biotope Area Factor，BAF）赋值计算位于核心区、桥接区内部或能够加强岛状斑块联系的农林用地"有效生境面积"，判断不同用地斑块对生境维持的贡献[②]，左自途等通过调查重庆主城区蝴蝶多样性，发现不同类型用地中多样性丰度为天然次生林＞溪流沿岸农田＞山地农田＞人工次生林＞人工园林[③]；（4）预测高价值斑块可能面临的外界干扰及压力，根据用地潜力高低及其自我恢复能力大小，确定不同用地斑块的保护级别。如眉山岷东新区，依托孤立高地、沟谷、河流与沟渠沿线坡地等残存的林地，及结合居民点分布的林盘是边缘区内主要生境单元，带状分布特征明显，规划在考虑生境最小规模需求及生境网络重要景观单元维持的基础上，对其中构成桥接区的、规模大于0.3hm²的林地斑块进行识别与保护（图4-6），并根据用地类型、规模大小、与建设用地及

---

① 许峰、尹海伟、孔繁花、徐建刚：《基于MSPA与最小路径方法的巴中西部新城生态网络构建》，《生态学报》2015年第19期。
② 侯锦雄：《应用生境面积因子在台湾云林县的永续农业景观规划》，《中国园林》2011年第12期。
③ 左自途、袁兴中、刘红、黎璇：《重庆市主城区不同生境类型的蝴蝶多样性》，《生态学杂志》2008年第6期。

道路设施的距离等要素综合确定不同保护等级。

（三）评价指标选择

关于高生物多样性支撑价值用地的评价指标及体系，国内外暂无统一标准。国外评价指标选择及评价体系建构多强调对目标及评价对象特征的响应，如用于选择优先保护地并制定生物多样性相关决策的Reid et al.（1993）指标体系、监测欧洲生物多样性的Bosch & Söderbäck（1997）指标体系、监测保护区生物多样性的欧洲保护地生物多样性监测指标体系（1997）、SEBI2010千年评估（2004）

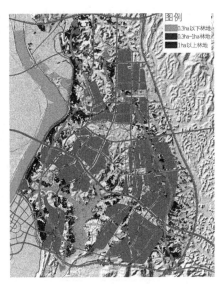

图4-6　高价值林地斑块识别
资料来源：眉山岷东新区非建设用地总体规划［R］．重庆大学规划设计研究院有限公司，2015.

指标体系[1]。国内指标体系多以"多样性、代表性、特有性、稀有性、自然性、稳定性"为框架并结合评价对象特征，如史作民等（1996）针对位于不同区域的同类型生态系统，根据以上六项原则提出多样性、特有性、保护价值、可接近度、人类干扰等23项指标[2]；李金良等针对东北过伐林区林业局的森林经营，提出生态系统、物种多样性两类共10项指标[3]。

本书总结了国内外相关评价标准并结合用地现状，从系统多样性支撑、生境质量维持、外界干扰抵抗三方面来反映山地城市边缘区小规模农林用地对区域生物多样性的支撑作用，并建立高潜力用地评价及甄别体系（表4-1），兼顾考虑用地作为生境的生态、社会及经济属性[4]。

---

① 李昊民：《生物多样性评价动态指标体系与替代性评价方法研究》，博士学位论文，中国林业科学研究院野生动植物保护与利用专业，2011：第55-56页。
② 史作民、程瑞梅、陈力、刘世荣：《区域生态系统多样性评价方法》，《农村生态环境》1996年第2期。
③ 李金良、郑小贤、王昕：《东北过伐林区林业局级森林生物多样性指标体系研究》，《北京林业大学学报》2003年第1期。
④ 吴宇华：《城市规划的生境方法》，《规划师》2007年第2期。

维持生物多样性的高潜能农林用地评价及甄别体系　表 4-1

	评价重点	主要指标及要点
系统多样性支撑	景观结构	区域生态位、景观连通度、景观组成丰富度、景观优势度
	稳定性	系统稳定性、种群稳定性
	多样性	生境类型多样性、结构多样性、物种及群落多样性
	特有性	生境特有性、群落特有性、物种特有性
生境质量维持	地形地貌特征	海拔、坡度、坡向、坡位、高程、地表起伏度等
	土地利用特征	用地类型、规模大小等
	物理生物特征	植被类型、植被覆盖度、土壤渗透性、植被自然性、非作物生境植被比例、物种（相对）丰度、生物量等
	形态分布特征	斑块密度、景观破碎度、斑块内缘比等
	外来物种入侵	外来物种比例、受威胁物种占全部物种的比例
外界干扰抵抗	影响及干扰特征	影响（干扰）类型、影响（干扰）强度及范围
	易受影响程度	开发利用潜力、可接近度、与建设用地（大型基础设施）的距离
	影响抵抗能力	物种活力、干扰抵抗力、自我恢复（修复）力
	管理运营模式	农业生产模式、开发建设模式

资料来源：作者根据相关资料整理

二、农副产品就近供给

满足城市内部生产、生活诉求需要大于其建成区规模数倍的生产空间及相应的运输系统作为保障，在边缘区保留一定规模的生产用地有利于城市践行低碳生态发展及公众健康生活，而用地选择的关键正如迈克尔·哈夫所说："不是更多地保护那些城市区域以外的大规模集约生产型农地，而是注重将小规模复合型农林经济体嫁接到开发建设中。"

（一）小规模生产用地分布模式

全球化的生产与物流网络以耗费大量不可再生能源及降低物资品质为代价来换取规模生产带来的经济效益，增加了环境影响及负担。生态足迹分析法是一种量化评价城市资源消耗及废弃物消纳所需生物用地规模的方法，可用于确定城市生产消费活动是否处于当地生态系统承载范围之内。以四川眉山为例，规划通过对城市主要物资供给来源、规模、途径等进行分析与计算，得出其人均生态足迹需求（不含化石能源用地及建筑用地）

为0.8919hm²/人，而当地生态足迹供给为0.5547hm²/人，需求量远远高于供给量，环境压力较大。深入分析发现，眉山城市规划区内农林资源并不匮乏，只是平坦区域多用于生产基地建设，养殖或种植物种类型较少，难以满足城市居民多元物资供给，故生态足迹需求中有相当一部分用地被用于保障物资远距离运输、保鲜及废弃物处理等。

农副产品、原材料就近生产与供给可减少城市生态足迹需求，对提高自给自足率、实现可持续发展意义重大，应识别并保护边缘区内具有较强生产潜能的农田、园地，尤其是那些因地势平整度不足、规模较小等，未被划入保护区的用地。眉山城市边

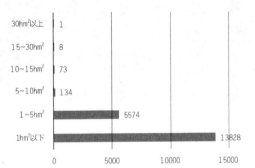

图4-7　眉山城市规划区内未受保护的农田规模分布趋势
资料来源：作者根据相关资料整理

缘区内除划入基本农田保护范围的用地外，还存在超过9300hm²的小规模农田、耕地（图4-7）与2650hm²园地，占生产性用地总量的20%，对多种蔬菜瓜果生产具有较强潜力，却因不适应规模生产而未受充分利用。根据依托要素，其中小规模农田分布模式可分为依托地貌单元布局与依托城镇建设单元分布两类（图4-8），而园地主要结合坡地分布。

结合山坡、山麓、沟谷、洼地等地形地貌单元分布着相当规模、能够为城市提供多元物资的小规模农林用地，因地形起伏无法适应机械化生产而沿袭传统农耕技术。轮作、间作等"因时因地"的耕作方式利于多种农副产品生产，尤其是与地形特征契合，适应当地天气、水土及生态环境的特有作物类型。由黄光宇先生主持的《广州番禺廊道区控制性规划（2003）》便结合地形单元及保护区域保留用地中部大量优质、散布的农业用地斑块，并与河流廊道、林带混合布局。重庆因山谷地形切割形成组团式城市格局，缙云山、中梁山、铜锣山、明月山四大山脉及众多山体与城市用地交融结合，森林覆盖面积1178km²，约有1555km²的耕地及459km²的园地分

依托地形地貌单元的小块农田　　　　　　邻近城镇建设单元的小块农田

图4-8　城市边缘区小规模农田分布模式示意
资料来源：作者根据卫图资料整理

散布局于四山之间的平谷及台地，为城市提供新鲜优质农副产品[①]。

　　城市建设用地组团间绿地、边缘区低效用地及开放空间中分布的小规模农林用地，也能为城市提供农副产品生产与供给服务，此类用地多受城市建设影响，用地斑块破碎化，但因与城市联系紧密，适合生产不宜远距离运输的农副产品及奶制品等。在欧美等发达国家，社区花园、学校农场网络、社区配给地等针对建设单元边缘小规模农林用地的利用实践由来已久，第二次世界大战后，出于对公众健康及食品战略性保障的考量，"后院食物生产运动"逐渐兴起；20世纪70年代，机械化农业生产的环境及健康影响受到重视，农夫市场（Farmer's Market）开始复苏，截至2011年，全美共有农夫市场7175个，它们可作为"农户/蔬菜种植基地—农贸市场"及主打全球农副产品供给的大型连锁超市的补充与替代方式。开放空间也可兼顾农副产品生产，据芒福德观察，城镇开放空间是为市民提供粮食和牲畜的重要渠道[②]，如花卉区兼顾蜜蜂养殖，满足酿蜜的同时还可为作物授粉；"城市农场"（City Farm）作为公园绿地的替代形式[③]，将当地废弃用地或低效用地重新利用起来，

① 叶林：《城市规划区绿色空间规划研究》，第134页。
② 迈克尔·哈夫：《城市与自然过程——迈向可持续性的基础》，第177页。
③ 赵继龙、史克信、刘长安：《美国城市农园的发展历程及其启示》，《世界农业》2011年第9期。

整合城市生产、生活环节，起到促进区内物质循环的作用。

（二）用地生产潜能及影响评价

当然，并不是山地城市边缘区中所有的小规模农林用地都适合兼顾农副产品及原材料生产，应选择其中生产潜能较高，即产品产量较高或适应多种作物生长，同时其生产行为对山地生态环境不会造成明显负面影响的用地。农林用地固有生产潜能受其所处区域的气候条件、水土条件等综合影响。对城市规划区内的用地来说，区域气候环境类似，故土壤条件、水源供给是决定用地潜力最重要的因素，其中土壤深度、坡度、肥力以及水源充沛度、水质等直接影响作物生长及农业系统稳定。国内外针对用地生产潜能的评价有多种方法及模型，包括因素法、样地法、经验法、调查法、迈阿密模型、桑斯威特模型、光合生产潜力模型等，涉及土壤、水资源、温度、降雨、蒸散量、生长期、总辐射等数据分析，能够较为精确地反映用地的生产潜力，但因受调查精度、范围及数据可获得性限制，实际操作具有一定难度。由美国农业部下属的自然资源保护局建立的"土地潜力分类"评价法，从适宜性与限制性着手，分析土壤对农作物生产造成的影响及主要限制因素，明确土地利用类型与土地潜力的对应关系，为规划用地识别提供了一种操作性较强的方法：（1）根据土壤在作物选择、土壤侵蚀及所需管理水平等方面对农业生产的限制程度，将用地分为Ⅰ到Ⅷ类潜力区，限制性逐级增强，并对应耕作、放牧、林业及野生动物四大类土地利用类型分析用地宜农宜牧性能；（2）根据土壤主要限制条件及程度细分潜力亚区，包括土壤侵蚀（e）、水源供给（w）、土壤含石量及深浅度（s）、气候影响（c）四类；（3）划定潜力单元，确定适应种植的作物、能够提供的农业生产力水平及需要的管理措施等[①]。

除土壤特性、水源供给、气候条件等环境因素外，影响用地生产潜能发挥的还包括交通区位、社会发展水平、设施建设等经济与社会因素。华盛顿特区水土保持局土地利用办公室开发的"土地评估与立地评价"（LESA）分类体系即是在土地潜力评价的基础上，叠加经济、社会影响，评价内容主要由农业用地评价与立地条件评价两部分组成，农业用地评价强调土壤条件对农

---

① 傅伯杰：《美国土地适宜性评价的新进展》，《自然资源学报》1987年第1期。

业生产的影响，综合土壤潜力分级及重要农业用地分类等信息；立地条件关注其他重要因素，如城乡梯度区位、市场距离、与基础设施和公共服务设施的接近程度、相关土地利用法规、土地所有制等，并进行加权赋值[①]。

（三）评价指标选择

规划在总结国内外用地生产潜能评价相关指标的基础上，结合山地城市边缘区农林用地特征，从多元产品供给及生产环境维持两方面，构建具有针对性的高价值用地评价指标体系（表4-2），其中多元产品供给评价强调用地生产能力维持，通过对固有环境要素及相关社会经济要素评价，识别那些具有较高生产潜能的农林用地；生产环境维持评价用于核验用地生产的环境友善性，避免高潜能用地生产过程中出现显著的环境负面影响。关于在水土涵养、非点源污染防治等农业生产环境改善方面具有高潜能的农林用地识别，下文将结合地表水文过程分析进行具体阐述。需要注意的是，规划用地评价与识别主要针对非集约生产的小规模农林用地，基本农田中连片度高且作物类型单一的农田不在研究范围内。

提供农副产品就近供给的高价值农林用地评价及识别体系　表 4-2

评价对象		主要指标及要点
多元产品供给	土壤质量	土壤类型、土壤肥力（土壤中氮磷钾及其化合物含量）、土壤含水量、土壤渗透性、土壤厚度、土壤含石量等
	水源供给	灌溉方式、灌溉水源类型及充沛度（河网沟渠密度、地下水源储存量、灌溉坑塘数量及容量等）、人工供水设施敷设程度等
	气候条件	区域气候类型、温度及变化趋势（全年温度变化、昼夜温差等）、年降雨量及分布趋势、相对湿度、风向、风速等
	其他环境要素	日光照射强度及时间、坡度、坡向等
	社会经济要素	所处城乡梯度区位、与城市的距离、公共及基础设施服务度
生产环境维持	生产环境稳定	农业生产模式、农林用地复合程度、作物种类多样性、自然及半自然生境所占比例、物质循环利用情况等
	水土污染控制	相关水体非点源污染情况、土壤板结程度、废弃物处理方式等
	自然灾害规避	用地生态敏感性、地灾易发性、土壤侵蚀程度等

资料来源：作者整理

---

① 福斯特·恩杜比斯：《生态规划——历史比较与分析》，第195-196页。

三、城郊游憩空间提供

空间设计规整且分区明确的城市公园已难满足公众多样化游憩需求，尤其在高密度城市环境中[①]，边缘区非正式游憩空间（Informal Urban Greenspace，IGS），如空地、滨水驳岸、郊野田园等，因能提供多样化游憩场地及接触自然的可能[②]而备受青睐。

农田、草地、林地及河网水系等构成的城市边缘区开放空间是最珍贵的环境资源，但我国现有游憩用地管控具有破碎化、片段化、城区化特征，边缘区内高游憩价值用地未能得到有效保护：（1）城乡用地分类标准未将"游憩用地"单独列出，而是以"复区"的形式存在，涉及建设用地中的文化设施用地（A2）、体育用地（A4）、文化古迹用地（A7）、娱乐康体用地（B3）、绿化与广场用地（G）以及非建设用地中的水域（E1）、农林用地（E2）、其他非建设用地（E3），建设用地能够受到相关条例保护，而位于边缘区的非建设用地却在城市建设用地边界均质外扩与旅游地产带来的新一轮圈地开发过程中被大量吞噬；（2）欧美等国家为对整个国家范围的游憩用地进行多尺度、整体管控而专门设置国家公园管理局，而我国则由国土（现与规划部门合并为自然资源部门）、规划、旅游、农业等多部门共同管控，易致使责任方模糊，管理失效[③]。充分认识边缘区农林用地潜在游憩价值，从城市服务供给角度，界定高游憩潜力或高景观敏感性的用地，是构建城乡休闲游憩网络、就近提供多元游憩空间的基础。

（一）日常游憩空间关联用地识别

日常游憩空间的健康促进功能一方面在于运动本身，另一方面在于身处适宜的自然环境中，享受新鲜洁净的空气、宁静的氛围与适量的阳光照射，如西普莱（Schipperijn）等针对丹麦民众户外绿色空间使用情况进行

[①] Jason Byrne, Neil Sipe and Glen Searle, "Green around the Gills? The Challenge of Density for Urban Greenspace Planning in SEQ," *Australian Planner* 47, no.3（2010）: 162-177.

[②] Christoph D. D. Rupprecht, Jason A. Byrne, Hirofumi Ueda and Alex Y. Lo, "'It's Real, not Fake Like A Park': Residents' Perception and Use of Informal Urban Green-Space in Brisbane, Australia and Sapporo, Japan," *Landscape and Urban Planning* 143（2015）: 205-218.

[③] 王润、黄凯、朱鹤：《国内外城市游憩用地管理与研究动态》，《华中农业大学学报（社会科学版）》2015年第3期。

随机抽样调查，发现43%的人每天都会去户外绿地，91.5%的人一周至少会去一次，前往户外游憩空间的人中87.2%是为了沐浴阳光、享受新鲜空气①。城市内部绿地因规模受限、过度人工化且受城市热岛效应、汽车尾气污染影响等，难以为市民提供健康的日常户外游憩场所，规划应识别与城市功能区距离在步行范围内的、具有户外游憩空间潜力的高价值农林用地，并为城市居民提供便捷的进入途径与配套设施。

识别边缘区内具有日常户外游憩空间潜力的高价值农林用地可通过以下步骤：（1）定义景观类型与涉及用地；（2）确定主要服务对象及服务功能区；（3）利用GIS分析潜在游憩用地与城市功能区间的联系

图4-9 墨瑟斯科根外围不同缓冲区内住宅分布及与外围森林路径联系

资料来源：Koppen G, Sang A O, Tveit M S. Managing the potential for outdoor recreation: adequate mapping and measuring of accessibility to urban recreational landscapes [J]. Urban Forestry & Urban Greening, 2014, 13(1): 71-83.

强度及距离，进而确定用地服务潜能。一般情况下，建设单元外围邻近区域中的分散片林、滨水林带、小块农田、草地等游憩潜能较高，应强化其对于服务对象的可进入性，将空间距离控制在一定范围内，并结合居民日常或通勤路径设置入口。工作或居住地点至活动场地的步行距离影响使用者前往频率，如克彭（Koppen）等对墨瑟斯科根（Mosseskogen）城区外围1000m的农林景观资源进行识别提取，并划定250m以内、250~300m（老人及小孩日常活动范围）、300~500m、500~1000m四个等级，通过网络分析确定景观资源服务范围及对不同对象的服务能力（图4-9）②。

---

① Jasper Schipperijn, Ola Ekholm, et al., "Factors Influencing the Use of Green Space: Results from a Danish National Representative," Landscape and Urban Planning 95, no.3（2010）: 130-137.

② Koppen Gro, Sang Asa Ode and Tveit Mari Sundli, "Managing the Potential for Outdoor Recreation: Adequate Mapping and Measuring of Accessibility to Urban Recreational Landscapes, Urban Forestry & Urban Greening 13, no.1（2014）: 71-83.

（二）城郊游憩空间关联用地识别

除日常户外游憩空间外，边缘区农林用地还能提供承载田园文化体验、特色景观游览、城市拓展游憩等活动的城郊开放空间，而开放空间利用又反过来强化了景观资源保护，如杭州通过郊野公园建设有效保护了6条生态绿带[①]；伦敦环城绿带通过观光游憩、野外露营、散步等对环境保护影响较低的活动，强化自身控制城市蔓延、保护生态景观资源的作用[②]。影响城郊游憩空间使用情况的要素是多方面的，包括社会—生态环境背景、生态空间特征、空间利用情况等，但总体来说，具有高休闲游憩价值的用地主要有两类，一类是具有独特景观特质，对区域景观风貌及格局维护具有关键作用的用地，如连绵的森林、广袤农田、陡峭崖壁等自身或者能够组合形成具有视觉吸引力景观的环境要素；另一类为能承载休闲游憩活动的用地，其不一定具有独特的景观资源，却可容纳公众进行观光、健身、康养等多种活动，如毗邻保护区且敏感性较低的农田、人工林地、园地等。

山地城市边缘区拥有森林、农田、河流、果园和草地等[③]，自然风光及田园风光交织形成独特的景观风貌本底[④]，对于维持特色景观风貌具有关键作用的用地，可通过视觉景观评价进行识别。美国林业局、自然资源保护局和国土管理局开发的视觉资源管理系统（VRMs），依托专家和公众判断来分析大尺度景观中的视觉资源，即通过对土地、植被、水体等景观要素的形状、线条、色彩和质地四个基本性质进行视觉质量评价，并划分独特的（distinct）、一般的（common）和下限的（minimal）三个等级[⑤]。眉山岷江

---

① 孙喆：《城市郊野公园是城市生态保护的重要载体——以杭州城市生态带保护为例》，《中国园林》2009年第6期。

② 王云才：《论都市郊区游憩景观规划与景观生态保护——以北京市郊区游憩景观规划为例》，《地理研究》2003年第3期。

③ 刘黎明、李振鹏、马俊伟：《城市边缘区乡村景观生态特征与景观生态建设探讨》，《中国人口·资源与环境》2006年第3期。

④ 李玏、刘家明、宋涛、陶慧、张新：《北京市绿带游憩空间分布特征及其成因》，《地理研究》2015年第8期。

⑤ 福斯特·恩杜比斯：《生态规划——历史比较与分析》，第198-199页。

东岸滨江公园规划通过选取城区中的重要景观视点，并利用GIS对各视点景观视线进行模拟叠加，识别出边缘区中对城市景观视线具有重要塑造及影响作用的、视线敏感性较高的区域及用地（图4-10）。

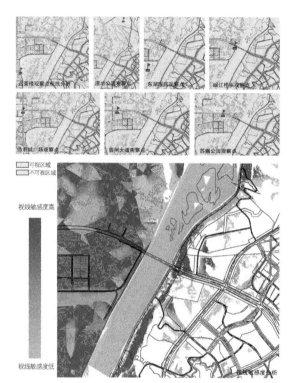

图4-10 用地景观视线分析

资料来源：眉山岷江东岸滨江公园修建性详细规划［R］. 重庆大学规划设计研究院有限公司，2013.

承载休闲游憩活动的用地识别强调公众对景观物质要素和空间组织中美学品质的偏好，不能局限于景观品质本身，还应着眼于人与景观互动中人类的感受与体验，试图寻找哪些景观要素与环境品质决定公众审美偏好及行为模式。20世纪80年代末，雷切尔·卡普兰和斯蒂芬·卡普兰夫妇在之前提出的环境感受框架基础上，将理解性和探索性作为影响人类环境感受的关键，提出影响景观体验的四大属性：（1）连贯性，指景观的统一程度或联系程度，可通过亮度、尺寸、肌理等形态组织得以强化，如连续的山脉、凹陷或突出的河岸线轮廓；（2）易读性指景观的清晰度，使观察者理解并记住景观，如产生视觉边沿的陡坡、植被或水环绕的地形；（3）复杂性，指风景中不同视觉要素的数量，表明风景错综复杂的程度及丰富性，如多样性的植被构成、天际线；（4）神秘性，指景观使人们想要获得更多信息的程度，如茂密的森林、纵贯的山谷①。一般而言，连贯易读的风景组织良好、结构清晰，容易被公众理解与认知，适合于观赏游览式游憩空间组织；复杂神

① 福斯特·恩杜比斯：《生态规划——历史比较与分析》，第198-199页。

秘的风景让人们有进一步了解的欲望，鼓励人们进行探索，适合于探索运动式游憩空间组织。

（三）评价指标选择

规划根据山地城市边缘区农林用地布局及景观特征，结合相关案例总结，分别就城市日常户外娱乐空间及郊野游憩空间提供，提出相应的高价值用地评价指标体系（表4-3）。其中，日常户外娱乐空间提供主要针对距离城市建成区较近（如2km以内）的小规模农林用地，这类用地不需要突出的景观特征，主要强调交通便捷性及适宜活动的多元性，能够承载较大强度的人为活动；郊野游憩又可细分为休闲游憩空间与特色景观空间，休闲游憩空间强调人在其中的活动与体验，多依托于较成规模的自然保护区或农田生产区存在，可用于分散人流，提高核心区保护效能；特色景观空间强调区域整体景观保护，着重评价用地对景观连续性、特殊性、协调性等起到的作用。

提供城郊休闲游憩服务的高潜能农林用地评价及识别体系　表 4-3

	评价对象	主要指标及要点
日常户外娱乐	空间品质	绿地覆盖率、绿地密度、设施完善度、植被类型及多样性、活动场地比例、与污染源/噪声源的距离、适宜活动类型多寡等
	交通可达性	与城市功能区的空间距离、到达可选路径、地块入口等
郊野游憩	景观品质	主要依托的景观资源、绿地覆盖率、绿地密度、设施完善度、植被丰富度、景观要素多样性、相关文化资源等
游憩空间供给	交通便捷性	与自然保护区（风景名胜区）的距离及联系、静态交通设施等
	与人的互动	活动类型、景观视线连续性、观景点设置等
	影响控制	用地敏感性、适宜活动强度、功能兼容性、废弃物处理方式等
特色景观维持		景观连贯性、景观特殊性、景观及要素组合多样性、景观要素协调度、视觉焦点等

资料来源：作者整理

第三节
自然过程空间模式甄别与
关联用地保护

自然过程维持是保障区域生态系统服务发挥的基础,山地城市边缘区小规模农林用地的高价值一方面体现在其自身固有的高服务潜能,另一方面体现在其对自然过程维持所起到的协助与强化作用。城市边缘区生态恢复的核心在于"识别并恢复维持景观格局可持续性健康状态和富有吸引力景观的所有过程"[1],以水文流动、大气循环为主的自然过程形塑并支撑区域特定景观格局,同时还是部分生物流动(如水生及湿生物种)的载体,故在规划工作开展前,应预先识别对自然过程维持具有重要作用的绿色空间及用地,摸清哪里需要保护,哪里需要控制[2],避免城市遭受经常性剧烈变化的自然及次生危害[3]。

一、地表水文过程关联空间

健康的地表水文过程需要相应的空间格局保护与环境品质支撑,但现状土地利用与管控并未对其采取足够重视,造成水文及关联系统破坏与环境污染。现有保护措施因未重视地表水文过程与流域内其他用地的相互联系,且多部门管理割裂。故规划提出应以流域生态系统保护及水文过程维持为主旨,实现以流域为单元的整体分析与管控;且边缘区农林用地作为城市重要的吸水、蓄水、渗水、净水空间,能有效减少地表径流,吸附污染物质,对维持水文过程、改善城乡水环境具有关键意义,应识别其中具有高价值的用地斑块,并强化地表径流对其用水过程的保障。

---

① 那维(Zev Naveh),《景观与恢复生态学》,李秀珍、冷文芳、解伏菊、李团胜、角媛梅 中译,高等教育出版社,2010,第16页。
② 俞孔坚、李迪华、刘海龙、程进:《基于生态基础设施的城市空间发展格局——反规划之台州案例》,《城市规划》2005年第9期。
③ 麦克哈格,《设计结合自然》,芮经纬 中译,中国建筑工业出版社,1992,第138-140页。

（一）流域内空间整体分析与管控思路

"河流生态系统，是流域内发生的一切的综合"[①]，河流、湖泊水库等水文生态要素间及与流域内各类用地之间在空间及功能上具有关联性。研究表明，导致河流生态系统退化的影响要素多通过与相邻其他生态系统的物质流动与交换过程获得，而非河流生态系统本身，人类活动对其中单一要素的影响会带来相关系统的连锁反应[②]。水文过程影响流域内环境要素分布情况及用地条件，而土地利用类型及建设强度又将反作用于自然水文过程，所以水环境改善及水文问题缓解需要以流域为单元，进行整体分析与管控：（1）健康的、具有动态适应性的水网脉络修复是基础，即梳理并重新组织河网水系，并通过河网、沟渠、地表径流通道等联系湖泊、水库、湿地等点状或面状水文要素；（2）保护对水文过程具有支撑作用的空间格局是支撑，即识别并保护影响水文过程的地形地貌要素及景观空间；（3）基于水生态功能及系统完整性的保护区划是保障，即根据流域内不同区段主导水文功能及用地特征进行功能组织与建设引导。

山地城市边缘区绿色空间通过径流调节、营养物质过滤等作用保障城乡健康水文过程，应对边缘区与城区水环境保护进行整体考量，流域内用地可根据功能细分为源头涵养、上游传递区、城镇建设区及下游沉淀区（图4-11）：（1）源头涵养区多位于山脉高地，应保育原生林地、严控建设及规模化农耕行为以涵养水源；（2）上游传递区

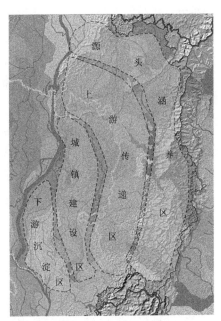

图4-11 流域过程分析及分区
资料来源：眉山岷东新区水系专项规划［R］.重庆大学规划设计研究院有限公司，2016.

---

① 迈克尔·哈夫：《城市与自然过程——迈向可持续性的基础》，第39页。

② 孙东亚、赵进勇、董哲仁：《流域尺度的河流生态修复》，《水利水电技术》2005年第5期。

多位于丘陵谷地间，断面呈"V"形或"U"形，用地斑块以林地及农田为主，因水流速度较快及河谷陡坡等原因，为流域内水土流失高发区，用地管控应强调坡地植被保护、生态农业种植以实现蓄水净水及水土保持；（3）城镇建设区地表径流增加最为明显，应尽量减少人为活动造成的径流增加及水环境污染；（4）下游沉淀区泥沙及有机物沉淀严重，重点是提升水体自然排放功能并实现水质净化。

（二）集水单元地表径流关联空间甄别

流域内稳定、持续的地表径流过程对河流生态系统维持与城市生态安全保障具有关键意义。一方面，河流水体源于上游河水、地下水补给及坡面汇入的地表径流，周期性径流脉冲变化对河流及滨河生态系统的正常干扰，能够强化河流与洪泛区的横向联系，使洪泛区成为河流系统的积极动态组分，维持河流与洪泛区系统健康及洪泛区较高生物多样性，并塑造河流沿线特色景观风貌。另一方面，全球温室效应造成的地区降雨分布不均导致城区常处于各类旱涝灾害中，雨洪期间不得不在更短的时间内面临更大的洪峰威胁，而地表径流通道及关联生态用地能够通过分流、滞留、吸附等调节过程削减洪峰峰值并推迟其到达时间，保障城市雨洪安全。但流域内城市建设带来的大面积非渗水性铺装铺设阻断径流入渗、汇流通道且侵占自然滞水、蓄水空间，导致地表径流量暴增及地下水入渗补给量锐减，城市水患频发，且自然状态周期性径流脉冲遭到颠覆改变，扰乱关联系统物质能量输入与流动过程。国际经验表明，当流域不透水面积达10%～15%时，会对河流水文过程造成明显影响；达20%时，雨洪管理相关设施失效；达30%以上时，水环境问题将不断加剧[①]。故需在城镇建设开发中提前识别潜在的径流通道及高滞留用地，预留相应的水文空间模式以维持必要的径流过程，其基本思路为：甄别以地表径流排放空间模式为主体的现状地形地貌特征，提取集水区内潜在的径流通道及汇水点等空间要素，并以此识别与各空间要素相关联的，能够参与径流滞留、吸附等过程

---

① 赵军、单福征、许云峰、钱光人：《河网城市不透水面的河流生态系统响应：方法论框架》，《自然资源学报》2012年第3期。

的高价值农林用地。

　　山地城市边缘区内因地形起伏变化而形成的山脊线、山谷线、低洼地等地形要素对地表径流过程维持至关重要，分别对应过程中的分水线、汇水线及汇水点，规划应对其予以识别与保护。集水单元是由（自然或人工）分水岭所包围划分的地表径流汇聚区域，根据什里夫（Shreve）1967年提出的树叶状结构模式，流域内水网系统是由多条大小不一、类型各异的河流组成，每一条河流拥有对应的集水单元，若干较小的集水单元共同组成更大的集水单元，上游集水单元径流滞留情况对下游城市区域雨洪灾害防治具有决定性作用。故农业—自然公园规划中应以GIS为操作平台，以区域高程资料为基础，采用地表径流漫流模型对集水单元内地表水文过程进行模拟，识别关键水文要素及其所依附的地形地貌单元，其中关键水文要素包括：（1）能够用于地表径流储存、滞留、蒸发及入渗的面状水体，如湖泊、大型坑塘（水库）、小型坑塘（鱼塘及其他小型储水坑塘）；（2）作为地表径流主要排放通道的带状水体，如自然河流、人工灌溉渠；（3）沟谷间存在的季节性水体及潜在地表径流通道。在此基础上，根据地表径流模式梳理各类水文要素，通过潜在径流通道及沟渠强化坑塘、水库及河流等要素间的联系，维持必要径流过程并提高区域对地表径流的调蓄能力。

　　集水单元内农林用地具有增加渗水地表面积，实现径流滞留、储存、吸附、过滤等潜在功能，故农业—自然公园规划中应对贡献突出的高价值用地进行甄别。地表径流产量一方面受制于土壤渗透能力，另一方面还与用地坡度、土壤类型和植被覆盖度等相关[1]，所以具有地表径流调节能力的高价值农林用地识别首先应评价用地的土壤渗透性，根据降雨—径流关系分析，相同温湿度情况下，用地产流能力：林地＜水田＜灌草地＜园地＜旱地＜裸地＜高密度城市用地[2]；在此基础上，采用空间识别（图4-12）与特征鉴定（表4-4）相结合的方式，甄别与地表径流排放空间模式相关

①　迈克尔·哈夫：《城市与自然过程——迈向可持续性的基础》，第31-32页。

②　史培军、袁艺、陈晋：《深圳市土地利用变化对流域径流的影响》，《生态学报》2001年第7期。

联的"低产流高滞流"用
地，即与产流区、径流通
道及低洼蓄水区关系密切
的林地、水田、牧草地及
园地，旨在强化城市上游
区域吸水、蓄水能力，并
促进下游径流自然排放；
根据用地固有属性及其在
地表径流形成、排放及滞
留过程中的作用机制，确
定用地保护的重要等级，
其中陡坡林地、园地及低
洼地水田、灌草地等价值
较高。

图4-12 地表径流空间关联高价值农林斑块空间识别
资料来源：眉山岷东新区水系专项规划 [R]. 重庆大学
规划设计研究院有限公司，2016.

用地对径流调节的不
同作用机制，决定其在径
流过程不同阶段中的功能
价值高低，如林地、园地
等通过树冠截流蒸发，地被植物、枯枝落叶层与土壤吸收过滤，能够削减
洪峰和潜在洪水威胁，并在枯水期维持基本流量，故其在产流区域发挥较
强的水土涵养及径流吸附功能；河流沿线及低洼地带的灌木草地能够滞留
吸收地表径流及营养物质，如河岸缓冲带63%的营养物质移除及52%~76%的
径流减少发生在草地过滤区[1]，故其在径流通道及低洼区域发挥较高的径流
过滤与储蓄功能；水田不仅具有地表径流储蓄能力，还有较强的渗透吸收
潜能，随地表径流流入的泥沙、营养物质等亦可在其中沉淀过滤，故其在
径流通道及低洼区域发挥较强的径流过滤、储蓄与入渗功能。

---

① Sheridan J. M., Lowrance R. and Bosch D. D., "Management Effects on Runoff and Sediment Transport in Riparian Forest Buffers," *Trans ASAE* 42, no.1 (1999): 55-64.

高价值农林斑块及关联地表径流空间要素特征鉴定　表 4-4

	环境要素	相关生态功能	用地特征描述
径流关联空间	河流水系	接纳汇水单元内地表径流，保障河道基本流量	流域类型（是否为潮汐型），河流等级，河道自然程度，河网连续度
	坑塘水库	滞留地表径流，缓解暴雨期间河网水系径流压力	坑塘类型（人工型或自然型），与周围河道及坑塘是否形成塘链系统，布局特征
	径流通道	地表径流排放通道，维持汇水区内水文循环过程	径流通道级别，与周围土地利用联系，季节型或常年稳定型，与河的关系
高价值用地	林地/园地	降雨截流，径流吸收，水源涵养	是否处于高地或坡地等，规模及郁闭度，地面层组成及土壤类型
	牧草地	地表径流吸收及营养物质过滤	是否处于低洼地或滨河区域，植被与土壤类型，用地规模
	水田	滞留径流，泥沙及营养物质沉淀，地下水回灌	是否处于地势低洼的沟谷地带，与河网水系及径流通道的关系，耕作方式，用地规模及土壤类型

资料来源：作者根据相关资料整理绘制

（三）水土侵蚀及潜在人为污染确立与规避

伴随地表水文过程发生的泥沙流、物质流是实现流域水土平衡、物质传递补给的重要途径，但若超过正常阈值，将造成水土侵蚀、河道淤塞、非点源污染等环境问题，农林用地在流域水土流失及人为污染产生与治理中具有关键作用。根据"源—汇"景观理论，在地表物质迁移运动过程中，有些景观单元作为促进土壤与营养物质运动、导致水体富营养化的"源"，如地势较高或坡度陡、施肥量高、植被覆盖度低的农田等；而有些景观单元则作为接纳并固定迁移物质、阻止或延缓污染过程发展的"汇"，如地势较低、植被覆盖度较高的林地、草地、湿地等。为避免水土流失及水体富营养化，规划应识别并加强"源"景观内土壤及营养物质的固定作用，充分发挥"汇"景观的过滤及隔离作用，还可通过系统调控手段转"源"为"汇"，强化径流路径景观建设，从而提升其对营养物质的滞留与吸附作用[1]。如在传统观念中，农田属于造成非点源污染的"源"景观，但曹志洪

---

[1] 韦薇、张银龙：《基于源—汇景观调控理论的水源地面源污染控制途径——以天津市蓟县于桥水库水源区保护规划为例》，《中国园林》2011年第2期。

等通过研究，发现在城镇郊区、桑园和蔬菜基地周边建立"稻田圈"是防治磷、氮[1]等非点源污染的有效措施。

水土自然侵蚀程度主要与地质土壤条件（如坡度、坡长、土壤类型与厚度、岩石倾斜度）、地表植被覆盖率、土地利用类型及强度相关联，如相关研究显示，裸地土壤侵蚀最严重，坡耕地土壤侵蚀次之，林地侵蚀程度较低；在由主河槽、洪泛区和高地边缘过渡带三部分组合形成的"V"形或"U"形河谷中，边缘过渡带作为洪泛区和周围陆地景观间过渡联系区域[2]，是水土流失最易发生的地方，尤其在两岸坡地较为陡峭的"V"形河谷。此外，水土侵蚀程度还与地表径流量呈正比，过量径流冲刷土壤将造成上游区域土壤资源大量流失，下游区域河道、水库泥沙淤积，影响河道泄洪能力。植被破坏、农业耕作、城市建设等人为活动通过改变土层结构、植被覆盖率、增加地表径流产量等，加剧水土侵蚀强度，如四川眉山全市明显水土流失面积2735.8km²，占总用地面积的38%，平均侵蚀模数为4934.57t/km²·年，受侵蚀的区域主要位于丘陵及山前阶地，而坡地农耕区及建设开发区是主要的侵蚀与输沙源。

河流水体中过量的悬浮颗粒物、重金属、营养物质等将造成水体污染与水质下降，影响城乡用水及水生态系统安全，污染物来源主要分为农业非点源污染、城市化地区径流污染、邻避设施污水渗透、生活污水及生产污水排放。相对于点源污染排放，农业生产区及城市化地区中可溶性营养物质随地表径流进入而造成的非点源污染，涉及区域广，管理难度大，且不同河段主要有机质来源不同：上游源头段水陆交互作用强烈，生产力较低，有机质主要为以汇水单元为主的陆源输入；中游段多位于山谷沟壑之中，有机质来源于河道内浮游和水生植物；下游段多来源于流经洪泛区的径流或由动植物在洪泛区与河道间迁移时带入[3]。

由以上分析可知，水土侵蚀主要发生在坡度较陡、受地表径流影响较大的河流中上游区域，包括水急坡陡的上游传递区及径流产能较大的城镇

① 曹志洪、林先贵、杨林章、胡正义、董元华：《论稻田圈在保护城乡生态环境中的功能Ⅱ：稻田土壤氮素养分的累积、迁移及其生态环境意义》，《土壤学报》2006年第2期。
② 李刚、宫伟、高永胜：《基于多样性的河流修复理论基础》，《水利科技与经济》2009年第9期。
③ 卢晓宁、邓伟、张树清：《洪水脉冲理论及其应用》，《生态学杂志》2007年第2期。

建设区；而河流水体污染问题则在上游传递区、下游沉淀区与城镇建设区中较为突出。针对水土侵蚀及潜在人为污染的规划控制需从河流不同区段的空间及用地特征着手：上游及中游区域地形变化较大，生态敏感性高，强调水土涵养及陆源污染防治，即保护河流沿线区域、河谷两侧陡坡、高地或台地边缘及冲沟内部林地、灌木草地等及其所组成的植被群落以涵养水土；对农耕用地及建设用地周边防护林地、灌木草地等予以保护与强化，削减过量径流或防止污染物质进入；中下游区域强调洪泛区内及进入河道及洪泛区的污染物吸附与过滤。同时应将河流水系范围的季节性变化纳入规划考量范畴，充分尊重并遵循自然水文过程。

　　河道两侧设置滨水缓冲区是缓解水土侵蚀及污染公认的有效规划策略，保护滨水原生林带用以提高滨水空间"固土护岸"潜力，预留滨水缓冲带用以截流泥沙及吸附水溶性营养物质，其中识别与水土涵养及污染防治关联的高价值农林用地是关键（图4-13），包括：河流两侧坡地、高地或台地边缘、山谷冲沟等区域林带；坡地梯田、连接水网的低洼地及洪泛区内水田；农业生产区灌溉沟渠及河流两侧防护林地及灌木草地；建设单元外边缘防护林地、灌木草地及农田；城市建设组团间及下游区域与河流水网、湿地联系密切的林地、园地、灌木草地等。研究显示，本土树种较外来树种具有更强的适应性与更大

图4-13　水土流失及人为污染关联高价值用地识别
资料来源：眉山岷东新区水系专项规划［R］. 重庆大学规划设计研究院有限公司，2016.

的碳储存容量，拥有成熟树种（30～75年）的林地对减少来自农业生产、道路污染等的非点源污染具有显著作用，生态效益发挥更充分，故应尽量保护现状林地并组织滨水缓冲带，宽度设置可根据两侧坡度及河流等级等确定。

二、大气循环过程关联空间

（一）改善城市通风系统的空间管控思路

城乡间大气循环能为城市提供新鲜、洁净的冷空气，并置换出城区内浑浊、温湿的气体，忽略城市通风需求的用地布局及空间组织易造成城乡大气循环衰减，风速与风频降低，导致城区空气污染且潮湿闷热。数据监测显示：当风速高于6m/s时，空气污染大大降低；而风速低于2m/s时，污染程度增加[1]。部分发达国家及地区已将维持大气循环过程这一目标融入城乡规划中，并从区域环境、空间结构、用地形态及建筑单体等进行多尺度管控，如香港规划署开展《都市气候图及风环境评估标准——可行性研究》，根据香港风环流系统类型、空间分布及城市形态划分9个市区风环流区，并纳入各区域规划与发展法定图则——《分区计划大纲图》的更新与新市镇及发展区的规划设计中[2]。

通过规划引导通风系统建设，维持城乡大气循环过程，需先明确各类空间在大气循环中所扮演的角色，再根据风环境特征对城市规划区内空间及用地进行区划管理，实现用地布局与循环过程匹配。斯图加特位于德国西南部内卡河谷地，其于1978年便开始探索城市通风系统建设及用地管控，并在实践中形成一套较为完善的研究及规划框架：首先，政府相关部门利用图示语言将空间气候和环境信息表达出来，绘制"都市气候图"；然后综合评价气候因子及城市因子，分析判断影响区域气候的主要因素及与用地布局的关联；在此基础上，划定气候规划分区，并制定针对性开发建设引

① 朱亚娴、余莉莉、丁绍刚：《城市通风道在改善城市环境中的运用》，《城市发展研究》2008年第1期。
② 任超、袁超、何正军、吴恩融：《城市通风廊道研究及其规划应用》，《城市规划学刊》2014年第3期。

导。斯图加特气候规划根据风环境特征，将城乡空间划分为三类开敞空间气候活动分区及五类发展空间活动分区，其中开敞空间气候活动分区分为：（1）具有重要气候活动的开敞空间，即直接关系或与城区连接的补偿空间及空气引导通道，需采用严格土地利用管控措施以避免建设活动阻碍空气流通，如城市边缘区内未开发的山谷、山脊、地形交界带绿地、毗邻城市功能区的大型绿地等；（2）重要气候活动较少的区域，即未直接接触城市开发区或冷空气生成量较少，但作为气候活动过程空间模式的组成部分，应尽量减少其中人为活动负面影响，保护各类绿地及开敞空间，并对建筑高度、布局等进行适当引导；（3）少有气候活动存在的开放空间，与城市开发区有一定距离，土地利用变化与气候关联较弱[1]，限制较少。规划应强调对城市边缘区内前两类开敞空间的识别与保护。

（二）促进山地城市大气循环的用地识别

就山地城市来说，地形阻碍及城市建设削减等原因导致其盛行风速普遍较小、静风率高，规划需采用"盛行风保护为主，局部环流促进辅助"的通风系统建设策略，即引入外部盛行风，并充分利用起伏多变、沟谷纵横等地形地貌特征形成山谷风、水陆风等不同尺度的局部环流。如重庆作为典型的山地城市，静风率为41%，即全年41%的时间里，整个城市的大气循环只能通过局部环流完成；韩志伟对重庆市区大气循环过程的模拟也验证了局部环流的重要性，发现背景风速较低时，市区中存在明显山谷环流作为补充，一般情况下，白天谷风最大风速可达2.5m/s，夜间山风最大风速可达2m/s，能够有效地改善城区空气质量。山谷风、水陆风等局部环流的形成主要依托于地形变化及不同用地间热容、热导性质的差异，所以需要保护区域坡地、沟谷等地形特征及林地、耕地、草地等热容较小、导热系数较低的用地类型，并强化其与城区的空间联系[2]。

克里斯（Kress）根据局部环流运行规律提出的下垫面气候功能评价标

---

① 姜允芳、石铁矛、王丽洁、苏小勤：《都市气候图与城市绿地系统的发展》，《现代城市研究》2011年第6期。
② 陈士凌：《适于山地城市规划的近地层风环境研究》，博士学位论文，重庆大学供热、供燃通风及空调工程专业，2012，第89-91页。

准，将城乡空间分为作用空间、补偿空间与空气引导通道，其中作用空间指存在热污染或空气污染的建成及待建区；补偿空间毗邻作用空间，作用空间中的热污染与空气污染通过与补偿空间的空气交换过程得以缓解，主要由城市外围或内部耕地、草地、林地等组成；空气引导通道指粗糙度较低、气流阻力小的区域，保障补偿气团由城郊补偿空间向市区作用空间流动①。山地城市边缘区小规模农林用地既是保障冷空气生成的重要补偿区域，提供洁净的冷空气源；同时也是空气引导道的重要组分，能够将冷空气引入城区当中，农业—自然公园规划应根据大气循环过程模拟，识别构成补偿空间及空气引导道的高价值用地。

补偿空间为城市提供源源不断的洁净空气，每hm^2绿地每天可从周围环境中吸收81.8MJ热量，相当于189台空调的制冷效果，其主要包括：（1）冷空气生成区域，一般指位于或邻近山谷及具有类似山谷效应的集聚区，它在不受太阳辐射时产生冷空气，主要由地表热导和热容较小的未开发区构成，草地与耕地最为理想，其次为山坡林地，低植被覆盖的耕地每小时产生$10 \sim 12m^3$冷空气以保证夜间冷却效果②，冷空气集聚区的规模、倾角、宽度等与流入城市的气流强度（流量与流速）呈正比，所以应重点保护其中具有一定坡度且较成规模的用地斑块；（2）近郊林地，兼具热补偿及空气净化功能，阔叶树与针叶树混合种植的林地较为理想，其夜间生产冷空气的能力较其他开放空间更大，且内部气温相对平衡；（3）建设组团间大型绿地，其气候调节效率主要取决于用地规模及绿色网络完整性，用地应具有较高的透水性地面比例及绿地率，植被结构丰富且动力学粗糙度较低③。空气引导道对流入城区气流的阻碍程度直接影响城郊补偿空间的作用效果：（1）城市周围山坡地的峡谷地带及山隘出口是冷空气流通的重要通道，其下垫面应维持较低的粗糙度，宜保留农田、灌木草地及疏林地，

① 刘姝宇、沈济黄：《基于局地环流的城市通风道规划方法——以德国斯图加特市为例》，《浙江大学学报（工学版）》2010年第10期。
② 姜允芳、石铁矛、王丽洁、苏小勤：《都市气候图与城市绿地系统的发展》，《现代城市研究》2011年第6期。
③ 同①。

尤其应避免在山隘出口布置大规模密林；（2）河流及其两侧缓冲带所构成的蓝—绿廊道也是重要的空气流动通道，应保留河道两侧呈带状分布的农林用地，用地选择及布局应保障空间的开敞度；（3）交通廊道也具有促进空气流动的效果，但应注意选择车流量较少的道路，保护两侧农林用地，林地宜针阔混种，维持一定疏密度。农业—自然公园规划主要强调补偿空间中近郊林地、建设组团绿地及空气引导道中高价值小规模农林用地的识别与保护（图4-14）。

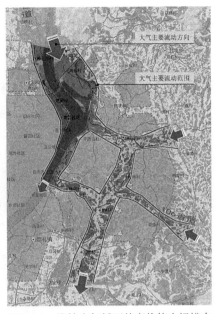

图4-14　维持大气循环的高价值小规模农林用地识别

资料来源：作者根据眉山中心城区"166"控制区概念性总体规划资料改绘

第四节
农业—自然公园空间体系构建及管控衔接

一、公园空间体系构建及组成

　　农业—自然公园规划建设的核心意义在于强化大型生态斑块间的联系，维持自然系统健康发展所必需的生态过程及空间格局，并促进生态用地对城市系统的复合服务发挥。所以公园空间体系应具有连续性与系统性，既需要涵盖本身具有高生态服务潜能却因布局分散而未受保护的小规模农林用地，还应包含承载自然过程空间模式的景观要素及关联用地，"点状"散布的小规模农林用地通过"线状"空间要素实现串联与整合，呈现穿插于

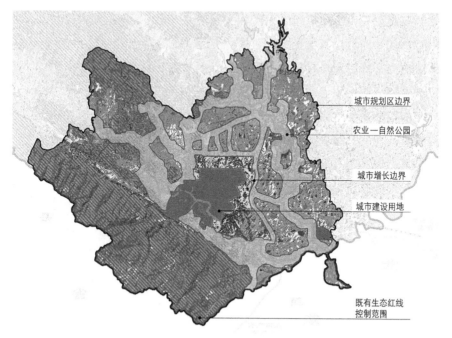

图4-15　衔接城乡的农业—自然公园空间体系
资料来源：南阳市桐柏县城乡总体规划［R］. 重庆大学规划设计研究院有限公司，2017.

城市边缘农业生产区、乡村聚落区及荒地等基质之间的，由绿斑与绿廊所构成的网状生态空间格局（图4-15）。

　　农业—自然公园空间体系构建的重点，是将城市边缘区具有较高生物多样性支撑、农副产品就近供给、城郊游憩空间提供潜能且布局分散的小规模农林用地，在以水文过程空间模式为逻辑的用地框架及空间背景下，通过河流、沟渠、潜在径流通道等进行叠加串联，形成连续性空间格局以维持生物迁徙、水文流动、大气循环等自然生态过程（图4-16）。公园空间体系主要由城区周围环状绿带、河流水系及其沿线绿带、山脊及山谷沿线绿带、农田林网、保护区外围环状绿带等构成，包含以下用地类型：（1）建设用地外围邻近区域及组团间的次生林地、苗圃园地、草地及低密度农田等，此类用地因与建设组团联系密切，能为物种提供生态踏脚石或为城市就近提供农副产品及户外娱乐场地，还可吸附、过滤城区地表径流并将外围冷空气引入城市当中；（2）由河流沟渠、湿地坑塘等组成的水网

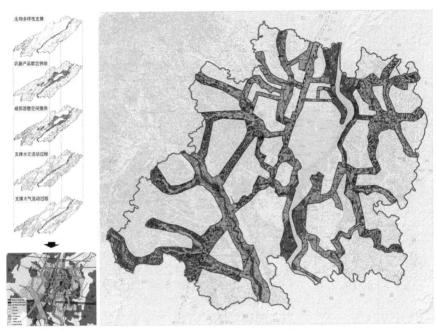

图4-16　农业—自然公园空间体系构建过程及用地组成
资料来源：作者根据眉山中心城区"166"控制区概念性总体规划资料绘制

体系及其沿线或周围的灌木林地、草地及低密度农田，此类用地既能为湿生或水生物种提供适宜生境，吸附、过滤来自汇水区域的地表径流、泥沙及污染物质，营造适宜的滨水游憩空间，还是城市重要的通风廊道；（3）结合山脊、山麓、沟谷、台地、坡地、洼地等地形单元分布，且与水文、大气循环等自然过程相关联的自然或半自然林地、低密度农田（用地坡度需小于25°）、园地、灌木草地等，此类用地既能保护径流通道、汇流区域等重要水文空间，还可促进冷空气的产生与流动，提供多元物种生境、郊野游憩场地及农副产品供给等；（4）农田边缘及结合乡村聚落分布的灌木草地、次生林地等，此类用地不仅能够提高农业生产区生境比例，提供野生食品、木材等，还能提供田园乡村游憩空间等；（5）各类保护区外围的低密度农田、次生林地、草地，此类用地能够吸引并分流保护区内大量游憩人流，利于核心区生态保护，同时还能够提供农副产品就近供给等（表4-5）。

农业—自然公园规划涉及重要生态空间及

高价值小规模农林用地   表 4-5

		重要空间及要素	所涉及的高价值小规模农林用地
生物多样性支撑		受自然驯化的人工生境、半自然生境、自然生境、迁徙廊道、扩散廊道、觅食廊道	建设用地外围或与之结合的次生林地、草地及低密度农田，河流水系、湖泊、湿地坑塘等滨水林地、草地及低密度农田，山脊、山谷沿线带状林草地，农田边缘及结合聚居点分布的牧草地及次生林地等
农副产品就近供给		具有物资生产、供给潜能的生态空间	建设组团间的农田、园地、林地及灌草地，河流沿线、水体周围及结合山坡、山麓、沟谷、洼地等分布的次生林地、低密度农田及园地，农田边缘及结合聚居点分布的灌草地及次生林地等
城郊游憩空间供给		日常户外娱乐空间、郊野游憩空间、区域特色景观单元	建设用地周边与城区联系密切的分散片林、滨水林地、低密度农田，农田边缘次生林地，各类保护区周边及河流沿线的低密度农田、次生林地、草地，沿山脊、陡崖、山谷、溪流等呈带状分布的林地，结合聚居点的次生林地等
地表水文过程	地表径流调节	实现径流滞留、渗透的各类水体，作为径流排放主通道的河流水网，季节性水体及潜在地表径流通道	建设用地周围的低密度农田、灌木林地及草地，坡地上分布的林地及园地，沟谷中、径流通道沿线分布的水田、灌木林地、草地，低洼地区分布的水田及草地等
	潜在污染防治	削减水土侵蚀及非点源污染的生态空间	建设单元周围低密度农田、灌木林地及草地，河流洪泛区、灌溉沟渠两侧、湿地坑塘周边的低密度农田及草地，河谷两侧陡坡、高地、台地边缘及冲沟内的林地与园地，山麓及山谷内的低密度农田与草地，坡地梯田，农田边缘次生林地及灌木草地等
大气循环过程	冷空气产生	生产洁净冷空气的生态空间	位于或邻近山谷及具有类似山谷效应区域的坡地农田、草地及林地，针阔混种的近郊林地，建设组团间的林地、园地、农田及草地等
	洁净空气导入	将冷空气导入城市内部的带状空间	建设组团间的农田、草地、园地及林地，沟谷中的农田、灌木草地及疏林地，河流两侧的农田、灌木草地及疏林地，交通廊道中针阔混种的林地等

资料来源：作者整理

二、与既有用地管控的衔接

保护城市边缘区高价值农林用地，控制建设用地蔓延的策略体现在各国政策法规中，如2001年美国马里兰州"绿图计划"利用GIS技术识别边缘区物种生境、生产性景观、水资源保护区等用地，利用绿色廊道串联，对抗生境破碎化，反控城市增长[①]；2009年英国"绿色基础设施规划导引"提倡建设基址特征要素识别与生态斑块保护；2011年美国环境署颁布"通过绿色基础设施建设保护水体、林草地等，并建设宜居社区"的战略协议。

理论上，生态用地规模越大，网络构建越完善，其生态系统服务能效越高，即生态系统稳定及服务维持不仅需要保护核心生态区域，还需在斑块间建立密切的空间联系。根据管控力度，组成区域景观生态网络的用地可分为两类，一类为典型性强、功能显著且得到有效保护的用地，如自然保护区、地质公园等；另一类为虽对系统维持、功能供给具有促进作用，却因典型性不强未受到保护的用地，是强化大型保护区空间联系、构建生态网络的关键。我国既有用地管控多针对价值高且规模较大的用地，采取孤立保护的做法，斑块间联系的缺失影响系统服务能效，同时造成未划入保护范围的高价值小规模用地易遭到蚕食。

农业—自然公园通过保护与整合城市边缘区内因斑块小、分布散或代表性不强而未划入保护范围，但却具有高服务潜能的农林用地，并实现其与自然保护区、风景名胜区、水源保护区、灾害防护区等既有保护分区在空间及管控上的衔接，共同界定城乡可持续发展必需的生态用地"红线"范围，反控城市用地建设，同时强化外围生态用地与城市内部功能区的联系，提高生态系统稳定性及服务能效。俞孔坚等提出的"生态安全格局"，便强调保护城市生态系统及自然过程完整性，为城市提供发展所依赖的生态基础设施，落实城市用地扩展不可突破的生态底线[②]。

---

① 邢忠、乔欣、叶林、闫水玉：《"绿图"导引下的城乡结合部绿色空间保护——浅析美国城市绿图计划》，《国际城市规划》2014年第5期。

② 俞孔坚、王思思、李迪华、乔青：《北京城市扩张的生态底线——基本生态系统服务及其安全格局》，《城市规划》2010年第2期。

第五节
本章小结

　　本章通过对城市规划区内不同类型的景观模式进行对比，明确以边缘区小规模农林用地为主要构成的传统农业景观（采用低密度、非集约化生产模式）及偶然景观能够较好地适应当地气候及水土条件，是联系大型生境单元，维持自然过程连续及生态系统服务产出的关键。在此基础上，提出构建农业—自然公园空间体系的思路与方法：首先根据边缘区用地固有生态属性及城市社会经济诉求，筛选出其中对生物多样性维持、农副产品及城郊游憩空间供给具有较高服务潜能，却因分布较散而未受保护的小规模农林用地；其次，通过模拟地表水文及大气循环过程，确定自然过程维持所必需的空间模式及关联用地；最后，通过城区周围环状绿带、河流水系及其沿线绿带、山脊或山谷沿线绿带、农田林网、保护区外围环状绿带等连续景观空间串联分散布局的用地斑块，建构公园具有连续性、系统性的空间体系。农业—自然公园主要涵盖以下用地：建设用地外围邻近区域及组团间的次生林地、苗圃园地、草地及小块农田；结合山脊、山麓、沟谷等山地地形单元分布，且与自然过程关联的林地、小块农田、园地、灌木草地；农田边缘及结合乡村聚落分布的灌草地、次生林地；保护区外围小块农田、次生林地、草地；由河流沟渠、湿地坑塘等组成的水网及其关联灌木林地、草地、小块农田。

第五章

基于农林景观生态网络特征的农业—自然
公园复合服务功能设定

"城市的生态足迹早已越过建设用地边线，影响覆盖建设用地外围数倍规模的绿色空间"，理查德·福曼将城区外围为其提供必要环境服务的绿色空间界定为"城市区域环带"（Urban-region Ring）（图5-1），并提出生态系统服务持续供给需要其中结构性的景观网络建构作为支撑，以维持必要的物质能量输送。我国现有自然保护区、水源保护区等划定虽能基本确保重要生态服务产出，但因忽略各保护区及与服务需求区（如城镇生活、生产区域）之间的联系建立，导致生态系统完整性不足且缺乏有效的服务输送路径，服务效能不高。农业—自然公园是城市边缘区景观生态网络的有机组分，其虽本身服务能力有限，但可通过加强大型斑块、保护区及城区间的沟通与连接，强化区域自然生态系统完整性，同时提高边缘区绿色空间对城市的服务效能。可以说，农业—自然公园的用地布局及空间组织直接影响生态系统对城市服务供给的有效性，应将其置于区域生态背景进行通盘组织与考量，并整合嵌入地区农林景观网络之中。本章在农业—自然公园空间体系构建的基础上，赋予其中用地复合服务功能属性，并以服务维持与提升为导向，进行融合农业—自然公园的农林景观生态网络分类构建与叠加，强化公园内高价值小规模农林用地系统性保护及与区域景观网络的衔接，提高外围绿色空间对自然与城市两大系统健康演进的公益性产出效能。

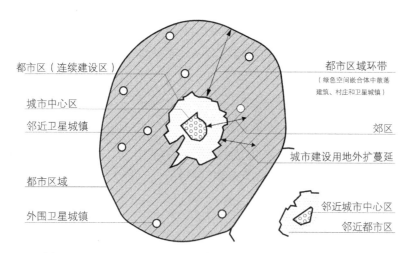

图5-1　城市区域环带结构示意图
资料来源：Forman. Urban Regions Ecology and Planning Beyond the City, 2008.

第一节
景观网络构建与复合功能提升

一、生态系统公益性产出类型

科斯坦萨（Costsnza）于1998年提出，生态系统服务（Ecosystem Function）是指人类直接或间接地从生态系统与生态过程中获得的环境服务及产品。根据2005年发布的《千年生态系统评估报告》（MA），生态系统服务主要包含供给、调节、文化和支撑四大服务类型。根据服务产出的社会经济属性，又可分为商品性产出与公益性产出。商品性产出表现出较强的竞争性与排他性，人类常以牺牲一种或几种服务来获取某种特定服务产出的增长，如为提高粮食产量、扩大农田耕地面积，侵占大量林地、湿地等，从而影响环境调节与生物多样性维持；公益性产出（Public Goods）指允许任何人享受的服务或产品，具有非竞争性与非排他性，即一部分人的使用不会影响或排斥他人，主要强调具有公益性、战略性的生态系统服务供给，如洁净空气及淡水供给、健康食品战略性保障、游憩绿道建设等。环境资源公益性产出的服务价值远远高于商品性产出所带来的经济价值，如欧阳志云等通过对水生态系统服务进行研究，证明系统服务所提供的间接价值是直接使用价值的1.6倍[1]。公益性产出是城市边缘区景观生态网络功能的基本表现形式，不仅针对人类城市，对城区具有供给、调节、文化、管理复合服务功能，同时涵盖自然系统，对边缘区自然生态环境演进及城区持续健康发展有基础性复合支撑功能，可分为自然维育与城市服务两大类（表5-1）。

---

[1] 欧阳志云、赵同谦、王效科、苗鸿：《水生态服务功能分析及其间接价值评价》，《生态学报》2004年第10期。

景观生态网络公益性产出类型及功能基础 表 5-1

功能类型	主要公益性产出	关联环境要素
自然维育类	系统支撑：维护大气、水文等自然生态过程； 多样性保持：维持生物多样性、保护多元物种生境； 生态调节：土壤改良、虫害防治、调节区域气候	湿地、森林、自然林地廊道、滨水蓝-绿廊道等
城市服务类	城市环境改善：热岛缓解、雨洪管理、空气净化； 物资供给：食物战略储备、野生食物、淡水、医药资源、材料供给、能源生产； 休闲游憩：景观提升与强化、娱乐休闲及运动养生场所、绿道、文化遗产保护、教育资源	林地、园地及高产农地、自然廊道、人工设施廊道等

资料来源：作者自绘

　　自然维育类公益性产出包括自然过程维持、物种及遗传多样性保护、区域环境调节等，城市服务类公益性产出包括城区污染防治、有机食品及游憩休闲就近供给等。自然维育类与城市服务类公益性产出具有交织性，如根据场地特征与降温潜力组织城市绿色开放空间，可通过植被蒸发作用降低地表温度，缓解城市温室效应[1][2]；可食性景观兼顾绿地建设及新鲜蔬菜生产[3]；充分利用地域景观特征的休闲农业实践能提供生态保护、乡村游憩、社区活化等多种服务功能。

　　因与多种生态系统及自然过程联系，公益性产出往往具有复杂性，主要体现有三：同一系统可提供多种服务，而同一服务亦可能由多系统协同供给；各类服务产出既可能此消彼长，亦可能相互促进；小尺度环境要素或生物群落服务产出会直接或间接影响大尺度环境服务效益[4]。因此对单一生态要素或过程进

---

[1] Guo-yu Qiu, Hong-yong Li, Qing-tao Zhang, Wan Chen, Xiao-jian Liang and Xiang-ze Li. "Effects of Evapotranspiration on Mitigation of Urban Temperature by Vegetation and Urban Agriculture," *Journal of Integrative Agriculture* 12, no.8（2013）: 1307-1315.

[2] Briony A.Norton, Andrew M.Coutts, Stephen J.Livesley, Richard J.Harris, Annie M.Hunter and Nicholas S.G.Williams, "Planning for Cooler Cities: A Framework to Prioritise Green Infrastructure to Mitigate High Temperatures in Urban Landscapes," *Landscape and Urban Planning* 134（2015）: 127-138.

[3] Rebecca McLain, Melissa Poe, Patrick T.Hurley, Joyce Lecompte-Mastenbrook and Marla R.Emery, "Producing Edible Landscapes in Seattle's Urban Forest," *Urban Forestry & Urban Greening* 11, no.2（2012）: 187-194.

[4] 王大尚、郑华、欧阳志云：《生态系统服务供给、消费与人类福祉的关系》，《应用生态学报》2013年第6期。

行服务分析及管控是无意义的，应以公益性产出"生产—供给"为线索，从多要素、多环节、系统性的视角，对关联用地进行区划控制与建设引导。

二、农林网络与服务产出效能

城市边缘区农林用地是保障公益性产出的物质基础，本书参考科斯坦萨和谢高地等提出的服务价值赋值标准，对眉山环城区域各类用地公益性产出进行量化，发现林地、农田（水田及旱地）复合功能价值最高，其次为水域及灌木草地等，其中林地斑块及库塘河流等以维持固碳释氧、生物多样性保护、水源涵养等自然维育类为主，农田、园地斑块等以提供食物、材料供给等城市服务类为主。

保障系统公益性产出需确保足够的生态用地规模，但仅如此是不够的，公益性产出还与两类生态过程维持直接关联：其一为自然生态系统内部各要素间的物质能量流动过程，用以维持系统公益性产出潜能；其二为自然系统与城市系统间的物质能量流动过程，用以提升公益性产出供给效能（即实际服务供给能力）。通常情况下，公益性产出可分为供给、流动和使用三个基本环节[1]，其中供给环节强调特定时间、特定区域内生态系统为城市提供的服务产出数量与品质[2]，与系统自身完整性、健康性相关；流动环节强调供给区域与使用区域的空间联系，对公益性产出的输送、转化具有重要意义，既可以是服务产出主动从供给区流向使用区的服务移动流（如淡水资源、农副产品供给），也可以是使用者直接转移到供给区以获得服务的用户移动流（如户外休闲、旅游）；使用环节强调城市使用者对服务类型及数量的要求，主要受社会经济条件影响。大部分公益性产出流动需要依托于特定物质或空间载体，如河流水系、空气廊道等[3]，物质载体的类型、

① 刘慧敏、刘绿怡、任嘉衍、卞子亓、丁圣彦：《生态系统服务流定量化研究进展》，《应用生态学报》2017年第8期。
② 谢高地、甄霖、鲁春霞、章予舒、肖玉：《中国发展的可持续性状态与趋势——一个基于自然资源基础的评价》，《资源科学》2008年第9期。
③ Gary W. Johnson, Kenneth J. Bagstad, Robert R. Snapp and Ferdinando Villa, "Service Path Attribution Networks (SPANs): A Network Flow Approach to Ecosystem Service Assessmen," *International Journal of Agricultural and Environmental Information Systems* 3 (2012): 54-71.

空间形态等[①]，尤其是空间联系度，将直接或间接影响服务产出的供给效能。

　　城市边缘区绿色空间既需要维持某些特定服务的供给，更需要连接自然系统与城市系统，实现系统服务的流动与传递，因此网络状存在是其重要特性及保障系统整体能效的基础，具体表现为"山、水、林、田、湖"共筑的农林景观网络。生境网络、河流水网、农田林网等是农林景观网络的重要组分，但建设用地蔓延及农业规模生产蚕食，造成斑块破碎化及景观网络断裂，影响边缘区绿色空间公益性产出供给及输送效率（表5-2）。

网络现状问题及对公益性产出的影响　　　　表 5-2

	现状问题分析	对公益性产出的影响
生境网络	生境被蚕食且破碎化；生态廊道割裂，生境间缺乏必要联系；缓冲带缺乏，受人为干扰较大	自然维育类：生物多样性及系统抗干扰能力下降，环境调节功能失效或降低，地表及地下水质降低等城市服务类：开放空间品质低且雷同，物资自给自足能力下降且农副产品类型单一等
河流水网	河道沿线多为耕地与园地，林地片段化，非点源污染严重；河道渠化，地表径流通道、坑塘被埋置，流域非渗水性铺装增加，水文过程受阻	
农田林网	小块农田、园地等被蚕食或归并；田块边缘、林盘中的自然或半自然林地、灌木林地等被蚕食；丰富田野景观被破坏；农业生产环境恶化	

资料来源：作者自绘

三、农林景观网络构建策略

　　为削减城市建设及集约农业生产对边缘区生态资源的过度蚕食与破坏，需构建具有前瞻性与主动性的农林景观网络[②]，即在摸清现状景观资源及生态过程的基础上，通过水文、大气、生物、游憩等过程模拟及可输出公益性产出分析，界定并保护对服务供给具有支撑作用的景观格局，寻求土地保护与发展并重的精明发展模式[③]。生境单元多样性、空间格局连续性及服

① 刘慧敏、刘绿怡、任嘉衍、卞子亓、丁圣彦：《生态系统服务流定量化研究进展》，《应用生态学报》2017年第8期。
② 刘孟媛、范金梅、宇振荣：《多功能绿色基础设施规划——以海淀区为例》，《中国园林》2013年第7期。
③ 付喜娥、吴人韦：《绿色基础设施评价（GIA）方法介述——以美国马里兰州为例》，《中国园林》2009年第9期。

务供给持续性是农林景观网络构建的要点，贝内特（Bennett）等通过研究提出景观网络构建需注意以下五点：（1）景观及生态系统层面的生物多样性保护；（2）通过增加连通度来维持并强化生态整合度；（3）确保关键区域与外部潜在破坏活动间具有缓冲区域；（4）退化生态系统修复；（5）促进多样性保护重点区域内自然资源的可持续利用①。此外，为更好地将用地规划与公益性产出相连接，规划应首先充分解读公益性产出显现形式，厘清公益性产出的空间保障环节，进而拟定可能的规划应对措施。笔者在结合国内外相关案例，尊重景观资源现状并匹配城市功能诉求的前提下，提出农林景观网络的优化目标及复合策略（表5-3）。

农林景观网络优化目标及策略　　　　　表5-3

目标导向	公益性产出功能显现形式	网络类型	公益性产出空间保障环节	规划应对考量	复合功能策略
自然维育	为濒危、稀有及当地常见物种提供栖息地，保证其可沿廊道迁徙；维持系统间及内部能量和物质流动	林地自然生境网络	保护动植物生境与带状自然廊道的连通性与完整性，包括河流廊道、连续林地生境廊道等	尽可能保护边缘区高价值林地、小块农田等自然、半自然生境；强化小型斑块与核心区域，以及核心区域间的联系；削减外界负面影响	自然生境弹性保护+自然维育类产品供给、休闲农场建设+城市服务类产品供给、城市空间增长管理+公园用地落地管控
		生态过程支撑网络	保护与生态过程关联的用地，并将其整合到水网系统、空气循环系统各空间组织中	保护以地表径流排放空间模式为主体的地形地貌单元，实现边缘区绿色空间向城市绿色基础设施转换（大气循环维持及整合过程类似）	
城市服务	保障多元、健康食物就近供给；为城市提供康体、运动、游憩类服务及场地	农林生产景观网络	保护具有较高物资生产或游憩潜能的小规模农林用地，强化其与城市片区的功能、空间及路径联系	在不影响基址自然系统与农地生产的基础上，适地布局匹配功能的人工建设单元；模仿自然并整合人工与自然系统，让自然做功，形成具有自组织性的多功能网络	

资料来源：作者自绘

---

① "Ecological Networks in Europe: Current Status of Implementation," European Centre for Nature Conservation（ECNC）, last modified Novermber, 2010, http://www.ecnc.org/uploads/documents/ecological-networks-in-europe-current-status-of-implementation.pdf.

第二节

融合农业—自然公园的分类

农林景观生态网络构建

　　人为活动改变山地城市边缘区小规模农林用地的形态、布局模式、生境质量等，使区域生态系统结构及功能受到影响或发生不可逆转的变化[①]，保护关键斑块及廊道，构建农林景观生态网络是维持系统结构及复合服务功能发挥，引导城乡可持续发展的重要途径。若以城镇建设区域及规模农业生产区域为基质，地区农林景观生态网络主要由林地、园地、小块低密度农田等生态斑块和河流缓冲带、道路防护带等生态廊道构成，又可根据构成要素及网络主导功能细分为林地自然生境网络、农林生产景观网络及生态过程支撑网络三类子网络。

一、林地自然生境网络

（一）生境保护区划

　　山地城市边缘区自然及半自然生境既是部分濒危、稀有或当地常见物种的栖息地、庇护所或踏脚石，又是联系各大小斑块、建立区域生境网络的重要连通廊道，规划应根据生境的不同资源及区位特征，制定有针对性的保护及管控策略。生境保护分区划定有助于厘清不同区域的地理环境、物种资源特征、主要生境类型，明确各类生境单元在生态系统维持中所扮演的角色，及与生境维持关系密切的景观要素，提出生境网络构建中需要重点保护的用地类型及景观格局，从而弥补自然保护区管控局限，提高区域生物多样性保护能效。如《眉山市城市绿地系统规划（2011-2020）》充分利用低密度农田、次生林地、灌木地等作为物种栖息地及迁徙生境的潜

[①]　李伟峰、欧阳志云、王如松、王效科：《城市生态系统景观格局特征及形成机制》，《生态学杂志》2005年第4期。

力，通过区域水文、高程、植被、土壤侵蚀、用地类型等因子提取与分析，划定生境保护分区并提出管控策略。

（二）生境网络构建

规模较大、聚集性较高且与其他斑块存在多路径联系的生境往往具有更高的生物多样性，林地自然生境网络建构旨在增强山地城市边缘区生境单元维持生物多样性的能力，减少人类活动影响。生境网络是由核心保护区、自然与半自然生境、连通廊道及跳板结构联系而成的网状绿色空间[①]，它通过生境廊道和踏脚石连接破碎生境与核心生境单元，完善网络空间格局，是对孤立保护区划的补充与强化。提高自然或半自然生境比例及斑块间连接度，对维持区域生物多样性具有重要作用，尤其在城镇建设区及集约农业生产区，如李想[②]、段美春[③]等通过调查，发现农业集约化对生产区生物多样性影响显著，草地、再造林、农田生境等半自然生境保护对其多样性维持具有重要作用。林地自然生境网络构建强调整体链接性、生境多样性，注重景观与系统多样性保护及退化系统修复，强化廊道链接以构建连续性生境网络，通过小型生境斑块保护实现对城市及农业基质的生态渗透，对抗城乡生境破碎化与品质下降[④]。

整体链接性表现为跨越资源要素边界，甚至行政管理范围的空间连接。如为确保生境网络整体链接性，德国相关部门明确生境网络建设不应受州、县等行政边界限制，而应结合地方资源特征及绿道系统，与全国生境网络及泛欧洲尺度的"自然2000"（Natura 2000）网络对接，构建方法

---

① Jonathan William Humphrey and Adrian Christopher Newton, "The Restoration of Woodland Landscapes: Future Priorities," The Forestry Commission, accessed Decermber 27, 2016, https://www.researchgate.net/publication/228580807_The_Restoration_of_Wooded_Landscapes/link/02e7e515c4744daee1000000/download.

② 李想、段美春、宇振荣、刘云慧：《城郊集约化农业景观不同生境类型下植物时空多样性变化》，《生态与农村环境学报》2015年第16期。

③ 段美春、刘云慧、王长柳、Jan C. Axmacher、李良涛：《坝上地区不同海拔农田和恢复半自然生境下尺蛾多样性》，《应用生态学报》2012年第3期。

④ "Ecological Networks in Europe: Current Status of Implementation," European Centre for Nature Conservation (ECNC), last modified Novermber, 2010, http://www.ecnc.org/uploads/documents/ecological-networks-in-europe-current-status-of-implementation.pdf.

主要有:(1)物种导向的生境网
络规划,强调保护目标物种的主
要栖息地、迁徙廊道与跳板结构;
(2)多功能生境网络规划通过自然
及半自然生境保护与修复,重建破
碎化生境与重要自然保护区域的联
系,如德国巴伐利亚州际生境网络
规划(图5-2);(3)自然保护导向
的用地实践,通过对核心区域、廊
道及跳板系统周围的用地方式和生
产活动管控,削减城市建设、农林
业生产、游憩业经营等造成的环
境影响,如保障具有高渗透性的下

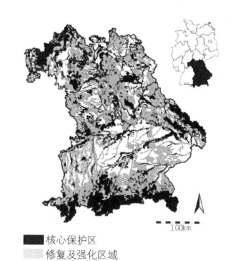

■ 核心保护区
▨ 修复及强化区域
图5-2 巴伐利亚州生境网络
资料来源:Sachteleben and Schlapp, 2003.

垫面用地比例、践行有机农业管理实践等;(4)建立人工廊道以削减人工
障碍物对物种迁徙造成的阻碍,如帮助物种穿越高速路的"绿桥"(green
bridge)与涵洞,协助鱼类洄游的鱼梯(fish ladder)等①。

多功能生境网络规划的方法对山地城市边缘区生境网络空间构建最为
切实可行,即通过保护与整合滨河林地、山脊林地、小规模农田等自然及
半自然生境单元,对外与主要自然保护区连接,强化规划区内破碎生境与
区域生态格局的联系;对内与城市内部绿地系统整合,通过最小规模生态
用地控制实现区域生物多样性保护目标。潜在生境网络识别可通过生态敏
感性及连通度分析与叠加得到(图5-3),生态敏感性分析反映生境对外界
影响的敏感程度,需提取坡度、高程、地质稳定度、土地利用类型、植被
类型及覆盖度等影响生境敏感性的关键因子,并通过GIS技术对其进行权重
赋值及叠加分级,敏感性高的区域往往物种丰度较高却易受外界干扰影响,
如植被覆盖率较高、坡度变化较大的沟谷、丘陵等;生态连通度分析反映
生境在水平维度的联系程度,可根据生态阻力成本距离模型,将较高敏感

---

① 何文捷、金晓玲、胡希军:《德国生境网络规划的发展与启示》,《中南林业科技大学学报》
2011年第7期。

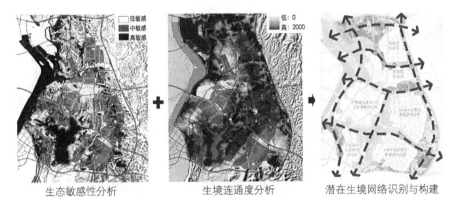

生态敏感性分析　　　　　　　生境连通度分析　　　　潜在生境网络识别与构建

图5-3　潜在生境网络识别与构建

资料来源：眉山岷东新区非建设用地总体规划［R］. 重庆大学规划设计研究院有限公司，2015.

区域作为"源"与"汇"，模拟指标物种在景观中克服阻力进行水平运动的难易程度，建立阻力面并判别核心栖息地（源）以外的景观安全格局要素，包括生态缓冲区、源间联系廊道（各源间低累积阻力谷线）、辐射道（物种从源向外扩散的低阻力通道）及战略点（对联系相邻源有关键意义的"跳板"）[①]。由生态敏感性及连通度分析、叠加可知，硬质铺装区、大面积水体、集约耕作区等阻力成本较高，需通过廊道建设强化核心斑块间的连通性。

　　生境多样性表现为对不同类型生境的保护与维持，主要体现在横向局域（β多样性）与纵向梯度（α多样性）两个面向。横向局域多样性指城乡梯度沿线生境群落间物种组成更替效率，其多样性程度与城乡空间生态环境的异质化程度关联，主要受用地类型、水土条件、生境规模、地貌及外界干扰等影响；纵向梯度多样性指生境内物种层次及组成的丰富度与均匀度，受生境内地形、边界形态等特征影响，自然保护区划定主要针对纵向梯度多样性保护。山地城乡沿线环境复杂性与多元性造就了边缘区丰富的生境类型，生境网络构建应兼顾横向局域与纵向梯度生境多样性保护，既需要通过土地利用特征分析及分区抽样调研，识别并保护边缘区内多元物种生境单元及相关景观要素，如自然林地生境、农田半自然生境、湿地自然生境；还需要结合区域地形地貌特征分析及实地调查，识别并维持因

① 胡望舒、王思思、李迪华：《基于焦点物种的北京市生物保护安全格局规划》，《生态学报》2010年第16期。

地形地貌变化而分异的纵向生境层级及结构，如山脊、坡地、山脚、山谷等因地形变化而形成的乔木、灌木、草地等植被层格局渐变序列[1]。

（三）生境斑块保护

1. 核心生境区

核心生境区多通过绵延山脉、沟谷等与更大尺度的生境网络联系，生物多样性较高。山地城市因用地局限，多依山而建，核心保护区较平原区域，与城市接触面更大，内部生境易受城市人为活动影响，如重庆市主城区建设用地与缙云山、中梁山、龙王洞山、铜锣山、明月山等主要山体形成极富特色的山城融合景观格局，必要管控措施缺乏造成山体核心生境遭到严重蚕食，尤其是邻近建设活动频繁区域的龙王洞山与中梁山，被低密度住宅用地、工业用地等蚕食、割裂。

为保护延伸至城市近郊及内部的核心生境区，规划需通过生境单元分级分类保护，严格界定保护用地及缓冲区域边界。香港作为典型山地城市，近45%的陆地高出水平面100m以上，山脉支状相连，建设用地滨海背山布局，人多地少，发展压力较大，渔农自然保护署对全港24种生境进行分级管控并制作全港生境地图，其中高山树林、低谷树林、混合灌木林等高价值生境受《野生动物保护条例》及《保护濒危动植物物种条例》严格保护；人工林地、灌木草地、鱼塘、耕地等中等价值生境区重点监控，允许进行适当人为活动；建设用地等低生境价值区域不强加控制。香港政府相关部门通过郊野公园、特别地区等划定（图5-4），辅以严格执行的土地政策，有效保护全港超过40%的土地、60%的自然林区及55%的灌木林地，涉及山岭、森林、塘库、离岛等。

为保护城区内部四条重要山脉及赋存生境，重庆市政府发布《重庆市"四山"地区开发建设管控规定》，划定禁建区、重点控制区和一般控制区，其中禁建区包括自然保护核心区及缓冲带、森林公园生态保护区、国家重点保护野生动物栖息地及其迁徙廊道、大型森林密集区、水源保护区等[2]，占管制区域的94.41%，尽可能保护山体核心生境的生态完整性及环境品质；

① 沈泽昊：《山地森林样带植被—环境关系的多尺度研究》，《生态学报》2002年第4期。
② 资料来源于重庆市人民政府2007年颁布的《重庆市"四山"地区开发建设管制规定》（政府令第204号）。

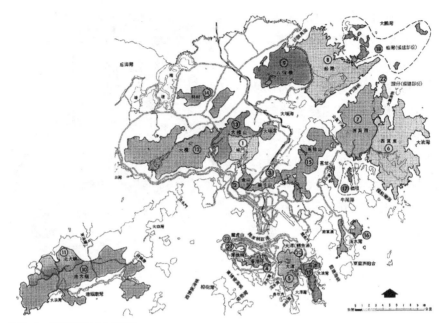

图5-4　香港郊野公园布局

资料来源：香港渔农自然护理署网站，http://www.afcd.gov.hk/tc_chi/country/cou_vis/cou_vis_cou/cou_vis_cou_1.html.

重点控制区作为有条件开发的缓冲区，起到控制城市蔓延及保护核心区的作用；一般控制区可承载农业生产、生态工程、重要公益性项目等与环境保护相协调的建设发展活动。

2．生境斑块

除大型核心生境外，被城市人工环境或农业生产基质包围的小规模自然或半自然生境斑块对城乡生物多样性维持同样具有重要意义，其主要分为三类：残存自然林地生境，如依托孤立高地、山谷冲沟、崖线陡壁等特殊地貌单元而存在的小规模林地斑块；依托传统生产、生活方式而保留的乡土生境，如农田边缘灌木树篱、聚落林盘、古村落中的"龙山"或风水林、不宜耕作或建房的荒滩等[①]；小型湿生或水生生境，如滩涂沙洲、沟渠、坑塘水库、低洼湿地等周侧生境。由于人为活动干扰强烈，此类生境破碎化明显，较核心生境区小且其中活动物种多为当地常见物种，而非濒危或稀有物种，故未进

_____

① 俞孔坚、李迪华、潮洛蒙：《城市生态基础设施建设的十大景观战略》，《规划师》2001年第6期。

入保护名录，未得到有效保护。

　　针对这一类破碎度较高、分布较散的生境斑块，规划提出保护关键斑块完整性及内部物种群落构成，对因受人为影响退化的生境采取修复措施，并通过绿带、绿网建设对其进行串联、整合，以对抗斑块破碎化。眉山岷东新区位于岷江以东，是城市未来拓展的主要区域，建设强度较大，起伏多变的丘陵地形使建设组团与山谷、沟壑等交错布局，边缘区内生境类型多为结合农村居民

图5-5　林地自然生境网络构建
资料来源：作者根据《眉山岷东新区非建设用地总体规划》改绘

院落的林盘生境，岷江、农业灌溉渠沿线分布的林地生境，随地形散布的坑塘湿地生境等，规模较小且布局分散，受建设用地与集约农业生产蚕食严重，规划根据物种丰度调查及生态敏感性分析，提出"保护+修复+增补+强化"的生境保护策略（图5-5）：（1）保护洲滩湿地、滨江崖线、穆家沟水库等高敏感度及物种多样性较高的重点生境并划定缓冲范围，严格控制非法挖沙、砍伐等改变生境构成及地形特征的行为；（2）修复具有生境潜能却受人为活动破坏的用地斑块，如山坡地上过度砍伐或放牧的林地、灌木草地，受机械化耕作影响的林盘生境、农田边缘区域等；（3）通过人工绿地建设，增加生境斑块数量[①]，形成大、小生境结合的景观格局；（4）复合连通型斑块建设以整合零散林地斑块，提升农业生产区及城市毗邻区域生境网络连通度，强化因散布而难以管控的生境斑块保护。

　　由于此类生境斑块受周围用地类型、布局及经营方式等影响明显，规划在对生境本身进行保护与修复的同时，还应通过土地利用分区、环境影响评估或开发条件设置等对相关活动进行管控，如美国加州生境保护规划

---

① 孔繁花、尹海伟：《济南城市绿地生态网络构建》，《生态学报》2008年第4期。

与环境影响评估关联，综合考量并试图规避城市发展建设、农业生产等人为活动对自然保护区、生态敏感区等生境保护的影响。

3. 跳板结构

跳板结构为动物（特别是鸟类）提供生态踏脚石、增加大型生境斑块周围生境异质性，并为边缘种等提供更多生境，主要包括残存小规模林地、采用休闲耕作方式的农田斑块以及耕地边缘的灌木丛等。根据理查德·莱文斯（Richard Levins）提出的复合种群理论（Metapopulation），部分生境单元虽在空间上彼此隔离，但其可通过个体扩散在功能上发生联系，这一类生境系统保护关系着部分物种的重新定居与再生，提高其对周边环境的应急性与适应性[1]。

由于城市环境退化及人为活动对生境的干扰，需保留对相邻生境斑块沟通与联系具有关键意义的"跳板"系统：（1）在大型生境斑块周边增加与其具有关联性、作为跳板的小型生境，形成较稳定的生境系统，强化大型生境保护能效[2]；（2）预留或设置城市建设用地周围及农业生产区散布的小型林地、坑塘等生境斑块，小型生境灵活布设及与廊道连接可提供生态踏脚石及临时避难场所，通过不同类型生境组合，营造多种跳板结构，增加生境异质性与连接性。

（四）生态廊道保护

生态廊道是指与相邻两侧环境不同的线型或带状景观，能够将散布各类生态分区的生境斑块联系起来，允许特定物种在斑块间迁移，增加种群间基因交流，并为不同丰度、不同干扰承载力的生物群落创造自然调节条件，降低种群灭绝的风险，此外廊道本身也可为特定物种提供栖息地，如边缘种、生存能力强的物种等。根据廊道组成，可分为自然廊道与人工廊道，自然廊道是由河流沿岸、山脊、山麓和山谷等区域的原生林地、灌木树林、农田地埂、培植园地、灌木草地[3]，及采用低密度耕作的小块农田等

① 邬建国：《Metapopulation（复合种群）究竟是什么》，《植物生态学报》2000年第1期。
② 赵振斌、赵洪峰、田先华、延军平：《多尺度结合的西安市浐灞河湿地水鸟生境保护规划》，《生态学报》2008年第9期。
③ 赵振斌、包浩生：《国外城市自然保护与生态重建及其对我国的启示》，《自然资源学报》2001年第4期。

自然或半自然生境组成的带状绿地；人工廊道包括交通设施廊道、高压线廊道等以人工植被为主的防护绿带。奥普斯塔（Opstal）根据功能用途，将生态廊道分为通勤廊道、迁徙廊道与扩散廊道三类。通勤廊道用于物种从生境或繁殖地向觅食区域的日常移动；迁徙廊道用于迁徙活动，可为连续线型通道，也可为一系列在迁徙过程中作为暂歇地的区域；扩散廊道用于个体或群落向新的栖息或繁殖地单向移动。廊道建设需尽量结合滨河、沿路、依山等原生生境单元，强化与湖泊、孤立高地、人工园林等生态节点的联系，尽量减少"岛屿状"孤立生境，提高各类开敞空间与生境斑块的连接度与连通性，减少生物在迁徙过程中所受到的环境阻力[①]。

　　生态廊道宽度影响其功能发挥，需根据联系斑块的等级及保护对象行为特点等综合确定[②]，如哈里森（Harrison）指出廊道最小宽度确定应考虑物种占用场地规模及行动圈范围[③]。廊道宽度确定还应考虑其为生境提供的环境功能需求，如河岸植被带宽度达30m以上，能有效降低温度，增加食物供给，过滤污染物，改善生境环境质量；道路防护带达60m以上，可满足动植物迁徙、繁衍并规避周围负面环境影响的需要；宽度大于3m、间隔在100～300m的防护林、植物篱等农田缓冲带，能控制环境污染、防止病虫害，还可提升生境网络连通性，增加半自然生境面积[④]。

二、生态过程支撑网络

　　生态过程支撑网络保障雨洪管理、气候调节、水土净化、热岛削减、空气净化等功能发挥[⑤]，保护网络中关键斑块及廊道，强化其与城市生态网

① 肖化顺：《城市生态廊道及其规划设计的理论探讨》，《中南林业调查规划》2005年第2期。

② 朱强、俞孔坚、李迪华：《景观规划中的生态廊道宽度》，《生态学报》2005年第9期。

③ Robert L. Harrison, "Toward A Theory of Inter-Refuge Corridor Design," *Biology*, no.6（1992）: 293-295.

④ 段美春、刘云慧、张鑫、曾为刚、宇振荣：《以病虫害控制为中心的农业生态景观建设》，《中国生态农业学报》2012年第7期。

⑤ "Sustainable Trade Infrastructure in Africa: A Key Element for Growth and Prosperity?," *International Centre for Trade and Sustainable Development*, last modified February 12, 2016, https://www.ictsd.org/bridges-news/bridges-africa/news/sustainable-trade-infrastructure-in-africa-a-key-element-for-growth.

络的连接，促进边缘区绿色空间向城市绿色基础设施转化，是网络构架的关键内容。其中关键斑块主要指生态过程中的"源"与"汇"，包括大型湖泊水库、坑塘湿地、自然林地等能支撑特定功能的生态空间；生态廊道是整合关键斑块及不同系统的空间纽带，维持关键自然生态过程，包括线型保护或缓冲廊道、结构性绿带等①。

（一）支撑生态过程的网络构建

1．水文过程支撑

城市用地建设及排水管网铺设极大改变了自然水资源分配：一方面，大量地表径流通过地下管道直接排入河道，增加河道泄洪压力及下游区域洪灾威胁；另一方面，非渗水性铺装铺设，影响径流吸附、滞留、下渗过程，导致林地、草地、湿地等难以获取所需水源供给，地下水源补充不足。水文过程支撑网络是以促进雨洪管理、水资源供给等公益性产出为目标的水文要素及空间组织策略，即在保护地表水排放空间主干格局及次级流域源头区域的基础上，以城区防洪排涝为切入点，组织水文要素布局并衔接区域水网，强化水系与关联用地间的联系性，促进水资源利用。

城区上下游非建设区是行洪泄洪、削减山洪威胁、防治污染的重要区域，应立足于建设区与非建设区全域联动，实现防护与治理结合，根据防洪排涝分区及潜在径流路径，落地排洪渠、泄洪道及城区上下游非建设区坑塘、湖、库等滞蓄设施建设与布局，并充分利用关联用地对径流的滞留、吸附、净化功能。眉山岷东新区既有功能单元建设忽略潜在地表径流通道保护，造成大量支流与小型湖泊、坑塘被填埋覆盖，区域径流量增加超过70%且水质严重下降，为改善城市内涝并提升水体质量，规划提出：（1）根据自然流域分区及建设单元布局，调整并重新划定复合自然-人工汇水单元；（2）保护汇水单元内主要地表径流通道及其沿线各类洼地、湿地、堰、塘等汇流节点，恢复或替代被建设过程打断的径流通道，保护蜿蜒河道与原生粗糙行洪断面；（3）保留河流沿线及潜在径流通道两侧高地自然或半自然植被以涵养水土，强化滨水缓冲带建设以拦截净化非点源污染；（4）汇水点、入河口、建设单元雨水

---

① 吴伟、付喜娥：《绿色基础设施概念及其研究进展综述》，《国际城市规划》2009年第5期。

管排放口等关键节点，根据容量测算及可能污染物质设置与之相适应的洼地、坑塘、湿地等滞洪过滤设施，使建设区地表径流经净化过滤达标后再排向外围水体，避免汇水单元内部对相邻河流造成二次污染（图5-6）。

小规模林地及非集约农田助力防洪排涝并控制非点源污染，应根据特定功能区位确立水环境防护相关农林斑块并组织布局（图5-7）：（1）上游区域保障城市雨洪安全，应紧密联系河流水系、地表坑塘等，引导外围山洪就地

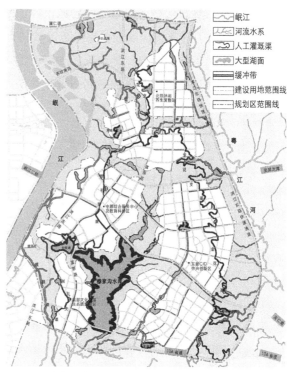

图5-6 眉山岷东新区水系及缓冲带规划

资料来源：眉山岷东新区水系专项规划［R］. 重庆大学规划设计研究院有限公司，2016.

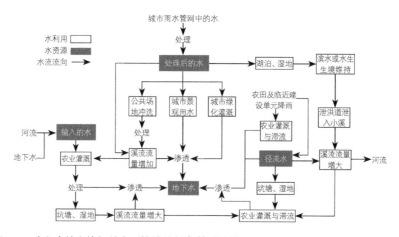

图5-7 确立农林斑块相关水环境防护绿色基础设施

资料来源：邢忠，等. 低环境影响规划设计技术方法研究［J］. 中国园林，2015，31（6）：51-56. 有修改.

削减、吸收、滞留地表径流，并保护与串联利于水土保持的农田及林地。研究表明，水田较旱地在径流吸收滞留及渗透回灌等功能上更具优势。美国建构了渗滤田，用于补充地下水层、调蓄暴雨时径流。（2）农业生产区控制污染并涵养水土，应整合河流水系沿线及周边对非点源污染及泥沙具有过滤吸附功能的林地及灌木草地。（3）下游区域治污净水与排涝泄洪，应组织林地、灌木草地及坑塘、湿地，形成雨水管网排放区，促进雨水径流释放与净化。

　　雨水应被视为资源予以利用，网络塑造在保障防洪滞洪的基础上，还应突出雨水滞留过滤与关联地区"和谐"共生，"让自然做功"，实现生态空间水资源供给及景观低成本、低影响维持。来自河流与地下水源、城市雨水管网处理后的水体、农田及临近建设单元降雨径流可为景观用水、绿化灌溉、农业灌溉提供必要的水源（图5-8）。确保雨水高效循环利用的环节有：（1）分区收纳，在复合自然-人工汇水单元划分的基础上，利用边沟、雨水花园、植草沟、人工干塘等，以源头收集、节点储存、通道逐级汇流的方式实现雨水分区分级收集与净化；（2）关联植被留存，如河流沿线、坑塘与水库周边的片林、灌木草地、农田等；（3）净水回用，净化后的水体通过坑塘、洼地、河流等自然入渗当地水循环系统，实现湿地水体补充、地下水源回灌、景观及设施用

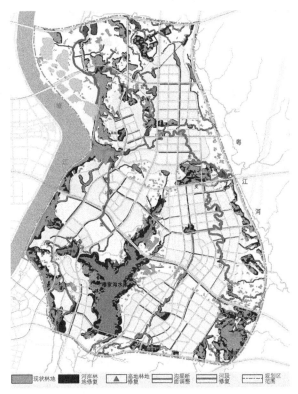

图5-8　岷东新区水环境保护规划
资料来源：眉山岷东新区水系专项规划［R］. 重庆大学规划设计研究院有限公司，2016.

水维持。潜在地表径流通道是雨水循环利用的重要入渗与调节载体，其渗透性下垫面允许雨洪径流在流动及滞留过程中实现自然渗透以补充地下水体，过量径流能够通过其转移到泄洪渠及缺水景观区域，应结合场地所属汇水单元及原有集水区进行地表径流组织。

2. 大气过程支撑

城市用地连片建设不仅影响盛行风的风频、风速，还会增加区域局部环流的复杂性与多样性[①]，改善热岛效应、空气污染需识别对城市通风系统构建具有支撑作用的绿色空间格局，并通过关联区域用地布局及空间建设引导，提高补偿气体作用效率。即保护城郊自然斑块、高地及坡面绿化等重要冷空气生成区，通过控制通风廊道植被群落、宽度、疏密度等，发挥其衔接外围补偿空间与城市内部作用空间的功能，促进城区污浊暖气流与非建设区洁净冷气流在通风廊道内交换，降低城区空气温度及污染物浓度，从而改善城区空气质量。

山地城市边缘区农田及林地斑块对城市通风系统维持发挥直接作用，用地布局应结合城市功能区特征进行综合考量。眉山市因处于龙门山脉与龙泉山脉间的河谷地带，全年静风频率较高，主导风向为北风与东北风，主要污染源为西部工业区与高速路、铁路等干道，城市内部建筑密度较大，通风效果较差。为改善区域空气质量，缓解城市热岛问题，规划结合城市常年主导风向，保留北部眉彭之间广阔的生态田园区及东部龙泉山脉作为城市氧源地及冷空气生成区域，通过道路廊道、河流廊道及城乡边缘楔状绿地与城市内部联系，并针对各功能组团提出不同的通风道构建策略：西部经开新区及岷江下游崇礼泡菜城，以科研及生物医药企业为主，产生大量粉尘污染，故应设置粉尘生态防护林地，同时通过保留河流及其沿线生态用地，建设河流通风道，促进污染物质稀释与空气流通净化，防护林带以叶片茂盛的植被为主，灌木乔木高差互补。中部铁路及外围快速路沿线存在大量粉尘及污染物，故应设置交通防护隔离带予以过滤与净化，防护林地应以密植为主，以免造成污染扩散影响城区空气质量。城区建筑密度较大，通风效果差，需通过岷江通廊及道路通廊实现内部空气循环，通风廊道营建应松散种植以强化通透性，注意城市通风口及廊道的保持与连接。

---

① 冯娴慧：《城市的风环境效应与通风改善的规划途径分析》，《风景园林》2014年第5期。

东部生活区保留建设组团间小规模生态绿地斑块以形成隔离绿地，缩减城市热岛规模，缓解叠加效应，同时作为通风道将外部空气引入城市片区，合理利用河流、湖泊等形成的水陆风，改善局域微气候。

边缘区是城市与外围区域间重要的过渡缓冲带及自然风导入口，其用地结构及布局影响区域通风系统效能，应做到：（1）保护边缘区中山坡林地、山谷农田等小规模农林斑块及其赋存地形单元，为冷空气及山谷风等局部环流形成提供条件，设置永久性环城绿带以保障良好的边缘区用地结构，预留自然风导入口并保持其开敞性，以草地及低矮植物为主，避免气流进入受阻；（2）通过道路、滨河沿线绿色空间组织，形成贯穿城乡的通风道系统，以未受污染的道路廊道及河流廊道作为主要通风道，保留与其相连的小型通风道，使洁净空气能够深入建设区域内部；（3）提升边缘区生态用地与城市建设单元的接触面积，如在边缘区采用指状交错的空间形态，缩短外围生态区至城区的通风道距离，并增加通风口数量[1]。

（二）水文过程支撑要素

1．重要水文节点保护

自然湖泊、水库等重要水文节点为城市提供水源供给、气候调节、休闲游憩等生态系统服务，根据"湖泊—流域"系统理论，其作为河流连续体的重要组分，通过河流水系及地表径流与流域内各类用地相连，湖泊生态系统变化多由流域生态系统变化引起，流域保护是湖泊的生态屏障[2]。为实现湖库水质及水环境有效管控，需流域整体管理与保护区、缓冲区划定并行，即注重流域内生产及建设活动分区控制与协调，并在此基础上结合水体周围或沿线保护区与缓冲区约束机制[3]，避免因管控目标不统一而造成污染物转移扩散影响水环境，实现"流域整体保护+湖泊防护区划"：（1）将湖泊、水库所在的完整流域作为研究范围，根据用地类型、地形特征等确

① 朱亚澜、余莉莉、丁绍刚：《城市通风道在改善城市环境中的运用》，《城市发展研究》2008年第1期。
② 曾涛、陈美球、魏晓华、吕添贵：《"湖泊—流域"系统理念及其在鄱阳湖生态经济区建设中的应用》，《江西农业大学学报（社会科学版）》2010年第2期。
③ 袁中宝、李伦亮：《城市水源地保护与水源地城镇协调发展的规划途径分析》，《工程与建设》2008年第2期。

定敏感性分区;（2）根据区域社会经济结构及生态保护诉求，确定各分区水环境保护要点，对其中主导用地及规模、产业结构、土地利用等进行针对性引导与管理;（3）河流沿线及面状水体外围根据保护要求划定保护区与缓冲区，削减过量地表径流及随之流入水体的污染物质。穆家沟水库是眉山市备用水源地及休闲游憩中心，四周为岷东新区主要建设组

流域内关联区域

穆家沟水库汇水单元

防护缓冲带

保护核心区

图5-9 流域整体保护与防护区划结合

资料来源：眉山岷东新区非建设用地总体规划［R］. 重庆大学规划设计研究院有限公司，2015，有改动.

团，为保护水体质量及相关生态环境，规划根据水库所处流域单元范围及土地利用规划进行用地分区管控，并在水库周围100m及100~200m范围内设置防护缓冲区（图5-9）。

"湖泊-流域"体系中，湖泊周围、河流及潜在地表径流通道沿线的农林用地分布及管理模式对湖库水质及水环境维持具有重要作用，对其进行整理与修复并转化为最佳雨洪管理措施（BMPs），是削减非点源污染的有效规划路径。安·福赛斯等在《生态小公园设计手册》中也提到，在湖泊或城市上游重要节点保留林地、农田、草地等，并结合汇水单元地表径流模式、路径及设施生态环境容量，布置小型生态公园（图5-10），能有效控制开发建设造成的土壤侵蚀，净化雨洪径流[1]。翡翠水库位于台北市近郊新店溪上游北势溪翡翠谷，山丘沟谷发育良好，是台北都会区重要饮用水源，水库集水区总面积约303km²，土地利用以人造林地及果园地为主，存在富营养化问题，营养物质主要来源于集水区内农业生产（如坡地果园、茶园、槟榔树种植）、社

---

[1] 安·福赛斯、劳拉·穆萨基奥：《生态小公园设计手册》，杨至德译，中国建筑工业出版社，2007，第37-39页。

区及居民活动（如家庭污染及硬质地面地表径流携带污染物）、观光游憩活动（如露营区废水、垃圾）等非点源污染，以暴雨初流带来的污染负荷最为显著。为解决翡翠水库环境污染问题，提升集水区整体环境质量，台湾大学相关领域的学者在分析区域水文模式的基础上，将水库集水区细分为50个汇水单元，再根据滞留池、草沟、植被缓冲带、前置库等雨洪措施布置所必需的坡度及

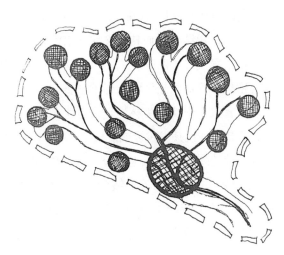

图5-10　设置在上游区域的农林小公园

注：画圈打阴影的部分为小公园，枝状线条为水系，虚线范围为流域。

资料来源：安·福赛斯，劳拉·穆萨基奥. 生态小公园设计手册［M］. 杨至德，译. 北京：中国建筑工业出版社，2007：38.

面积等，结合生态保护要求及现状林地、草地、小块农田等布局，分析确定雨洪设施的建议布点及适宜类型[①]，实现污染物源头控制与过程削减。

　　除湖泊水库外，河流交汇处、河流水系进入湖泊或大型库塘的区域、河流流进或流出城市建设区的位置、河流流出山谷的位置、河流沿线点源污染排放口、河流与其他交通廊道交汇处、已退化的河流源头及河流生态断裂地段等都是重要的水文节点[②]，易受人为活动干扰破坏，甚至诱发重大生态危机，应采取工程强化、生态防护及用地引导等综合控制手段。

　　2. 蓝-绿生态廊道

　　蓝-绿生态廊道由河流水体及沿线带状绿色空间构成，在纵向、横向维度具有连续性，针对其用地布局及空间组织应采用"纵向功能分段+横向用地分区"的策略。

---

① 仇士恺：《最佳管理作业（BMPs）最佳化配置之研究——应用于翡翠水库集水区》，台湾大学土木工程学研究所，2004，第32页。

② 岳隽、王仰麟、彭建：《城市河流的景观生态学研究：概念框架》，《生态学报》2005年第6期。

"纵向功能分段"强调从河流源头到出口的纵向维度上，上下游区域的关联影响，需结合区域特征及服务潜能，提出基于流域水文过程的廊道分段建设引导模式（图5-11）：（1）上游生态涵养区，植被茂密且地表径流通道密集，受周围土地利用影响显著，应强调水资源涵养、水土保持等功能，封管维育现状原生林地，通过生态恢复、人工种植等提高区内林地比例，严禁大规模开发建设或规模生产等；（2）中上游水环境改善区，坡陡沟深、生态敏感性高，应强调廊道雨洪滞留与削减、非点源污染防治等功能，恢复并强化河流沿线带状绿地以吸附非点源污染，预留水田、坑塘等以滞留上游雨洪径流并过滤非点源污染与泥沙沉淀；（3）中游城市亲水游憩区，建设用地密集，人为活动对河流及沿线区域干扰大，应强调人为影响削减并兼顾居民亲水游憩功能，保留宽度足够的植被缓冲廊道，以削减大量非渗水性铺装产生的过量地表径流及水溶性污染物质，构建连续滨水绿色空间，为提供市民亲水场所；（4）下游水质净化区，上、中游区域排放的大量雨洪径流在此汇集，水质污染严重，应强调雨洪自然排放与净化能力，强化河流沿线带状防护林地建设，组织湿地、林带等形成排洪水网并留足行洪通道。

"横向用地分区"强调河流与两侧用地的相互联系，应兼顾雨洪滞留、水质净化等生态调节及城市游憩活动等社会经济功能，可以河流水体及关联用地功能断面的形式对廊道进行管控引导，分为河流水体及洪泛区、河岸缓冲带、休闲游憩带：（1）河流水体与洪泛区是传递与运输的主要通道，区内禁止一切建设开发行为，以保护地形地貌与环境特征，对已渠化或破坏的区段应以近自然的方式进行生态修复，维持纵向及竖向维度的连续性以保障物质运输及下渗；（2）河岸缓冲带应强化植被群落保护与修复，确保缓冲带的连续性与必要宽度[①]，其中河边区域应保留原生林地、灌木林地并维持自然演替过程，中间区域可进行定期砍伐和立木改良，外围区域应保留农田、草地等并利用各种技术手段强化其过滤功能；（3）休闲游憩带通常与河岸缓冲带结合，布置于河岸缓冲带与建设区之间，有较高的交通可达性及优美

---

① 邓红兵、王青春、王庆礼、吴文春、邵国凡：《河岸植被缓冲带与河岸带管理》，《应用生态学报》2001年第6期。

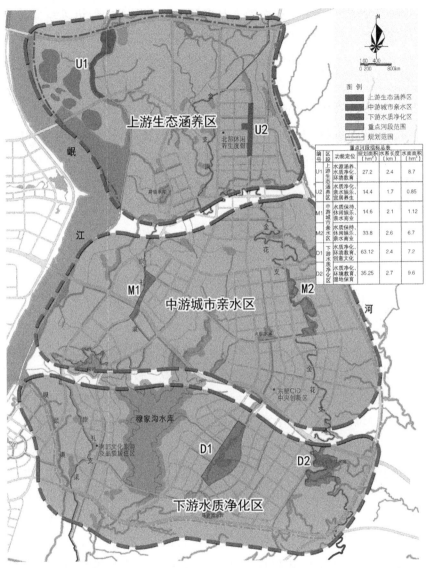

图5-11　蓝-绿廊道纵向功能分区

资料来源：眉山岷东新区水系专项规划 [R]. 重庆大学规划设计研究院有限公司，2016.

的自然景观，可在生态敏感性较低的区域布局游憩绿道及小型服务设施，严格控制用地规模并进行低环境影响建设。

　　蓝-绿生态廊道适宜宽度目前尚无统一标准，可结合纵向功能分段及横向用地分区予以综合考量：（1）确定廊道构建中起重要作用的生态过程及要素；（2）根据廊道本身空间特征及城市功能诉求差异，将其从河流源头到河口划分为不同区段，确定各区段主导功能；（3）以最敏感的生态过程维持所需空间为标准，确定不同区段廊道适宜宽度及布局形态[①]。

3．小规模农林用地向绿色基础设施转化

边缘区小规模农林用地在重要水文节点保护及蓝-绿生态廊道建设中发挥着不可替代的作用，是城市绿色基础设施网络的重要组分。实现小规模农林用地转化为绿色基础设施的关键，在于利用河流、沟渠、径流通道串联散布的林地、园地、小斑块农田、坑塘湿地等生态用地以形成网络，并与自然水文过程整合。

1）"水网+塘链系统打底"

根据地表径流空间模式，梳理现状坑塘、沟渠、潜在径流通道及河流等形成"塘链-水网"系统，能有效滞留城市片区暴雨期间所产生的地表径流，削减峰值水量，延长下游区域峰值抵达时间，降低城市洪灾风险。统计数据显示，眉山岷东地区极端雨洪天气产生最大地表径流435.1万m³，主要库塘吸收径流总量382.35万m³，吸纳比例高达87%；各汇水单元年径流产生量2337.94万m³，规划一、二级库塘径流容量805.36万m³，剩余1532.58万m³主要通过小规模坑塘、现存或潜在河道、径流通道等吸收。

2）"缓冲绿带强化连接"

利用"塘链-水网系统"串联沿线残存片林、灌木林地、低洼草地与小块农田等，并通过生态修复及强化形成河岸缓冲带，引导农林用地转化为绿色基础设施，提升其地表径流滞留与净化效能（图5-12）。其中，水稻田对于滞留雨洪径流、净化水质及补给地下水源等作用突出，应保护邻近主要河流水系的水稻田并维持与其他绿色基础设施的联系[②]。在需要地段可设置生态拦水坝并通过灌溉沟渠、径流通道等连通洪水蓄滞坑塘，涝时行洪，旱时补充水量不足的溪流，维持长流水景观。小规模农林用地中植

[①] 朱强、俞孔坚、李迪华：《景观规划中的生态廊道宽度》，《生态学报》2005年第9期。

[②] Lee Ying-Chieh, Ahern Jack and Yeh Chia-Tsung, "Ecosystem Services in Peri-Urban Landscapes: the Effects of Agricultural Landscape Change on Ecosystem Services in Taiwan's Western Coastal Plain," *Landscape and Urban Planning* 139（2015）: 137-148.

图5-12　"塘链-水网"系统与农林斑块整合

资料来源：眉山岷东新区水系专项规划［R］．重庆大学规划设计研究院有限公司，2016．

被养护可结合水文生态过程采用重力灌溉模式，"让自然做功"，降低维护成本。

（三）大气循环支撑要素

1. 补偿空间功能维持

城市自然通风过程的动力主要源于城市内外的风压差与热压差，根据景观生态学原理，可简化为"源-汇"模式：城市外围生态用地作为补偿空间，是冷空气产生的"源"；城市建设用地作为作用空间，是接纳、聚集洁净冷空气流的"汇"；两类空间通过空气引导通道联系并实现空气交换，从而缓解热污染与空气污染。根据局部环流理论，补偿空间又可分为两类：产生洁净冷空气、促进区域空气循环的补偿空间，对于静风天气频发的山地城市，冷空气生成区是最重要的补偿空间，应尽量结合地形单元及昼夜气流特征组织城市通风；削减空气污染、净化流入作用空间空气的热补偿区，包括近郊耕地、林地等，应在不妨碍城市通风的情况下增强其净化能力[①]。

影响补偿空间气候调节及环境改善效率的因素较多，如用地区位、规模、非渗水性铺装比、绿地覆盖率、植被群落结构及地表粗糙度等，规划应以促进冷空气生产及通风过程进行为导向，对相关用地进行针对性管控。冷空气生成区近地面的冷空气层生成效率取决于用地类型，且用地规模越大、地形越陡峭，生成气流流速越快，应对此类区域，尤其是位于最大风频方向上的此类区域及用地进行功能维持与强化：（1）用地类型控制，保留并扩展城市外围地表热导与热容较小的用地，如耕地、牧草地及山坡林地等，避免在其中布局易对空气造成污染的项目；（2）用地规模控制，避免耕地、山坡林地等面积缩小幅度超过5%；（3）空间形态控制，避免建设平行于等高线的山地建筑群及密植林地，阻碍空气流动；（4）空间联系引导，保护冷空气生成区之间，及其与作用空间之间的联系。近郊林地、农田作为与城市空间联系密切的热补偿区，应保障其洁净冷空气供给及改善城郊活动空间微气候的功能，建设过程中应：（1）保留现状近郊林地斑块，为市民休憩与停留提供气候适宜的空间；（2）降低林间地表粗糙度，强化其与作用空间的联系，保护冷空气生成与流出区域；（3）阔叶林与针叶林混合种植，保证冬季林地空气调节净化功能；（4）避免在冷空气通道区域种植密林。城区内部绿地也是通风系统重要的热补偿区，可通过建设大型绿地并完善绿地系统网络，实现城市内外通风空间整合，协同改善城区大气环境[②]。

① 张晓钰、郝日明、张明娟：《城市通风道规划的基础性研究》，《环境科学与技术》2014年第S2期。

② 刘姝宇、沈济黄：《基于局地环流的城市通风道规划方法——以德国斯图加特市为例》，《浙江大学学报（工学版）》2010年第10期。

2. 空气引导廊道

空气引导廊道主要可分为河流廊道、交通廊道、绿化廊道三类，连接边缘区山坡林地、农田与建成区，利用风的流动性将城市外部新鲜洁净的冷空气导入城区，并将城区内湿热空气过滤净化后排出。空气引导廊道主要具有三方面作用：（1）传输作用，即向城市内部输入新鲜空气并输出浑浊空气；（2）切割作用，通过绿廊、水廊等切割城市热场，规避或削减其规模效益及叠加效应；（3）综合作用，与城市用地及空间结合，发挥多功能效益[①]，如调节城市微气候，促进市民低碳生活，减少热源排放。补偿空间通过空气引导廊道互联并形成网络，可加大绿地气候调节有效半径。

空气引导廊道设置应根据地形地貌、大气风环境及城市用地结构等，确定空气流动的时空分布特征，以此组织"楔形绿地+线形绿地"的通风廊道网络并指导相关用地建设：（1）楔形绿地是位于城区外围、盛行风向上的大型绿地，为确保新鲜洁净的冷空气进入城区，绿地建设应强调空气流动畅通性与生态过滤性，严控建设行为，禁止布置易造成大气污染的用地类型，保护林地、耕地、水体等以维持绿地面积比，施行林灌、林耕、林草等混种模式，保障空气流动畅通，合理配置植被以强化降低空气温度、吸收有害气体、产生氧气、杀菌净化等功能，确保导入空气质量；（2）线形绿地包括与建设用地联系密切的各类带状绿地，主要用于建立城市核心区、建成密集区等重点弱通风量分布区域与外部绿源的联系，提高通风效能，并起到阻隔城市热岛连片集中发展的作用[②]，应在保障新鲜空气运输、热源隔离的前提下，强化绿地种植并保持渗透性下垫面以便通过蒸腾、蒸发作用调节场地温湿度与使用舒适度，并根据廊道等级及宽度对沿线区域用地建设及空间形态进行控制引导。《重庆两江新区直管区绿地系统整合规划》为解决城市空气污染及缓解热岛效应等问题，提出改善城市内部通风系统、预防污染扩散的规划策略，即建设依托于山地城市环境本底及防护林带的"楔形绿地+线形绿地"空气引导廊道系统：保护四山山体及赋存楔

---

① 李鹍、余庄：《基于气候调节的城市通风道探析》，《自然资源学报》2006年第6期。
② 曹靖、黄闯、魏宗财、周永鹏、王岚：《城市通风廊道规划建设对策研究——以安庆市中心城区为例》，《城市规划》2016年第8期。

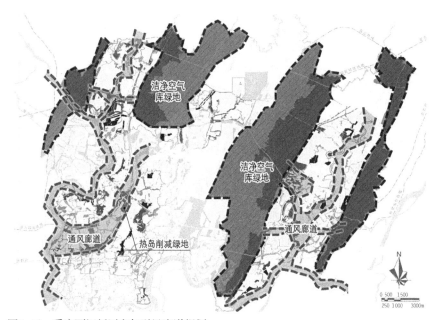

图5-13　重庆两江新区空气引导廊道规划
资料来源：重庆两江新区直管区绿地系统整合规划［R］．重庆大学规划设计研究院有限公司，2017.

状绿地，其既是城市主要洁净空气库，也是深入建设用地内部的楔形通道，将洁净空气导入城市内部的同时，隔离连片建设而避免产生热源叠加作用；结合长江及其沿线带状绿地建设，形成主干通风系统，将山谷风、河谷风等引入城市腹地以改善大气环境问题；工业区附近种植一定宽度的防护林地，解决工业生产可能引起的污染问题（图5-13）。

　　空气引导廊道通风效率与其地表粗糙度、长度、宽度、边缘状态与障碍物等相关。廊道宽度需根据区域风力环境、地形特征、用地布局、廊道等级等具体确定，如翁清鹏[1]等提出高速沿线通风廊道宽度应不小于100m，滨江通风廊道宽度应为50～100m等；王绍增等通过城市边长、风速、换气次数等计算出所需通风道宽度及个数[2]；德国斯图加特通风系统规划要求城市内部通道宽度至少为边缘树林或建筑高度值的1.5倍，最好达到2～4倍，

① 翁清鹏、张慧、包洪新、刘久根、吴豪：《南京市通风廊道研究》，《科学技术与工程》2015年第11期。
② 王绍增、李敏：《城市开敞空间规划的生态机理研究（下）》，《中国园林》2001年第5期。

通常为30~50m，边缘区冷空气通道宽度为200~500m[①]。廊道内地表及两侧界面粗糙度影响空间流动与交换过程，主要与建筑物形态、密度、植被类型及分布等相关，应尽量维持其边缘平滑均匀，避免大型建筑或植被突出物。控制廊道两侧用地布局及空间形态，加强廊道绿地与周边小型绿地斑块的联系，以保障廊道向两侧区域的渗透能力，扩大廊道对城市大气环境改善的有效功能半径[②]。城市周边山坡地山隘出口、廊道与作用区及生成区的连接点、城市风道入口等是重要廊道节点，需对其用地形态、建设强度等进行控制，可对节点进行适当放大，提高交换过程作用面积并具有缓冲作用。

三、农林生产景观网络

在城市规划区内保留一定规模的生产性用地具有食品安全及生态安全战略意义，但农业生产投入-产出比较低，纯粹的生产功能保护难以满足当地居民发展需求，推广阻力较大，应整合休闲游憩功能，增加农业生产景观的复合价值。如美国最初绿色空间政策仅关注农田本身保护，实施效果不佳；而英国、荷兰、德国等长期重视农田与自然区域、乡土景观、文化遗产等整体保护，保护政策得以长期成功实施[③]。

（一）城乡连续生产景观

1．生产用地与城市景观结合

生产性景观与城市空间整合能够丰富城市居民休闲游憩及食物供给的选择种类。食物集中生产与全球化供给链造成超长的"食物里程"，研究显示美国大多数新鲜食物从农场到餐桌需要超过2000km的运输距离[④]，为解决长距离农业产销及城市户外游憩场地缺乏所带来的环境及社会问

---

① 翁清鹏、张慧、包洪新、刘久根、吴豪：《南京市通风廊道研究》，《科学技术与工程》2015年第11期。
② 张云路、李雄：《基于城市绿地系统空间布局优化的城市通风廊道规划探索——以晋中市为例》，《城市发展研究》2017年第5期。
③ Gook D. A.：《英国城市自然保护》，《生态学报》1990年第1期。
④ 刘娟娟、李保峰、宁云飞、张卫宁：《食物都市主义的概念、理论基础及策略体系》，《规划师》2012年第3期。

题，需重新建立城市与农
业生产用地，以及城市
与城郊开放空间之间的
联系，并通过设计引导
实现农业生产用地与开
放空间的结合与功能兼
容。连贯生产性城市景观
（Continuous Productive
Urban Landscapes，CPUL）
便是将城市空间与生产用
地、景观系统进行整合的
规划尝试，秉承"有机农
业、当地生产及季节性消
费"的原则，利用贯穿城
乡的带状或线型开放空间

A．没有连贯生产性景观的城市

B．界定城市中连续性景观

C．植入生产性城市景观

D．"喂养"城市

图5-14　连贯生产性城市景观构建示意图
资料来源：V A. Continuous Productive Urban Landscapes
［M］. Abingdon Oxford: Architectural Press, 2005.

整合各类开放空间及生产性用地，并与城市功能区建立联系，使新鲜的蔬
菜、洁净的空气及人群可以便捷出入城市（图5-14）。连贯生产性城市景观
并非打破城市既有格局，而是充分考虑分配菜园、社区菜园、城市公园等
景观分布及空间特征，将多功能景观策略引入城市空间体系以塑造并重新
定义开放空间，在城市内部及边缘区提供具有都市农业功能的开放空间。

　　与连贯生产性城市景观设计思想类似的，还有倡导以食物生产、分配
过程组织城市空间的农业城市主义，其认为建立可持续的区域食物生产、
消费及回收系统，将不同规模和形式的城市食物系统植入现存城市肌理，
作为工业食物生产系统的补充，能够实现区域物质循环与能量高效利用，
从而缓解城市线型代谢特征导致的垃圾围城、资源过度消耗等问题。如
《鹿特丹城市农业空间》通过城市农业类型确定、绘制城市农业地图及设计
城市农业模式三个主要步骤，将城市与农业空间联合，其核心便在于城市
农业机会地图的识别与绘制[①]。

---

① 高宁、华晨、朱胜萱、葛丹东：《农业城市主义策略体系初探——浅析荷兰〈鹿特丹城市
　农业空间〉研究》，《国际城市规划》2013年第1期。

2．边缘区生产性景观分区建设要点

山地城市边缘区农林生产性景观在功能及布局上存在连续性，空间上呈现由组团间缝地、近郊、中郊、远郊等农林生产圈及放射状绿带组成的"圈层+放射轴带"连续景观结构①，各区域对城市游憩服务及食品供给类型与潜力不同。

1）组团间缝地景观

位于建设组团之间，主要由后院菜地、社区菜园、花卉苗圃及残留片状林地、灌木草地等组成，用地规模普遍较小但类型多样，作为城市内部绿地的补充区域，可提供日常户外娱乐、健身场所等。

2）近郊景观环带

邻近建设区，交通优势明显，能为城市大部分居民提供多样且便捷的运动健身、休闲游憩场地，是进入城市的重要门户区域。景观建设应营造适合且便于各类人群游憩活动的开放空间，并注意景观节点打造。

3）中郊种植基地

与城市交通联系密切且生产功能较强，景观建设应兼顾农副产品就近供给及民俗、农业文化传播，可结合"菜篮子"项目等布置设施农业、农业产业园区，为城市提供不易储存的新鲜蔬菜及精品果蔬；还可适当布置基础及服务设施，促进休闲农园游憩产业发展。

4）远郊农业基质景观+自然景观

深入乡村或自然腹地，用地规模较大但功能单一，如成片集约生产用地或自然保护区，多受到法律条例保护，应注意田野景观及自然景观风貌维持与衔接。

5）放射状绿带

是沿交通干道、设施廊道、河流廊道等形成的放射状景观轴带，串联各生产性景观环带，并与城市内部组团绿地及外围山体衔接，是城市物能流、人流等进入边缘区的主要通道。应保障绿色轴带连通性，强调轴带两侧农林景观塑造。

---

① 叶林：《城市规划区绿色空间规划研究》，第133-134页。

（二）农林景观游憩系统

1. 游憩空间建设

1）环城游憩带

国内外学者根据实践及理论研究，提出多种城市游憩空间配置模式，包括B.B.罗多曼模式、克劳森-凯奇（Clawson & Knetch）模式、环城游憩带（Recreational Belt Around Metropolis, ReBAM）、星系模式等，其中环城游憩带模式与我国大多数城市边缘区游憩空间发展格局最为契合。环城游憩带指由位于城市郊区、服务于城市居民的游憩设施、场所与空间，及外来游客常光顾的各级旅游目的地共同构成的环城市游憩活动频发地带，其形成区位与土地租金及旅行成本相关[1]，如肖贵蓉等根据级差地租理论抽象出的"极核-散点-带"城市游憩空间结构模式[2]；吴必虎通过分析全国69个城市的旅游信息，发现距中心城区20km左右的区域游憩场所最为密集，其次为70km左右的区域[3]。

城市边缘区游憩网络包括游憩供给空间、需求空间及联系二者的游憩路径。游憩供给空间主要指边缘区内具有游憩潜能的环城农林游憩空间，按照资源类型，可分为郊野自然景观型、农业半自然景观型与人工景观型三类，本书主要涉及前两类游憩空间类型；根据适宜活动强度，又可分为强调自然生态系统及生境保育的被动观赏区、以展示农林半自然景观为主的田园观赏与游憩区、与城市互动频繁的体验与科研区等。需求空间即城市功能区，如居住片区、商务片区等。游憩线路是联系供给与需求空间的交通路径。农业—自然公园规划旨在保障自然环境及农业生产的前提下，适当布置人工建设单元及服务设施，提高环城游憩带服务水平，并通过线路建设增加游憩空间可达性。

2）郊野型游憩空间

郊野型游憩空间指依托于环城绿带、山体绿地、滨河绿地，以自然或半自然林地、灌木草地为组分，为公众提供郊野景观欣赏或户外游憩场地的绿色空间，根据用地区位又可细分为绿带拓展型与山水景观型两类。

---

① 吴必虎：《大城市环城游憩带（ReBAM）研究——以上海市为例》，《地理科学》2001年第4期。

② 肖贵蓉、宋文丽：《城市游憩空间结构优化研究——以大连市为例》，《中国人口·资源与环境》2008年第2期。

③ 吴必虎、黄琢玮、马小萌：《中国城市周边乡村旅游地空间结构》，《地理科学》2004年第6期。

绿带拓展型游憩空间主要以环城隔离绿带为基础进行建设。此类游憩空间与城市建设用地距离较近且交通联系便捷，布局具有均好性，服务范围较广，适用于市民日常户外游憩活动。游憩空间建设应充分利用自然景观及历史文化资源，并在不影响内部环境的前提下，加强与城市慢行交通系统及公共交通系统的联系，使公众能够快速、便捷地进入游憩空间；适当引入具有参与性的游憩活动与服务设施，增加环带内游憩活动的多样性与趣味性；结合对外交通节点布置门户类景观公园，提高城市入口的景观识别性（图5-15）。欧美等国的城郊游憩空间建设多结合控制城市用地蔓延、保护外围农田林地的环城绿带，通过"有控制的发展过程"将游憩功能嫁接于传统土地利用模式之上，如巴黎地区环城绿带由49%的公共开放绿地、44%的私有林地与农地及7%的公共活动场地组成，通过置入户外游憩设施满足居民及产业发展需求；渥太华环城绿带旨在保留乡村特色景观，在保留25%的合作性农场、15%的森林和自然保护区的基础上，布置30%的城市开放空间，如城市公园、高尔夫球场、跑马场等①。

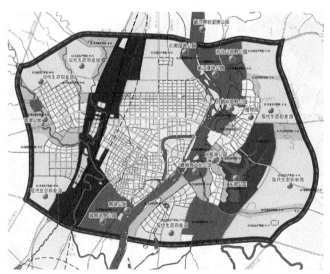

图5-15　城市边缘区游憩空间结构及构成
资料来源：眉山中心城区"166"控制区概念性总体规划［R］. 重庆大学规划设计研究院有限公司，2015.

———————
① 陈渝：《城市游憩规划的理论建构与策略研究》，博士学位论文，华南理工大学城市规划与设计专业，2013，第22页。

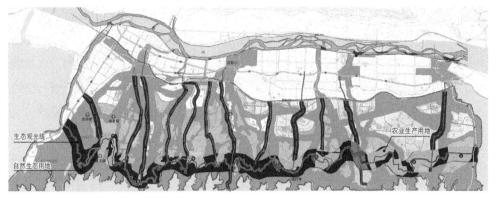

图5-16   山水景观型游憩空间组织及用地布局
资料来源：宝鸡市渭河南部台塬区生态建设规划［R］．重庆大学规划设计研究院有限公司，2006．

山水景观型游憩空间多偏好景观资源和生态条件良好的区域，多结合山体、水系等进行空间组织。山地区域生态敏感性较高，游憩空间组织应结合地形地貌单元整合具有观赏价值的特殊地质地貌区、植物景观风貌区、小斑块农业观光区等景观资源，保障自然斑块及系统完整性，并充分利用核心区域缓冲带内散布的小块农田、草地及传统村落进行生态旅游、科研探索、远足休闲、康体健身等被动型活动，规避人为活动对自然环境的负面干扰（图5-16）。滨水区域因具有适宜的温湿度、生物多样性高而成为公众喜爱的游憩空间，游憩空间建设应强化连续绿化林带种植并布置休闲设施、散步道等服务设施，通过不同形式的滨水、亲水场所和设施设计，提高公众对滨水游憩空间的利用率。

3）农林型游憩空间

农林型游憩空间指依托特色农业生产景观及关联环境资源，以农田、果园、林盘等农业半自然景观为主，能提供田园景观欣赏及农耕文化体验等游憩服务的绿色空间，应结合地形地貌特征及坑塘、林盘、防护林网、河流沟渠等农林景观要素进行空间组织与布局，改善因规模化生产而造成的景观均质化、单一化等问题，并提供各类游憩场所。

坑塘、湿地、水库等水文要素以点状或面状的形式组织在农业生产网络中，可提高景观多样性并提供滨水游憩场所。小型坑塘、湿地等散布于农业生产基质中，适应地形的水体边缘凹凸变化，辅以景观性湿生或水生作物，可丰富田野景观；大型坑塘及水库等多用于种植莲藕、渔业养殖或水源储蓄，周边植被多样性高，可适当布置休闲游憩场地，引入田间垂钓、林下观光等体验式活动。台湾地区山高水急，河流水系流路短，为保障农业生产，多结合地表形态构筑大小陂塘（即坑塘）并使之与水圳（引水渠道）相连，用于缓解山洪冲击并贮存地表水源以供农业灌溉之用，休闲农业兴起使各类陂塘农业灌溉功能减低而生态、游憩功能提升，大小陂塘成为满足人们运动漫步、生态教育、野外露营等游憩活动需求的复合空间。

　　林盘斑块是农家院落与乔木、竹林、河流、耕地等有机融合形成的特色农村居住环境形态，具有田园观光与文化体验等游憩价值，植被丰富、多样，是田园景观的主要构成要素。林盘内游憩空间组织应以保障林盘单元生态与文化完整性为基础，游憩活动服务点结合原有建筑进行筛选与修缮，尽量避免新建项目对生态环境的干扰；保护物种群落丰度较高的生态斑块，可通过景观作物种植适当提升其观赏性；对物种多样性欠佳的区域进行整理，作为可容纳多元游憩活动的林下空间、滨水亲水空间等。

　　毗邻山水资源的农林型游憩空间可与其结合，实现景观与功能的互补，山水景观与农林景观融合形成更加丰富的景观层次，而农林景观可为山水景观分担部分不利于资源保护的建设及活动。台中市南投县桃米社区位于台湾地区中央山脉核心保护区外围低山区域，山谷、湿地、平原、丘陵、瀑布等环境要素丰富，生态敏感性高，总面积67%的用地为山坡地保护区（其中包括45.9%的农田与30.4%的林地），森林区占比14.3%，特定农业区占比16.2%。为协调传统农业耕作与生态保护诉求的冲突，引导桃米社区产业转向，管理部门及规划师提出"生态为底、产业为用"的发展方针，结合农林生产空间及自然生态空间划定桃米休闲农业区，游憩空间组织充分结合农林、山水景观资源并考虑生态保护诉求：严格保护山坡地及自然林地生态环境，维持其独特的景观风貌及物种资源并作为产业核心，以生态保育及被动型游憩活动为主，尽量避免新增建设；保护溪流、湿地等水体及周围景观，加设人工湿地，建构湿地生态系统，为萤火虫、青蛙等保护目标物种提供适宜生境，并作为公众观察自然、生态探索等游憩活动场地；生产区发展无毒有机农业，维持特色山地农业景观，容纳田野观光、农作实践体验等游憩活动；保留河流沿线、谷地内局部现状建筑，作为游憩服务点及民宿；通过亲水公园、纸教堂等游憩设施及自行车道系统建设，优

化游憩服务体验[①]，场地设
计充分结合环境特征并采
用生态化处理（图5-17）。

4）绿色游憩廊道

绿色游憩廊道由河流
沿线林带、道路防护带及
农田林网等线型绿地组成，
具有复合游憩功能，既作
为郊野型及农林型游憩空
间的重要连通廊道，其本
身亦是一种线型游憩空间：
（1）连接通道型，依托道
路防护绿带建设，联系城
市功能区与城郊游憩供给

图5-17 结合场地特征的生态化设计
资料来源：南投县埔里镇桃米社区农村再生计划，2011.

区，串联边缘区内各类游憩空间，提高游憩空间的可达性与交通均好性；
（2）绿带楔入型，以绿带绿楔的形式与城市内部绿地连接，增加城郊游憩空
间与城市的功能交接面，促进游憩空间集群效应发挥；（3）环境改善型，在
均质的农田基质上嵌入一种新质态用地（由树林、步道、自行车道等构成）
（邢忠，2012），增加均质用地区域的景观视线层次，同时作为保护性耕作、
营养物质管理及缓冲带设置等物质载体，有效缓解农业生产及休闲游憩所带
来的负面环境影响；（4）生境维育型，多结合山脊林地、滨水林地建设，生
物多样性较高且游憩空间类型丰富，是体验自然、探索自然的空间载体。

2. 观瞻系统要素控制

城乡观瞻空间也是农林景观游憩系统的重要组分，可容纳山水景观、城
市景观、天文景观等观赏型被动游憩活动，控制要素包括眺望点、视线通廊
及城市轮廓线等：（1）眺望点包括相对高差较大且视线开敞的高地、山头、
山脊线等自然观景区域及观景塔、观景平台等人工构筑（建）观景点，根据
阿普尔顿在其著作《景观体验》中提出的瞭望-庇护理论，眺望点是一个能

---

① 资料来源于2011年编制的《南投县埔里镇桃米小区农村再生计划》，台湾农村再生计划是
针对当地生态、经济、社会等多方面的基础调研及统筹规划。

够提供丰富审美体验的景观，应该可以提供看的机会（瞭望），同时也提供不会被看到（庇护）的可能，所以孤立高地、山体制高点等既是外界景观视线焦点，同时也是良好的景观平台。眺望点空间布局应保障其视线开敞性，通过高程分析确定相对高差较大的制高点，划定眺望点周围对其观景活动具有影响的区域，严格控制建设强度及高大乔木种植强度。(2) 视线通廊为带状开敞空间，城市主要景点眺望视廊的保护与控制是组织城乡景观的重要手段，必须保障视廊良好的视觉效果，视廊内应以不阻挡景观视线为准，严格控制用地类型及建设强度，山谷、沟槽等区域既是重要的视线廊道，也是重要的视线焦点，应划定控制绿线，并对核心区域进行特色景观塑造。(3) 城市轮廓线控制需对重要开敞空间及影响其景观视线的区域进行用地类型及建设强度管控，保护自然山水主要轮廓，严格控制山脚地带、河流沿岸、组团边缘及主要道路沿线等地区建设强度与高度，避免遮挡重要山体轮廓线；强化自然山脊线，通过控制引导使城市轮廓和自然山水轮廓呼应交融，塑造不同特色的城市天际轮廓线；对地形制高点、最低点、建设用地进入非建设用地交通节点等重要视线焦点区进行特色景观塑造，强调其景观层次性。

眉山岷东新区毗邻龙泉山脉且卧于岷江之滨，基址内部丘陵起伏、沟壑纵横，景观资源丰富，为保护地域景观特征，塑造规划区"山、城、林、田、湖"景观格局，规划根据相关标准及基址用地特征提取区内重要景观资源，包括地貌景观（重要林地斑块、湖泊坑塘、沙洲滩涂、河流水系、农田等）、地形景观（沟谷、崖线、孤立高地等）与人文景观，并利用GIS技术进行景观资源与建设组团景观视线关联分析，界定组团外围由点、线、面要素构成的山丘景观系统并对其进行分区控制（图5-18）：点——由孤立

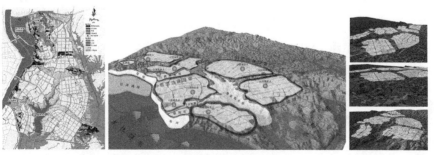

图5-18 眉山岷东新区重要景观资源及山丘景观系统识别
资料来源：眉山岷东新区非建设用地总体规划［R］. 重庆大学规划设计研究院有限公司，2015.

高地、山体制高点、文化遗址、白鹤栖息地等点状要素构成，强化观景眺望点视线开敞度及主要景观的视廊通畅度；线——由组团边界绿带、滨水林带、山脊及山谷带状林地、崖线及连绵山丘等构成，着重强化并保障带状环境要素连续性；面——由湖泊水库及周边绿地、沙洲滩涂、周边大型山丘、农田基质等构成，其中农业生产是边缘区重要的产业活动和景观建设行为，创造水田景观、旱地田园、山陵梯田、牧场风光等多种景观类型，应着重保护其重要环境要素及相互关系。

（三）农林生产支撑系统

山地城市边缘区用地生态敏感性较高，不恰当的生产用地布局及生产方式选择，将危及城市生态安全且难以保障农副产品可持续供给，破坏山体及其原生植被覆盖层以寻求生产用地扩展无异于"杀鸡取卵"。自然或半自然林地生境、河流水网、地形地貌等对农业生产具有支撑性作用，如随地形散布的林地斑块能起到涵养水土、虫害防治、污染过滤等关键作用；河流、坑塘水库连通灌溉沟渠，保障农林用地生产过程的水源供给，故山地城市边缘区农林用地布局应顺应自然生态过程、尊重并整合现状环境资源。

农林生产支撑系统构建的核心，在于识别并整合对山地城市边缘区内主要农业生产区生态环境稳定维持及提升具有不可替代作用的关键空间，构筑并维持长效滋养农林斑块的"山-水-林-田-湖"生命系统，同时挖掘该区域农副产品生产潜能：尊重边缘区内既有优势自然系统，保护孤立山体、台地、山谷冲沟等地形特征及林地、灌木丛、草地、绿篱、湖泊池塘等环境要素，强化现有山水骨架完整性及生态过程连续性，以维持区域环境功能及系统稳定；在此基础上，利用不同生态环境生产多种农副产品，如坑塘湿地发展水生花卉及蔬菜，沟谷小块农田生产喜阴耐湿型农副产品，坑塘、农田斑块边缘种植果树、用材林等。蒂尔泽（Tilzey）认为，以自然区域为背景，确定适宜的农业生态系统，有助于城市可持续发展、生物多样性维持及吸引市民进入郊区[①]。

规划设计的关键在于承载农业生命系统的空间识别及农业生态系统与自然生态系统的耦合，在规避或削减农业生产环境负面影响、确保生产安全的同

---

① Mark Tilzey, "Natural Area, the Whole Countryside Approach and Sustainable Agriculture," *Land Use Policy* 17（2000）：279-294.

时，实现多元农副产品的就近供给。在《宝鸡市渭河南部台塬区生态建设规划》中，规划区位于宝鸡市南部台塬区，是城市拓展的主要方向，同时兼具城市生态屏障及就近农副产品供给等重要功能。规划区北部为城市建成区，南部为区域重要生态廊道保护区，建成区外围渭河河谷阶地平坝区地势平坦，作为传统农耕区，耕作条件优越；河流、河谷呈放射状向浅山区纵向延展，两侧用地坡度较陡；生态廊道浅山区域是重要生态缓冲区，生态敏感性较高。为兼顾保护与发展的多重诉求，规划提出"尊重地域特征，整体布局生态农业"的空间组织策略，即根据不同区段地貌单元生态特征、产业潜力及主导功能，形成"谷、塬、山"合理布局、"粮、果、畜、菜"合理发展的生态农业格局，在保障河流、山谷、廊道缓冲区生态完整性的同时，实现多种农副产品生产：台塬区用地相对平坦，充分利用坡度在5%~25%范围的用地建设无公害蔬菜基地，建成以肉、蛋、奶、果品为主的生产基地，实现畜牧生产的适度规模化、集约化，并通过林网建设等措施保持农耕区水土、维护土壤肥力；川道段与城市联系密切，贯穿近郊、中郊生产圈，用地面积较小且生态敏感度高，应突出发展名、优、精、细、特品种果蔬小规模种植和奶畜养殖，规避生产对环境造成的负面影响；浅山区作为核心自然保护区的缓冲区域，应在保障其生态功能发挥的基础上，适当发展环境友善型农林生产，结合退耕还林还草，发展核桃、板栗、柿子等干杂果林，积极发展药材种植业，可适当推广肉牛、奶山羊、跑山鸡等的养殖，发展林下经济。根据村民农耕习惯及耕作方式，应将主要生产区布置于距离农村居民点800~1000m的劳作半径范围以内。

第三节
三网叠合构建地区景观网络及公园空间布局衔接

地区农林景观生态网络构建是在区域生态系统整体视角下，针对高价值农林资源进行的整合与优化，通过三网分类构建与叠加，界定维持物种保护、健康食品与游憩服务供给等公益性产出所必需的城市生态安全格局。

农业—自然公园是地区农林景观生态网络的重要组分，主要包括其中未划入自然生境或生态功能保护区的用地范围，通过小规模农林用地保护与串联，强化区域主要生态斑块间及与城区的空间链接，从而提升既有保护区，乃至于区域生态系统的服务能效。

一、地区农林景观网络构建与管控

（一）三网叠合构建地区农林景观网络

地区农林景观生态网络构建是针对城市边缘区农林用地因农业生产破坏、城市问题转嫁及规划管控缺失等原因，与自然生态区、城区空间连接断裂且生境破坏严重，难以实现环境服务及产品的有效输送与传递，导致生态系统公益性产出、供给与城区诉求不匹配的应对策略。其在空间上表现为环绕城市建设组团的、主要由高价值农林用地及关联水文要素组成的、具有连接性与开放性的复合型网状绿色空间，既涉及自然保护区、水源保护区、灾害防护区等既定保护区域，又包括滨水带状林地、农田次生林地等小规模、散布的农林用地，二者共同界定维持城市公益性产出及系统稳定的生态安全格局。

农林景观网络构建强调用地的高效利用性及最小占用性，通过公益性产出类型确定、关键用地选择、分类生态景观网络构建、叠加及格局优化等步骤（图5-19），界定并保护最低限度的景观生态结构以维持生态过程安全及城市服务供给：强调地区农林生态系统及自然过程的完整性及功能维持，通过保护与连接高价值农林用地，维持生境多样性及连续性，强化系统内部的环境适应性及自我调节能力；强调农林生态系统与自然生态系统、城市系统的空间及生态过程整合，连接提供公益性产出的自然空间与消费公益性产出的城市空间，提高自然保护区、农林生态区对城市系统的服务输出及供给效能；以适应而非重建的方式确定绿地布局，尽量少地破坏自然要素或干预自然过程，绿地维护让自然做功。

分类网络叠加是农林景观生态网络构建的关键环节，多种功能在同一空间聚集，功能产出既可能相互促进，也可能相互抵触，需分析确立各网络主要景观要素间的相互作用关系（表5-4），并在遵循环境内适应性、功能

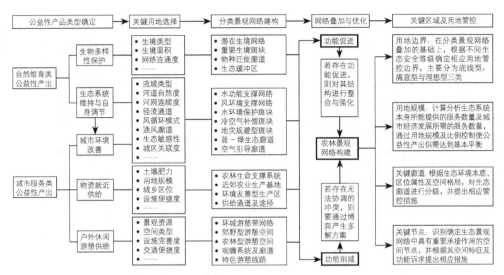

图5-19 地区农林景观生态网络构建及管控
资料来源：作者自绘

兼容性的前提下，实现其在空间及用地上的叠加与融合：（1）效益增强型，对于网络叠加增强子网络功能的情况，应对二者空间及功能联系予以强化；（2）影响削减型，对于网络叠加诱发或导致功能冲突或负面影响的情况，可通过防护缓冲带设置、低影响建设等策略，规避或缓解影响效果；（3）多方案对比型，对于存在无法协调的冲突，需通过博弈产生多种对比方案，并通过环境影响评估、城市功能需求等综合考量，进行替代方案优选。

分类网络主要构成要素兼容关系分析　　　　　　　　　表5-4

环境功能区构成要素功能兼容性分析		生境网络			农林生产景观网络					生态过程支撑网络				
		生境斑块	迁徙廊道	缓冲区域	缝地景观	近郊景观环带	中郊种植基地	远郊农业景观	远郊自然景观	放射型绿带	湖库保护斑块	冷空气补偿斑块	灾害规避斑块	蓝-绿生态廊道	空气引导廊道
自然维育类	生物多样性保护	●	●	●	◎	●	●	○	●	●	●	●	●	●	●
	系统维持及调节	●	●	●	○	●	○	●	●	●	●	●	●	●	●

续表

环境功能区构成要素功能兼容性分析		生境网络			农林生产景观网络						生态过程支撑网络				
		生境斑块	迁徙廊道	缓冲区域	缝地景观	近郊景观环带	中郊种植基地	远郊农业景观	远郊自然景观	放射绿带	湖库保护斑块	冷空气补偿斑块	灾害规避斑块	蓝-绿生态廊道	空气引导廊道
城市服务类	城市环境改善	●	●	●	◎	●	○	●	◎	◎	●	●	◎	●	●
	物资就近供给	◇	◇	◎	◎	●	●	◎	◇	◇	◇	◎	◇	○	◎
	被动观景体验	◎	◎	●	○	●	●	●	●	◎	●	○	◎	○	◎
	游憩场地供给	◇	◇	◎	●	●	◎	○	○	◎	◎	○	◇	○	◎

● 充分相容　无损害　　　　　高效益　　　　　　　○ 低度相容　中度损害　　低效益
◎ 中度相容　轻度损害　　　　有效益　　　　　　　◇ 不相容　　重损害　　　无效益

资料来源：作者自绘

（二）网络构建助力生态安全格局界定

生态安全格局是保障城市生态系统完整性及维持其公益性产出、提高公众福祉的空间基础，是对城市及周围赖以生存的高价值环境资源及空间格局的控制底线，多以具有连续性、复合性的绿色空间网络形式出现[1]，如绿色基础设施网络、景观生态网络等，而现有生态红线管控着重于重要生态功能区（如水源涵养、水土保持、防风固沙等功能区）、生态敏感区/脆弱区（如水土流失敏感区、土地沙化及石漠化敏感区）及禁止开发区（如国家级自然保护区、国家级风景名胜区、世界文化遗产、国家森林公园、地质公园）三类区域划定，忽略生态安全格局的网络特征维持。

地区农林景观生态网络构建助力生态安全格局界定与完善，它通过分

---

[1] 彭建、赵会娟、刘焱序、吴健生：《区域生态安全格局构建研究进展与展望》，《地理研究》2017年第3期。

类景观网络构建与叠加，保护了高价值环境资源及必要生态过程，强化了各孤立保护区的空间联系，提升了生态空间的连续性及功能复合性。俞孔坚等通过非建设区域底线控制，引导并限制城市用地发展的规划策略，便体现了通过地区景观网络构建，界定城市生态安全格局的思想：（1）分析并模拟生态系统中存在的关键自然生态过程（水文、地质灾害、物种迁徙）及人文过程（文化遗产、休闲游憩），明确需优先保护的功能与亟待解决的问题；（2）针对具体问题及功能，采取水平与垂直过程相结合的方法，识别对单一过程维持具有支撑作用的用地及空间格局；（3）通过专家打分法及加权叠加法对承载单一过程的安全格局进行整合优化，构建具有复合生态功能的城市综合生态安全格局，并根据生态过程连续性与完整性等级，将其分为"底线安全格局""满意生态格局"及"理想安全格局"[①]。《眉山城市绿地系统规划》改变传统规划只注重城区内部绿地建设与管理的思路，将与城市环境改善、物种保护及游憩供给等公益性产出相关联的边缘区农林用地以及由其所建构的景观网络纳入规划范畴，并根据绿地可获取难易度及对公益性产出的重要程度，划定绿地系统保护与控制的低限、中限、高限，低限是确保城市安全运转必须严格保护与控制的生态底线格局，中限是为提高城市生产、生活品质而需要限制开发强度并进行局部生态系统强化恢复的安全格局，高限是能够维持最理想的生态状态且可进行有条件建设的安全格局。

（三）景观网络生态用地规模控制

用地规模及空间格局影响农林景观生态网络功能发挥：格局影响过程，生态资源通过特定的立地条件及空间组合保障生态功能发挥，根据资源稀缺理论，生态资源越稀少且与城市环境联系紧密程度越高的区域，资源价值越高[②]；规模则反映出协调生态用地功能产出与建设用地功能需求的量化控制。故农林景观生态网络建构不仅应完善生态空间格局，还应对城市所

① 俞孔坚、王思思、李迪华、乔青：《北京城市扩张的生态底线——基本生态系统服务及其安全格局》，《城市规划》2010年第2期。
② 唐秀美、陈百明、路庆斌、韩芳：《生态系统服务价值的生态区位修正方法——以北京市为例》，《生态学报》2010年第13期。

需生态用地进行分类量化控制，以协调公益性产出的供需诉求。

确定生态用地规模的方法主要可归并为空间格局法、经验判定法、生态系统服务法三类[①]。空间格局法与之前提到的生态安全格局界定相关，即通过不同安全格局界定来确定所需的生态用地规模，较为常见的有"生态最优"及"生态底线"两类，"生态最优"以生态保护为中心，常因忽略社会、经济发展而难以落地；"生态底线"则从环境现状及城市功能诉求出发，保护维持基本生态功能所必需的最小用地规模。经验判断法包括指标控制与历史趋势判断：指标控制即遵照相关部门颁布的法律、法规等确定所需用地规模，包括人均用地、用地比例等总量控制指标与农林、环保、产业等专项规划对单项用地的规模控制；历史趋势判断通过分析用地历史变化、环境影响及作用机制，掌握用地发展规律并作出相应的用地规模预测与引导。生态系统服务法从公益性产出视角，选择具有典型性、复合性且便于计算的功能来测算生态系统供给潜力及城市需求量，从而确定所需生态用地规模，主要包括生态足迹法与生态因子阈值法：生态足迹法将人类活动消耗的物质、能源及产生的废弃物按比例折算到生物生产性土地面积上以确定所需用地面积；生态因子阈值法根据生态平衡理论或"木桶法则"，筛选对公益性产出不可替代且稀缺的环境资源作为指示指标，确定区域内某类用地的最小用地规模[①]。

三类方法各具优缺点，可采用多种方法相互结合、补充的策略。经验判断法在方案初期作为预判，大致确定城市规划区内生态用地与建设用地的供需关系：可针对单一类型用地管控，如叶齐茂在对发达国家郊区进行调查后得出，维持人均800m^2（1.2亩）以上的农田规模是保证城市基本食品消费的底线[②]，我国农业管理部门通过长期调研提出大城市郊区人均菜地应不低于67m^2（0.1亩）以满足新鲜蔬菜供应；也可针对用地整体比例控制，如参考国内外生态保护与经济发展协调较好的案例，生态用地比例一般维持在50%以上，达60%以上为良好水平。空间格局法直观地将空间格局与用地规模管

① 彭建、汪安、刘焱序、马晶、吴健生：《城市生态用地需求测算研究进展与展望》，《地理学报》2015年第2期。
② 叶齐茂：《发达国家郊区建设案例与政策研究》，中国建筑工业出版社，2010，第11页。

控连接，能够较为精确地量化反映出维持不同生态安全及服务水平需要的用地规模，主要反映生态系统本身的服务供给能力。生态系统服务法是在前两者的基础上，结合城市实际发展中对各类服务的需求，权衡评价服务的供需水平，制定不同生态单位内的保护及管控策略，如根据降雨－径流系数（CN值）变化规律，流域内不透水面积应控制在20%以内[1]以维持城市健康水环境，故需计算汇水单元内非渗水地面产生径流量需要多大面积的生态用地进行滞留、吸收，从而确定最大建设单元面积及相应的生态用地规模[2]。

　　对比预测所需用地规模与实际用地规模，即可得出城市边缘区内农林用地公益性产出供需关系，进而划定不同生态管控分区：（1）生态本底及生态需求均较高的区域，生态用地服务产出已实现基本平衡，绿色空间建设注意保护并维育生境单元质量及网络连通性，尽量减少或规避外界的干扰；（2）生态本底较差但生态需求较高的区域，应通过植被强化种植、踏脚石系统建设、生境修复等措施，提升生态系统稳定度及服务产出；（3）生态本底及生态需求均较低的区域，应通过林盘、坑塘湿地等小型生境修复与重建，带状生态绿地及防护绿地建设等，强化城市生态景观网络建设并挖掘其服务潜能；（4）生态本底较高但生态需求较低的区域，多为城市重要生境及生态保护区，需强化大面积生态源地保护，确保公益性产出向周围区域的持续输送与供给[3]。

二、公园空间衔接与关键区域管控

（一）公园作为地区网络的有机组分

　　农业—自然公园是地区农林景观生态网络的重要组分，主要包括城市边缘区内构成地区景观网络结构性空间，却未划入保护区，受到有效保护的区域（图5-20）：（1）未划入核心自然保护区的重要生境区域，大型斑

---

① 赵军、单福征、许云峰、钱光人：《河网城市不透水面的河流生态系统响应：方法论框架》，《自然资源学报》2012年第3期。
② 史志军、袁艺、陈晋：《深圳市土地利用变化对流域径流的影响》，《生态学报》2001年第7期。
③ 彭建、杨旸、谢盼、刘焱序：《基于生态系统服务供需的广东省绿地生态网络建设分区》，《生态学报》2017年第13期。

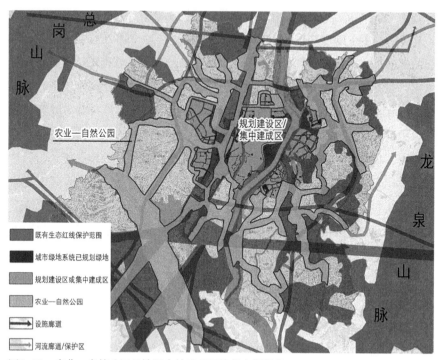

图5-20   农业—自然公园是地区农林景观网络的有机组分

资料来源：眉山中心城区"166"控制区概念性总体规划［R］. 重庆大学规划设计研究院有限公司，2015.

块间由一系列小规模生境构成的踏脚石系统，及作为生物迁徙、扩散廊道的林带或林地序列；（2）非水源型湖泊、河流交汇处等重要水文节点及周围区域，河流水系、沟渠及沿线区域，重要水源涵养区、雨洪排放区中潜在地表径流通道及相关区域；（3）城市周围能够促进大气环流产生的山坡及山谷区域，契合大气流动方向的通风廊道区域；（4）具有农副产品生产或休闲游憩服务潜能的组团间缝地景观区域、近郊景观环带及放射状绿道区域等。

农业—自然公园规划对地区农林景观生态网络构建具有重要意义：其一，以水文过程空间模式为依据，串联并保护规模较小、难以实现保护区划定的高价值农林用地；其二，通过廊道及跳板系统建设，完善区域景观格局，提高斑块间的空间联系及网络连通度；其三，以公园的形式提升绿地游憩服务能力与利用频率，实现高价值小规模农林用地实质性保护。眉山城市边缘区农业—自然公园建设，共实现291.48km²生态用地的保护与强化，占规划区总面积的34.1%，能够有效维持并提高区域生态用地占比，其中保护小块自然或半自然林地52.28km²（占区内林地总面积的67%），小块农田43.94km²（占47%），园地23.33km²（占88%），并通过生态修复、建设等措施，使规划区内林地覆盖率增加31.71%，网络连通度提升62.18%。

（二）关键区域分级分类管控

农业—自然公园是地区农林景观生态网络中重要的连接区域，其空间结构及功能组织应置于地区网络中进行综合考虑，而关键区域管控目标在于，强化边缘区高价值小规模农林用地保护，与地区网络中既有保护区在空间及管控措施上实现衔接，共同维护农林生态系统自身连通性与完整性，并促进公园复合服务功能发挥，同时强化其与外围自然保护区及城市内部绿地的衔接，提升区域生态网络服务效能，可分为关键廊道及节点管控。

农业—自然公园中生态廊道具有连通与隔离双重功能，既是连接生态绿"源"的桥梁，又可作为隔离两侧用地、避免用地相互影响的阻隔带，根据其组分可分为自然生态廊道与人工生态廊道两类：自然廊道主要为河流水系、山体及其赋存绿带为基础所形成的带状绿色空间；人工廊道主要由各类建设、景观和防护需求而设置的各类带状绿地组成。眉山绿地系统管控根据宽度及区位将生态廊道分为三级，并对其功能构成、最小宽度及建设内容等进行控制与引导，其中：一级廊道是联系城区、边缘环境区与外围环境基质的主干廊道，功能以生态防护与维育功能为主，可兼顾生态游憩、生态教育等功能，由河流水体干流及其廊道、大型交通设施防护绿地、大型山体绿地等带状绿色空间组成，应注意与既有山体、河流、水源等保护区的衔接；二级廊道作为各功能组团间的隔离绿带，以保护环境资源、控制城市蔓延、强化生态渗透等功能为主，兼顾郊野游憩、康体健身等功能，主要由河流支系及其廊道、支脉山体绿地及主干路、快速路防护隔离绿地等带状绿色空间组成，包括建设组团间保留的农田、林地、水域等；三级廊道是联系建设组团内外空间的重要通廊，起到提升生态景观网络连通度及日常游憩服务功能的作用，主要由河流支系及其廊道、公用设施防护绿地、带状公园绿地、建设组团间及内部防护绿地等构成。

关键生态节点是农林景观网络中具有战略意义的点位，包括重要生态汇集点及自然与人工斑块的关键链接点，对保障廊道连通性、控制网络整体结构及影响其中物质能量流动具有重要意义，农业—自然公园规划应对其用地功能及人为活动等进行分类控制。《眉山岷东新区非建设用地专项规划》根据区域主导功能及相对位置，分类划定河口湿地关键生态节点、物种栖息关键生态节点、林地关键生态节点、环境保护关键生态节点、城乡联通关键生态节点五类重要节点并进行针对性管控，如城乡联通关键生态节点作为城市建设区与外围绿地相互联系的重要纽带，控制措施应以维持空间开放性和通达性为主，为居民慢行和动物迁徙提供必要途径。生态节点还可根据其所处廊道级别、与其他节点连通程度、与城市建设的密切程度及生态功能重要程度等，划分不同保护等级。

第四节
本章小结

自然维育类与城市服务类公益性产出是对自然生态系统维持及城市系统服务供给最为关键的生态系统服务类型，需具有生境单元多样性、空间格局连续性及服务供给持续性的地区农林景观网络作为物质空间支撑，农业—自然公园是网络的有机组分。本章首先以保障并促进公益性产出供给为导向，进行分类景观网络构建：（1）林地自然生境网络构建首先通过生态敏感性及生境连通度分析与叠加，识别潜在网络格局，然后结合斑块保护与修复、廊道建设等措施，维持网络整体链接性及生境多样性；（2）生态过程支撑网络建构强调自然过程维持，保护并整合在水文及大气循环过程中发挥重要作用的景观要素及关联空间，实现淡水资源、洁净空气的有效传递及自然灾害影响削减，用地与自然过程整合实现生态用地的低成本维护；（3）农林生产景观网络通过绿色廊道建设强化具有生产性及游憩潜力的小规模农林用地与城区的空间联系，并保护维持稳定农林生产环境的支撑系统。在此基础上，对各分类网络进行叠加与融合，从而形成地区农林景观生态网络，界定城市生态安全格局。农业—自然公园规划能够有效提升地区农林景观网络的连通度及服务供给效能，其用地布局及关键区域管控应依托于地区网络构建，并与网络其他部分衔接。

第六章

农业—自然公园游憩空间组织与
小规模农林用地复合利用

生态系统服务的供给与消费常常具有时空维度的非同步性[①]，服务供需不匹配及对利益相关者诉求的忽视，是造成环境资源破坏及蚕食的主要原因。作为地区农林景观生态网络的重要组分，农业—自然公园既需维持网络必要空间格局并确保公益性产出有效输送，同时其本身也是生产特定公益性产品的空间载体，尤其是作为公园的休闲游憩服务，故公园空间组织及用地布局应体现出高价值小规模农林用地的复合利用属性：一方面遵循并呼应公园所处生态背景特征及网络构建诉求，维持系统稳定与环境基本功能产出；另一方面结合所处社会、经济背景，挖掘其作为城郊开放空间，提供休闲游憩及农副产品就近供给等服务的潜能。本章强调在维持区域生态景观格局的基础上，通过复合利用来确保高价值小规模农林用地的有效保护，主要从枢纽单元管控、复合游憩廊道串联及产业结构引导三方面进行探讨。

第一节
城乡空间与功能分异及公园
应对策略

拥有不同环境特征及区位条件的农业—自然公园枢纽单元能为城市提供差异化的功能产品与服务，具体服务类型及利用强度由其外在功能诉求及内在资源禀赋综合确定，类似于生物学中的基因选择性表达。与城市发展趋势、周围生态背景及内在环境特质相匹配的公园空间组织与用地布局规划，不仅能在特定区域内实现用地及资源的优化利用，还能降低建设及维护所需能耗及环境影响[②]。

① 王大尚、郑华、欧阳志云：《生态系统服务供给、消费与人类福祉的关系》，《应用生态学报》2013年第6期。
② 福斯特·恩杜比斯：《生态规划——历史比较与分析》，第33页。

一、边缘区空间及功能分异

（一）外在复合功能诉求

城市发展过程中赋予边缘区农林用地的复合功能诉求，是影响农业—自然公园内用地利用类型及强度的重要外在因素。就城市发展时间轴线来看，边缘区农林用地在其中发挥的功能具有阶段性与演进性，总体呈现用地由单一功能逐渐向复合功能转变的趋势。根据社会经济特征，城市发展主要可分为"社会稳定性与可持续性"（食品安全保障）—"城乡经济融合"—"城乡统一规划"—"环境保护和环境利用阶段"四个阶段[1]，前两个阶段侧重于用地的生产与经济功能，后两个阶段强调社会、生态、经济功能兼顾融合。大部分发达国家及地区已步入后两个阶段，强调农林用地多功能发展，即弱化农林用地基本生产功能，强化其战略性资源保护、户外休闲游憩空间提供、重要物种生境保护等功能，并反映在相关城市及区域规划策略中；发展中国家则多处于前两个阶段，主要通过边缘区农田集约生产来解决居民温饱及经济发展问题，但因工业生产效益高于纯农业生产，大量边缘区土地、劳动力、资本等生产要素流入城市[2]。我国大部分城市正处于经济转型阶段，虽仍需维持用地的基本粮食生产功能，但对环境保护、生活品质提升等功能的需求逐渐兴起，边缘区农林用地功能日益复合化。

（二）内在资源梯度变化

山地城市边缘区农林用地布局形式及功能分异等内在属性，也将直接或间接影响公园用地利用情况。边缘区农林景观是一种由受人类活动影响、改造的生态系统及要素构成的、具有半自然半人工属性的复杂梯度景观，由内而外呈现自然生态属性逐步增强、人为环境干扰逐步弱化的梯度变化特征。

---

① 《都市农业发展的功能定位体系研究》，农业部市场与经济信息司，最后更新时间2012年4月24日，http://www.moa.gov.cn/ztzl/jlh/zlzb/201204/t20120424_2610449.htm。
② 赵群毅：《城乡关系的战略转型与新时期城乡一体化规划探讨》，《城市规划学刊》2009年第6期。

1．用地布局

城乡梯度沿线用地布局受规划政策、建设活动等人为影响及地形地貌、环境资源分布、生态过程等自然影响交织作用，用地分布、比例、形态等随着与城市中心距离增加而改变，越靠近城市，用地斑块多样性越高，混合度与破碎度越明显，斑块平均规模越小。如Weng以美国威斯康星州戴恩县建成区为中心，划定长60km的"乡村—城市—乡村"横断面，并对1968—2000年30余年间，横断面中用地斑块的景观百分比（PLAND）、Shannon均匀度指数（SHEI）、斑块密度（PD）和平均斑块规模（MPS）等变化进行分析，发现土地利用多样性、景观破碎度等与城市化程度正相关，乡村到城市呈单一土地利用到混合型土地利用景观变化，斑块密度最高值（倒V）与平均规模最小值（正V）都出现在城区[①]。

总结城乡梯度沿线农林用地布局变化特征，有助于预测环境危机及生态系统服务供给水平。农田由城市向外呈先增加后减少的趋势：（1）建设用地外围因受传统耕作方式、建设用地开发等影响，耕地斑块规模较小且分布较散，生产环境受人为干预较大；（2）农业生产区内耕地较其他区域面积更大且连片性更高，由于集约生产而出现生境破坏、水土流失、土壤板结等问题；（3）自然区域多地形起伏明显，耕地斑块较小且多为农林斑块相间布局，过度开垦对环境破坏较大。林地斑块由城市向外呈先增加后减少再增加的趋势：（1）建设用地外围原生生境受建设用地蚕食，但因建设防护绿带及隔离绿地，绿地规模略有增加，研究发现城区外围10km内林地覆盖率高于其他区域；（2）农业生产区中林地规模最小且破碎度最大，残余林地多沿河流、田坎等布局；（3）自然区域林地规模逐渐增加，山地丘陵地形特征利于林地保护，如董一波等按照林地分布特征将城乡梯度带分为8个区段，结果显示山体占地率与森林覆盖率呈极显著正相关[②]。

2．用地功能

对环境资源的利用势必带来不同程度的影响。一般来说，人类干预程度较小的生态系统，具有较强的生态调节与系统支撑能力，但能提供的供

① Yen-Chu Weng，"Spatiotemporal Changes of Landscape Pattern in Response to Urbanization，" *Landscape and Urban Planning* 81，no.4（2007）:341-353.
② 董一波、刘茂松、徐驰、张程、刘志斌：《城乡森林分布格局与土地利用对策》，《应用生态学报》2006年第8期。

给、游憩服务相对较弱；而当人类适度干预时，供给服务得到强化，而生态调节与系统支撑功能受到影响；当人类过度干预时，生态系统稳定性较低，各类服务都将受到威胁[①]。山地城市边缘区农林用地不同于遥远而孤立的自然保护区，实现全封闭的"纯自然"保护是不现实的，需兼顾保护与利用两方面诉求，且由于用地所处区位及资源禀赋存在差异，其在城乡梯度沿线不同区段中所适宜的功能类型也有所不同，可分为城市-农业过渡区、农业集约生产区、农林复合生态区、农业—自然过渡区与自然区域五大分区（图6-1）：（1）城市-农业过渡区紧邻建设单元，农林用地与建设用地混合布局，交通可达性高，易因人类过度干预影响服务产出，适合发展参与体验型休闲游憩及小规模都市农业生产等；（2）农业集约生产区以生产功能为主，包括设施农业、生产基地等；（3）农林复合生态区毗邻集约生产区且生态敏感性较高，对生产、生态环境维持具有关键意义，包括河流沿线林地、丘陵区域林地等，结合环境要素或地貌单元的农林混合景观，既可丰富农业生产区景观风貌，激发文化休闲功能，还可作为影响缓冲区域，规避或削减农业生产负面环境影响；（4）农业—自然过渡区位于自然区域与农业生产区之间，生态本底较好，既是自然核心区外围的保护缓冲区域，还能承载生态旅游、康体运动等游憩服务；（5）自然区域作为生态多样性保持、环境调节及系统支撑的核心区域，多属于风景名胜区或自然保护区范围。农业—自然公园虽主要涉及城市-农业过渡区、农林复合

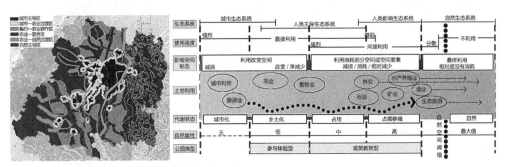

图6-1　城乡梯度沿线用地分区划定及功能交替
资料来源：作者自绘

---

① 傅伯杰、张立伟：《土地利用变化与生态系统服务：概念、方法与进展》，《地理科学进展》2014年第4期。

生态区、农业—自然过渡区，但五大功能分区之间具有不同程度的功能关
联性与补充性，应兼顾考量。

二、农业—自然公园规划对策

农业—自然公园规划既需满足城市复合功能需求，同时也应尊重用地
资源固有空间及功能特征。城市是农业—自然公园的主要服务对象，也是
影响施加主体，通过外部环境定义及内在特征改变两种方式影响公园用地
功能：（1）外部环境定义体现为与城市不同的空间距离及联系度决定用
地特定功能诉求并施加不同环境压力；（2）内部特征改变体现为城市蔓延
造成公园斑块破碎化及环境退化等。对此，农业—自然公园规划采取"保
护促进利用，利用强化保护"的对策，并遵循功能复合性与空间整体性的
原则。

1. 功能导向的枢纽单元管控

枢纽单元是公园中涉及公益性产出的关键区域，包括生态敏感区、物
质流汇集区、高景观价值区等，根据主导功能类型，可分为城乡环境提升、
田园文化体验、城市活动扩展三大类，应根据资源分布特征、用地内适应
性及城市功能诉求，明确各单元的土地开发控制重点与用地政策[①]，包括主
导功能类型、功能兼容性、用地比例控制、环境资源保护与利用程度等。
枢纽单元边界划定需以维持特定功能为基础，保障关联用地完整性，可根
据分水线、河流、沟谷等自然边界或道路、建设单元外轮廓线等人工边界
划定，因汇水单元中具有相对独立且完整的水文过程，故将其作为划分依
据能够较好地界定发挥生态功能的基本单元（图6-2）。

2. 复合绿道带动三区联动发展

复合绿道主要依托于河流沿线绿地、道路防护绿地及农田林网等线性
绿地进行建设，具有生物多样性丰富、景观资源优美等特征，能够作为城

---

① 张浩、刘钰、范飞、王祥荣：《城乡梯度带生态空间组织模式与生态功能区划研究——以
大杭州都市区为例》，《复旦学报》（自然科学版）2011年第2期。

市理想的户外娱乐区与安全交通线①。通过贯穿边缘区及城市功能区的复合绿道建设，不仅能够提升区域景观生态网络连通性，还可强化城区、郊区、自然保护区（景区）间的空间联系，提高外围绿色空间可达性，促进三区在功能及空间上的联动发展。绿道系统布局时，应设置防护缓冲带，削减人为活动对邻近河流、物种迁徙廊道等区域的负面影响，并与城市内部慢行系统衔接，便于城市人群到访。

图6-2　公园枢纽单元划定示例
资料来源：作者自绘

3．绿色产业发展助推城乡共荣

以农业资源为核心的绿色产业发展是促进城乡统筹发展的切入点及有效途径，可为三产融合创造机会。农业—自然公园内小规模农林用地具有多功能潜质，可根据城市发展阶段及目标，采取不同的农业深化发展模式，促进城乡统筹发展，如城市化水平较高、经济发展迅猛的城市，可深化观光农业、生态农业发展以强化农林用地生态服务功能及休闲游憩功能，同时还能为市民提供高品质的健康食品；仍将农业生产作为主要发展动力的城市，可通过生物农业、创汇农业、设施农业、精品农业等现代农业技术，加强农业初级生产与农副产品加工企业的联系，形成以生态农业生产为核心的绿色产业链，提升农业生产经济产出。

---

① 常青、李双成、李洪远、彭建、王仰麟：《城市绿色空间研究进展与展望》，《应用生态学报》
2007年第7期。

第二节
公园枢纽单元游憩空间组织与
低影响建设引导

　　农业—自然公园枢纽单元建设引导并非对高价值小规模农林用地进行单纯划线保护，而是践行"保护与利用相结合"的思路，在保证农林景观网络连续性以维持环境区主导生态功能的同时，以低环境影响的建设介入方式，布置适当的配套服务设施及硬质场地，为城乡居民休闲游憩活动创造条件，兼顾边缘区高价值农林用地自然维育类与城市服务类公益性产出。

一、城乡环境提升型枢纽单元

（一）用地特征影响功能发挥

　　城乡环境提升型枢纽单元是指以生物多样性保护、水文过程维持、热岛效应改善等生态调节功能为主导的用地单元，包括重要或潜在的物种生境及迁徙廊道单元、水环境保护单元、空气库及通风廊道单元等，用地构成以自然或半自然林地为主，小块农田、园地、人工绿地及各类服务设施用地等间杂其中。单元规划引导需首先厘清主要用地组成与功能发挥的关联作用：（1）林地及园地通过植被蒸腾、光合作用调节空气温湿度并释放氧气以改善区域大气环境，树冠层缓冲降雨对土壤的冲刷以避免水土流失，茂密的树荫及植被为物种提供栖息、迁徙场所及丰富的食物资源，根系拦截、吸附过量地表径流及水溶性污染物质以调节水文过程、净化水质，影响功能发挥的因素有用地规模、形态特征、区位条件、树种类型、群落层次、生长年限等。（2）小规模农田及其边缘半自然生境、灌木草地等能为鸟类、小型哺乳类物种提供适宜生境及食物来源，农田、草地等冷空气产生效率高、空气流动畅通，可作为城市空气库及通风廊道组分，土壤渗透性较强的用地还可有效滞留、净化并吸收地表径流，影响功能发挥的因素有用地规模、生境面积比、区位条件、农业生产方式、土壤性质等。（3）湖泊水库、坑塘沟渠、河流水网为植被生长提供必需的水源，暴雨期间具有排洪、滞洪、分洪的作用，滨水自然或半自然植被能为特定物种提供适宜生境，影响功能发挥的有水体规模及库容、水网连通度、水体周围植被等。

（二）环境提升导向的用地管控

1. 林地斑块保护与维育

林地斑块保护、维育与建设应反映出与环境背景的联系，并促进生态功能提升：首先针对林地在生态网络中所处区位、生态本底进行分析与评价，具体评价指标包括物种多样性、林地覆盖率、宜林地面积比例、乔木林与灌木林面积比、成过熟林面积比例等；其次，尊重并充分利用现状资源，尽可能保护生境条件较好的成熟林地，通过植被恢复、防护缓冲带建设、苗圃种植等来修补断裂林带并整合破碎林地。眉山岷东滨江公园枢纽单元建设中，现状林地维育占规划林地总面积的81.5%（图6-3）。

林地分类保护与利用能够在管理资源有限的情况下，对林地斑块实现最有效地保护与最高效地利用，可根据现状用地评价，按保护与利用强度将枢纽单元内林地及宜林斑块分为五类进行管理：（1）严格保护类，针对具有核心

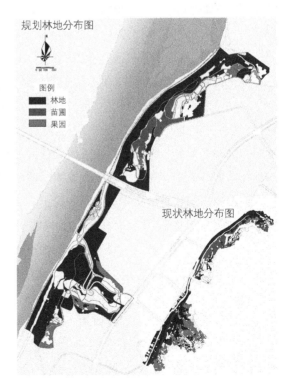

图6-3　原生林地保护与强化

资料来源：眉山岷江东岸滨江公园修建性详细规划［R］. 重庆大学规划设计研究院有限公司，2013.

环境功能、生态本底极佳或敏感性高的林地，应界定核心林地生境边界，保障斑块边界完整性，减少生境边缘锐化程度，并在核心区域外围设置缓冲带，避免人为活动造成负面影响；（2）生态强化类，针对具有重要环境功能但生态本底一般，需通过造林改善其生态环境的林地，规划应在保护现有林地的基础上，通过造林、育林等强化林地网络结构；（3）游憩景观类，针对景观资源较好且能够承载一定强度人为开发利用活动的林地，如核心生境的外围缓冲区，规划应在维持其生态基本功能的前提下，适当引入休闲游憩设施，提升景观及游憩服务质量；（4）改变优化类，针对具有一定生态环境功能且景观特征不突出的林地，规划应结合现状林地资源，通过林地建设与更新，提高其复合服务价值；（5）最大改造类，针对用地敏感性低且景观资源平庸的林地，如重视苗木、木材等生产的生产型林地，可适当进行规模化林业生产，为城市提供必需的林副产品。贵州遵义市红花岗区中野绿智生态小镇概念性总体规划中，规划根据现状林地资源条件、生态区位、功能诉求等，将规划区内林地及宜林地分为生态维育林地、生态防护林地、景观游憩林地、经济生产林地、生态恢复林地五类进行管理。

对于需强化改造或修复的林地斑块，应采取近自然造林及育林模式，即人工林地建设及经营模拟与立地条件相适应的、自然选择下存在的自然森林林分结构，使林地生物群落实现动态平衡和自然生产[①]，可通过"立地、适树、混种、异龄、择伐"等建设方式使人工林地接近自然森林的植被群落构成与演替关系，避免大规模开展的同龄林种植、轮伐经营造成土壤退化、林木生长退化及病虫害等问题。瑞士苏黎世理工大学副校长、森林经理学家彼得·巴赫曼（Peter Bachmann）教授通过大量案例总结，对近自然森林经营体系与同龄人工林经营体系进行对比，发现近自然森林较同龄人工林具有更高的抗风险能力、造林成本更低、总生产力更高、经济效益更高的特征。近自然林地建设主要可概括为五大要点：（1）区划引导建设，根据不同尺度立地条件与生境调查，确定适宜建设类型，如眉山生物多样性保护规划中提出森林再造（大面积片林建设）、近自然改造（低质低效林分逐步替代、转换）和乡土景观植物利用（利用行道树、景观木、孤植木

---

① 许新桥：《近自然林业理论概述》，《世界林业研究》2006年第1期。

等进行建设）三类"近自然森林"建设方式；（2）适宜树种选择，根据土壤及腐殖质保护、立地生产力保持、生物多样性保持、林木组成接近天然森林群落等原则[①]选择树种，尽量以本地乡土树种为主，强化区域群落本源树种的优势；（3）针叶与阔叶林混合种植，能够提高生物多样性及抗虫害能力，为更多物种提供适宜生境，营造更为多元的景观风貌；（4）复层异龄经营，强调维持"乔-灌-草"立体空间结构的同时，保留多龄段树木构成，丰富植被群落层次，维持群落的自然演替过程；（5）选择性间伐，间伐能够保留各种成长阶段的树木，避免皆伐造成的生境破坏、水土流失等影响，因间伐而形成的森林带常存在于城市边缘与村落并作为边缘区林地系统的主要构成部分。

2. 农田生境保护与环境改善

渗透系数较高的农田斑块具有滞留、吸附雨洪径流并实现旱时水资源补给的作用，规划应结合地形识别并保护位于低洼或梯田区域的农田斑块（图6-4），强化其土壤渗透性，通过灌溉沟渠、雨洪径流通道等将其串联，从而提高区域径流调蓄、水土涵养等功能。如《美国马里兰州生物滞留系统技术手册》（2009）要求，有潜能作为生态滞留池的农田，应保障其土壤渗透速率不低于1.25cm/h，对于渗透速率或径流净化效果较低的土壤可加入高渗透混合介质进行改良，如沙土、木屑、腐叶、泥炭等。

环境友好型耕作模式能够有效保护物种生境，缓解农业非点源污染，分为生产管理型与复合布局型：生产管理型主要针对

图6-4　坡地农田滞留、吸附地表径流
资料来源：作者自摄

---

① 陆元昌、栾慎强、张守攻、Bernhard von der Heyde、雷相东：《从法正林转向近自然林：德国多功能森林经营在国家、区域和经营单位层面的实践》，《世界林业研究》2010年第1期。

农业生产方式管理，如冈田茂吉、福冈正信等提出的"自然农法"，再如国外常用"休耕"政策，对生态敏感性或价值较高的农田采用"不耕地、不施肥、不用农药、不除草"的管理方式，以提升其水土涵养、生物多样性维持等功能；复合布局型强调农业要素与林地、坑塘等自然要素混合布局，保留或创造出粗放经营的牧草地、低集约生产耕地、灌木树篱、滨水林带、多色休耕地、镶边地及林盘等①农林复合景观类型，既提供了多样物种生境，促进了生境网络连接，同时又提升了资源循环利用效率，削减了负面环境影响。两类环境友好型耕作模式的管控核心都在于提高生产景观中自然或半自然生境比例及类型多样性，利用系统内营养物质循环替代化学物质摄入。国际生物防治组织（International Organization of Biological Control, IOBC）的研究显示，农田景观至少需保留5%的半自然生境用地（包括次生林地、灌木丛、草地等），当其中生境面积接近15%时，才能有效保护生物多样性并控制农田景观中的有害物种过量繁殖②。黄浚玮等对我国台湾梅峰农场进行研究，发现农业生产造成多种物种生境丧失，但通过保护与创造镶嵌于农业景观中的小规模林地斑块、农地与森林边缘的灌木丛等自然或半自然生态用地，便可基本满足区域指标性物种的生存栖息要求③。

　　靠近建设用地边缘的小块农田及相关环境要素保护，利于区域环境品质改善、自然或半自然生境维持及资源循环利用等。康斯柏格（Kronsberg）地区位于德国汉诺威环城绿带中，曾为集约生产型农田，随着城市用地外扩，政府部门对该区域提出了气候调节、自然资源及濒危物种生境保护、休闲游憩场地提供等多重功能诉求。规划者在对现状进行通盘分析后，提出（图6-5）：对区内85hm²的山脊区域进行落叶林种植与恢复；对住宅区及农田间40hm²的弃耕地进行牧草种植与生境修复，既可作为牧场饲养绵羊，又可保留宝贵的半自然生境与游憩场地；利用附近住宅修建堆积的泥灰土和基岩堆砌成两座小山丘，为周围居民提供游憩及全景眺望的制高点，且

① 李承嘉：《农地与农村发展政策——新农业体制下的转向》，第138-141页。
② 段美春、刘云慧、张鑫、曾为刚、宇振荣：《以病虫害控制为中心的农业生态景观建设》，《中国生态农业学报》2012年第7期。
③ 黄浚玮、林裕彬、丁宗苏、王咏洁：《农业环境景观生态保育之多目标规划——以高山农场鸟类生态保育为例，www.twaes.org.tw/AE/htmdata/0000201410.pdf，访问时间：2017年11月16日。

干燥、石灰质地且富含营养物质的场地能为某些濒危物种提供适应生境；组织超过15km的绿道并沿线布置游憩设施，道路两侧至少控制5m以上的绿带以形成生境网络并削减车行交通负面影响；大约120hm²的农田采用有机耕作方式，通过生产、生活废弃物堆肥处理，提高资源利用效率①。

3．河流廊道修复与功能强化

河流水网为沿线生态空间发展及维持提供必需的营养物质、淡水资源及稳定的水文环境，其功能维持取决于稳定的基质、不规则的水深、异构的栖息地、曲折或蜿蜒的河道及岸线覆盖情况②，故保护

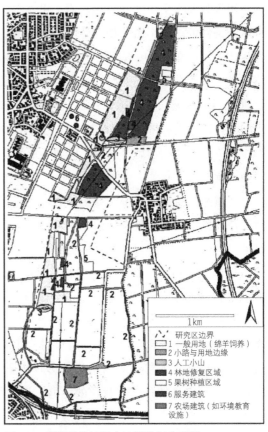

图6-5　康斯柏格地区农林用地复合利用

资料来源：Haaren C V, Reich M. The German way to greenways and habitat networks［J］. Landscape and Urban Planning, 2006, 76（1-4）：7-22.

并修复自然水文过程及其所依托的地貌单元多样性特征是维持河流生态功能的基础：（1）河流蜿蜒性恢复。与直线化处理的河道相比，自然蜿蜒的河道空间降低了河道纵坡坡降，减缓了河道流速及水土流失风险，同时提高了栖息地数量及质量。（2）保护或创建深潭-浅滩序列。河流纵断面自然

① Christinavon Haaren and MichaelReich，"The German Way to Greenways and Habitat Networks"，*Landscape and Urban Planning*76, no.1-4（2006）:7-22.

② 玛丽娜·阿尔贝蒂：《城市生态学新发展——城市生态系统中人类与生态过程的一体化整合》，沈清基译，同济大学出版社，2016，第155页。

状态表现为深浅交织的浅滩和深潭，浅滩与深潭所产生的急流、缓流等多种水流条件能形成丰富的物种生境；（3）河流断面多样化特征修复。即通过生态工程措施修复或模拟河床在自然水流冲刷作用下会形成的由主河槽、洪泛区及过渡带所组成的抛物线稳定形状（图6-6），用以维持正常流速及流量；（4）岸坡防护生态化处理。对渠化河道进行生态化、缓坡化恢复，边坡防护建设透水化、粗糙化、自然化[1]；（5）湿地型用地保护。保护与河流水网关系密切的湿地、沼泽、坑塘、低洼农田及易汇水洼地等，提高流域雨洪调蓄能力。

河道两侧植被缓冲带对连接外围区域与河流水体、保障复合生态功能具有重要作用，因兼具水陆生态系统特征，通常具有较高的物种丰度与初级生产力，还能为野生动物提供觅食、巢穴及避难场所。理想滨水缓冲带分为近岸原生林灌区、中部林灌结合区及远岸草本植被区三区：（1）近岸原生林灌区主要由原生林地与灌木草地构成，植被达到60年后能为河流生态系统提供稳定的物质与能量来源，同时利于水土保持、河岸稳固；（2）中部林灌结合区主要以经济型林地及灌木草地为主，用于滞留径流、强化地下水入渗、吸附水溶性影响物质等，需定期砍伐和立木改良以提升其固定与转移营养物质的能力，注意乔灌木搭配布置；（3）远岸草本植被区主要由灌木、草地构成，提高草本植物密度，利于截蓄与滞

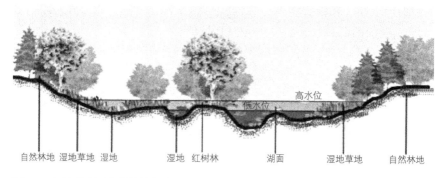

自然林地　湿地草地　湿地　　　湿地　红树林　　　湖面　　　　湿地草地　　自然林地

图6-6　河流横断面多样化特征修复

资料来源：眉山岷东新区水系专项规划［R］. 重庆大学规划设计研究院有限公司，2016.

①　赵进勇、孙东亚、董哲仁：《河流地貌多样性修复方法》，《水利水电技术》2007年第2期。

缓径流，实现泥沙沉降、营养物质吸附与转化，可适当利用改变坡度、设置引水道及扩散装置等技术手段，并辅以草地剪割及剪除物循环利用等管理手段。山地城市地形起伏变化较大，河流廊道可根据坡度细分为陡坡型、缓坡型与漫滩型，应充分利用各类用地固有特征实现空间与用地的巧妙契合，梯田、低洼地及洪泛区水田斑块，具有类似于湿地、坑塘的生态功能，可对其进行保留并与水文过程整合（图6-7）：对于坡度大于25°的陡坡型应强化河流两岸乔木及灌木丛种植，保留外围小规模水田斑块以替代外围草本植被区，用以截流外来地表

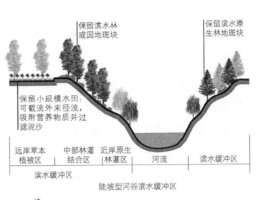

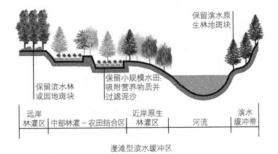

图6-7　滨水缓冲带坡面示意图
资料来源：作者自绘

径流，过滤并吸附营养物质及泥沙等沉积物；缓坡型可结合梯状水田并辅以林地建设替代中部林灌结合区，发挥生态调节与过滤功能；漫滩型保留洪泛区内小规模水田斑块并采用生态种植方式，用以吸附过滤外围污染物质，并维持洪泛区行洪泄洪能力。

　　河岸植被缓冲带宽度影响用地生态潜能发挥，总体及分区宽度要求应根据两侧用地属性、缓冲带功能、河流等级等设置：（1）用地坡度、土壤

类型等与缓冲带宽度设置关联，研究显示，当坡度小于5°时，缓冲带雨洪滞留、过滤吸附污染物等能力显著，若坡度较大，则需扩大廊道范围，而针对土壤黏性大、渗透性差的用地，廊道宽度应比渗透性强的用地更大；（2）上一章已提到，不同用地功能对缓冲带宽度的要求亦不同（表6-1），需根据其所在纵向功能区段与横向功能分区（包括横向空间模式、外围土地利用类型及布局等）综合分析确定，如截流污染物质一般控制在30m以内即可，而保护物种生境则需大于120m；（3）河流等级越高，越容易受周围用地影响，所需设置的缓冲带宽度越大；（4）其他因素，如树种类型、植被群落及生长特征等也对缓冲带宽度确定具有一定影响。

河岸植被缓冲带功能与对应宽度控制　　　　　表6-1

	廊道功能	宽度控制
水环境保护	滞蓄洪泛，保护河流及关联区域	60~80m或100年一遇河漫滩范围线
	截留坡面漫流产生的沉积物、氮、磷、杀虫剂等污染物质	坡度小于10°时，预留30m即可；若坡度较大，则需扩大廊道范围
	有效控制河流对岸线的冲刷程度，避免土壤侵蚀，巩固岸线	小型河流预留10m即可，若侵蚀严重或较大河流，需将廊道宽度扩宽至15m以上
	平坦区农业生产区环境影响防护	大于5m
环境调节	降温增湿，调节区域大气环境	15~35m效果明显，大于45m效果趋于稳定
	土壤结构和养分条件得到改善	30~60m
	提供荫蔽空间，调节水温	10~20m
物种生境	保护区域生物多样性	大于120m
	保证水陆系统物质能量交换，增加河流系统生物食物供应	40~90m
	为鸟类提供适宜生存繁衍场所	500m以上

资料来源：作者整理

（三）生态游憩及关联用地布局

城乡环境提升型枢纽单元往往具有较好的自然风光及独特的景观要素，如陡壁崖线、山沟纵谷、湖泊水库等，能够容纳生态旅游、运动健身等游憩活动，但游憩人数或强度若不加以限制，将会对林木、地表植被、土壤等环境资源及生态系统造成巨大破坏。为实现景观资源保护，环保主义者最先提出对其进行圈划并完全保持其自然状态，此类方法因限制邻近区域正常发展且给政府带来巨大经济负担而推行困难；后针对环境容量的探索逐渐兴起，却因评价系统复杂且过于重视"量"而忽略"质"，仍未能有效保护景观资源；如今管控方法日趋多元化，涉及建设方式、游客行为、功能组织等多方面管理，如根据游憩水平及方式合理分区、限定游览季节及人数、控制非渗水性铺装规模及布局等①。

　　根据适宜游憩类型及利用强度进行分区划定是最常用且有效的综合管控方法。如理查德·福斯特（Richard Foster）提出应将保护区由内至外分为核心保护区、游憩缓冲区及密集游憩区进行管控②，其中核心保护区需严格保护且不能随意进入，仅允许科考、探访活动进行；游憩缓冲区仅可开展部分不会对资源保护造成明显影响的被动游憩活动，如观光、探险、徒步等，可建设少量与环境保护相协调的服务设施与道路；游憩密集区则可开展更多对核心区及缓冲区没有直接影响的活动，如野营、运动、垂钓、休闲度假等，适当布置接待中心、车行道路、停车场等服务设施。城乡环境提升型枢纽单元主要涵盖自然保护区外围缓冲区域及因典型性、代表性不足未划入法定保护区，却对系统维持及服务供给具有重要作用的环境要素及区域，如"分区同心圆"模式中的游憩缓冲区、游憩密集区，协调生态保护与游憩利用是其管控重点，应根据资源敏感性及价值属性分析确定适宜利用强度与保护分区，不同分区对应不同的设施建设、配套程度及允许的人为活动强度管控，敏感性较高的区域应尽量减少建设、限制活动强度并设置缓冲区域以规避人为影响，敏感性低的区域则可配置较为完备的设施并容纳较多人群活动（图6-8）。"可接受的改变极限（Limits of Acceptable Change，LAC）"是在绝对保护与无限利用中寻找平衡的方法，认为保护的核心在于确定利用产生的影响是否在可接受范围内，并以此确定"可允许改变"的阈值，与游憩机会类别（Recreation Opponunity

①　Rolli R.，张黎明：《自然保护与郊野游憩》，《世界林业研究》1992年第3期。

②　黄丽玲、朱强、陈田：《国外自然保护地分区模式比较及启示》，《旅游学刊》2007年第3期。

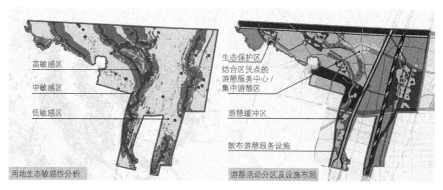

图6-8　结合生态敏感分析的游憩分区及设施布局
资料来源：作者根据眉山中心城区"166"控制区概念性总体规划改绘

Spectrum，ROS）结合，可为景观资源匹配最适宜的游憩活动[1][2]。

城乡环境提升型枢纽单元可与绿道、绿网整合，形成带状游憩空间。带状游憩空间既可整合分布较为零散的自然景观或历史人文景点，流动性空间属性又利于游客参与其中，且人群分散于带状空间，可避免某一景点集中大量人群而对环境造成严重影响。散布其中的小斑块农田及园地，一方面可丰富游憩活动类型及景观多样性；另一方面生产有机农副产品，可为护林员及服务从业者增加额外经济收入。对于现状建筑条件较好的农村居民点进行整合改造，作为景区游客集中接待中心，可保留一定原住民作为服务从业人员，为游客休闲游憩活动提供必要的设施与服务。结合山脊绿地、滨河绿地等建设慢行道路系统，与城市功能区衔接，可提高区域可达性。

（四）枢纽单元内用地规模控制

决定城乡环境提升型枢纽单元内各类用地规模的因素主要有二，其一为特定生态功能发挥所需用地规模，其二为区域生态环境供水量限制。生态功能发挥所需用地规模因功能而异：（1）维持区域生物多样性所需控制的农林用地规模应根据代表物种对应的生境斑块类型及大小、迁徙廊道布局及宽度要求等综合判断；（2）之前已提到，维持水环境稳定需将流域内

① 张骁鸣：《旅游环境容量研究：从理论框架到管理工具》，《资源科学》2004年第4期。
② 杨锐：《试论世界国家公园运动的发展趋势》，《中国园林》2003年第7期。

渗水性地表总比例控制在85%以上，此外还应根据水土涵养、径流削减等要求，结合用地坡度、降雨强度、径流系数等细化确定所需保护的用地类型及规模；（3）大气环境改善，可根据城市所需补偿空气量、空气引导廊道宽度及疏密度等反推计算所需保护的用地规模。

　　生态环境供水量限制是影响枢纽单元内用地规模的另一关键要素。生态环境需水包括生态需水与环境需水：（1）生态需水（$D_\text{生}$）指维持系统所有生命体中水分平衡所需水量，包括自然林地、灌木草地、湿地植被等自然植被生长所需水量，农田林网、生态防护林地等半自然植被种植所需水量，及维持湖泊、河流中生物生存所需水量等，可通过维持生态系统服务的各类用地组成及其单位面积耗水量计算得出，其他方法还包括水利计算法、生物计算法与水质计算法等[1]；（2）环境需水（$D_\text{环}$）指保护或改善城乡环境所需水量，包括保证河流基本环境功能所需的枯水期最小流量，维持水沙平衡、水盐平衡等所需水量，维持地下水补给所需水量等[2]，其与上下游输入及输出水量、地质地貌特征等相关。单元生态环境供水量（$S_\text{生}+S_\text{环}$）等于上游河流及汇水单元径流输入量减去其向下游河流输出量与生产、生活用水量，生态环境供水量（$S_\text{生}+S_\text{环}$）与生态环境需水量（$D_\text{生}+D_\text{环}$）的相对关系决定单元内由功能诉求确定的生态用地规模是否合理：当$S_\text{生}+S_\text{环}<D_\text{生}+D_\text{环}$时，单元内农林用地及地表水系难以得到充分的水源供给，生态用地将逐渐萎缩，生态系统稳定性下降；当$S_\text{生}+S_\text{环}\geq D_\text{生}+D_\text{环}$时，单元内农林用地及常年地表水系得以维持，多余的水量可通过地表渗透、蒸发或季节性水体储存等实现调节，若供给量远大于需求量，则需增加农林生态用地规模或水网、坑塘密度对其进行消解。植被、土壤与自然过程相结合的雨水管理能够创造美好且健康的城市环境，适量的生态环境水资源持续供给维持系统健康并保障城乡生产、生活环境稳定，故枢纽单元内农林用地及地表水系生态环境需水量应与流域所分配的生态环境供水量相匹配，既能通过地表径流滞留、吸附以保障农林用地所需生态用水，又能维持河道、沟渠等最小水量所必要的环境需水，同时还能避免过量径流对下游区域的影响。

---

① 崔树彬：《关于生态环境需水量若干问题的探讨》，《中国水利》2001年第8期。

② 杨志峰、崔保山、刘静玲：《生态环境需水量评估方法与例证》，《中国科学（D辑：地球科学）》2004年第11期。

生态环境供、需水量对比分析主要针对干旱或半干旱区域，山地丘陵地区由于降雨分布不均及地形原因等，径流在时空上分布不均，易出现季节性或区域性缺水，故对其进行生态环境需水研究具有实际意义。眉山水资源年际及年内分配差异较大，全市年径流变差系数Cv值在0.15~0.48，尤其在岷东片区，相关数据显示，其汛期内连续四个月径流量占年径流量的70%以上，而全年连续最小四月径流量总和仅占年径流量的6%左右，生态环境供需严重不匹配，易造成季节性干旱或洪涝灾害。规划根据各枢纽单元现状土地利用及地形特征，保留大量具有径流吸附、滞留、渗透、蒸发能力的自然林地、水田洼地、河流水面、水库坑塘、灌溉沟渠等，并结合半自然生态绿地、苗圃绿地、防护绿地建设，强化枢纽单元对地表径流的滞蓄与利用能力，暴雨期间径流滞留量高达87%，并用于补充旱时水资源供给，有效地调节了区域及季节间不均衡的水资源分配，实现生态用地规模与生态环境供水相适应。

二、田园文化体验型枢纽单元

（一）单元用地特征及功能关联

田园文化体验型枢纽单元指具有多元农副产品供给、农业文化体验与休闲游憩等复合功能的用地单元，涉及耕地、园地、草地、半自然林地、河网库塘等。城乡居民对其不同的态度反映出各自的问题视角与功能诉求：对城市居民来说，乡村是城市的游乐园与休闲场地，应有新鲜的空气与优美的自然、田园景观；而对大部分乡村居民来说，农田是安身立命之处，需保障并提升其农副产品产出。城乡居民功能诉求的不协调易引发矛盾冲突，如游憩活动侵占农田作为停车场或活动场地[①]，游憩活动造成农业生产环境恶化、作物减产，但游客并未因此支付相关费用，所受损失均由村民自行承担。究其本质，休闲游憩与农业生产对用地布局的要求具有统一性，即顺应山水景观格局及自然生态过程的农林用地复合布局，就山地城市来说，遵循并结合山丘谷地、山脊冲沟等地形特征的用地布局能够为农副产

---

① 迈克尔·哈夫：《城市与自然过程——迈向可持续性的基础》，第165页。

品提供稳定且多元的生产环境，同时其形成的具有多样性、持续性的特色农林景观，又为休闲游憩发展提供可能。

保护并维持结合立地条件的特色农林景观及相应用地布局，协调生产功能与游憩利用是单元管控的关键。由于农田向其他类型用地的转化过程多不可逆，需根据用地质量、环境区位及特征等综合分析，确定农田保护重要性等级及适宜发展策略：（1）土壤层厚度较深、排水功能较好且地势平坦的用地适用于农业耕作，可作为战略性食物生产储备用地，予以严格保护并通过水土条件改善以提升其生产功能；（2）地势低洼易积水、土壤肥沃且厚度较深的土地适用于水稻、荷花等湿地型农业种植，具有生境维持、地下水回灌、农副产品供给、湿地景观维护等复合功能；（3）土壤层较薄且石质较多的用地，需根据生态敏感性判断是否应种植或恢复乔木以提升水土保持能力，或种植牧草地以作为畜牧养殖；（4）陡峭的河岸及山坡地不适宜农业规模生产，应恢复为林地，作为物种栖息生境，保护其原有景观风貌及战略性园艺功能。城市建设区外围及景观品质突出的自然保护区、风景名胜区外围是休闲游憩需求最大的区域，应特别强调其用地功能复合性，在保障农林用地基本功能的同时，布置必要游憩配套设施并进行适宜活动引导。

（二）农副产品多样性供给导向

"人类大脑的惊人发展是与人类逐渐上升到食物链的顶端相一致的，获得各种各样复杂的维生素和蛋白质使人类的身体和大脑有可能变得高度紧密复杂，而现代的工业耕作由于更加有效的投入而阻碍了这个进程"，维持一定比例的手工食物生产对保障食物多样性，乃至于促进人类发展是十分必要的。农副产品供给需强调当地尺度与就近概念，通过各类耕地保护及多元产品就近供给，重建周边农田与城市的相互联系[①]。

---

① Valerià Paül and Fiona Haslam McKenzie, "Peri-Urban Farmland Conservation and Development of Alternative Food Networks: Insights from a Case-Study Area in Metropolitan Barcelona (Catalonia, Spain)," *Land Ues Policy*30, no.1（2013）:94-105.

1．多元食物生产基地

农业—自然公园中所指的生产基地是指与山地、丘陵地形充分结合，用地斑块连片度较低，虽未划入基本农田保护区却具有高生产潜能，可作为林果、蔬菜生产基地，为城市就近提供高质量产品的用地。单元建设要点包括：（1）保留多种生产用地类型，用于生产蔬菜、瓜果等易腐难运的农副产品并为城市提供薪材、原材料等；（2）用地布局因地制宜，根据地形坡度、土壤厚度、有机质含量、灌溉保证率、排水条件等，确定适宜农作生产的用地布局；（3）重点协调农林用地与水网的关系，保障生产用水供给并控制水土污染。

林果类作物大多具有不耐涝的特性，且坡地种植较平地种植具有更好的光照与通风条件，利于作物生长，所以应尽量布置于坡度适宜的山坡地，并强化田间排水及水土保持；苗圃林地因存在较为频繁的种植与移栽作业，不宜种植在坡度大于25°的区域，用材林砍伐采取间伐，避免大量树木移除对环境的影响，并辅以生态林带建构等防护措施；果园植株种植应保障覆盖度在0.5以上或每亩株数大于合理株数70%，以便兼顾水土涵养功能；大面积茶树种植易造成水土流失，应通过与林地混种、规模控制等予以影响规避。蔬菜生产基地应选择生态条件较稳定、远离污染源且具有可持续生产能力的区域[1]，因蔬菜作物根系普遍较浅，翻种频率较高，对水土平衡扰动较大，应选择山脚、坡脚以及沟谷两侧地形相对平坦且建有生态截流沟渠、生态滞留池等防护设施的区域，并顺应等高线分布呈带状梯田式布局。眉山岷东新区地形起伏，适于集中耕作的平坦用地较少，为协调建设发展与农副产品生产在土地需求方面的矛盾，规划根据用地敏感性与适应性分区，充分利用丘陵地形洼地、湿地、坡地等发展果蔬、苗圃、花卉种植，并通过绿道与城市衔接（图6-9）。

山坡地区域从事林果及蔬菜生产常面临涝时雨洪冲击，旱时灌溉困难的两难境遇，需通过构建"灌溉-排洪"系统对坡地地表径流进行组织与合理利用，即结合地表径流通道、坑塘水库及林地、园地、菜地布局等组织

---

[1]　资料来源于中华人民共和国农业部2002年颁布的《无公害食品蔬菜产地环境条件（NY5010-2002）》。

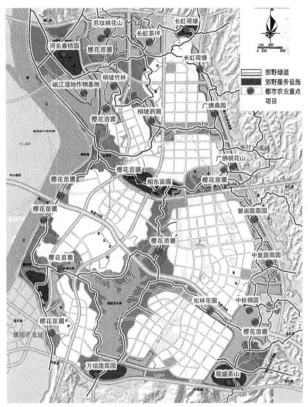

图6-9　结合地形特征的林果及菜地生产用地布局
资料来源：眉山岷东新区非建设用地总体规划［R］. 重庆大学规划设
计研究院有限公司，2015.

排水及灌溉沟渠系统，既能够满足生产用地日常灌溉、排水要求，还可起
到阻截径流、降低水土流失的作用：沿用地边缘且垂直等高线布置纵向排
水、灌溉沟渠，将坑塘水库蓄水或地表径流按需分配到生产用地中，保障
作物日常灌溉与维护；间隔一定距离建设横向防护沟渠，降低径流速度并
实现泥沙沉积；在坡面集中汇流区或低洼处，沿沟渠布置多级生态蓄水池，
使雨洪径流可沿一定路径排出并储蓄在生态蓄水池中，既保障林果作物生
产所适应的土壤干湿条件，又可应对降雨季节性分布不均所造成的灌溉问
题。梯田的形式能促进排灌渠中水资源的高效利用，如上一级梯田区排灌
沟能够作为下一级梯田区的蓄水及灌溉渠。对于生态敏感性较高的区域，
如陡坡区、滨水区等，应避免生产作业，改而实施生态林地建设。

　　山地丘陵区域农业种植会带来不同程度的水土流失风险，可通过坡地改梯田、生态湿地建设、农林复合生态系统构建等进行防护与缓解。"坡改梯"是对坡度、土壤等立地条件适宜耕作的山坡地进行梯田改造，能有效提高坡面水土保持能力，削减地表径流对土壤的冲刷影响并拦截产沙过程，砌筑田土坎是改造的关键，可采取生物技术与工程技术结合的方式，如在埂坎上栽植适当的植物、草皮或经济林果等。依托河流、泉涌、湖泊坑塘等建设的乡村湿地能够提升区域水源涵养、净化水质的能力，同时还能用于水生或湿生农作物生产，应结合流域水系走势、汇水分区、路径及主要出水口进行布局。农林复合生态系统构建是将单一的农业生产系统转化为"多维"农林复合体系，在不影响产量的同时，改善生产环境并增加其病虫害及自然灾害抵御力，主要模式有：（1）垂直农林复合型，适用于地势高差较大、生态敏感性较高、用地较为局限的地区，即结合原生自然林地保护与修复，在坡地中上部种植水保林、用材林等，中下部种植经济林果及特色蔬菜、药材等林下作物，山脚发展梯田及湿地作物生产，形成"乔-灌-草"复合植物层次；（2）水源复合利用型，针对非点源污染较为显著的地区，通过用地复合布局提升水资源及营养物质固定效率，如在大规模密集种植、养分输出量较大的农田下游种植较少或基本不施肥的农作物，结合坑塘、沟渠等形成"高施肥田-低施肥田-塘链系统-生态水道"地空间格局，以拦截、吸附水体中过量养分，净化水质（图6-10）；（3）"种-养-沼"立体复合型，即按照生态农业原理，整合农田、水网、林地、园地等环境要素，使用地单元内各关联生产过程实现耦合与促进，如稻田生产区养鸭、养鸡等生产实践[①]。

图6-10　养分输出大的生产区下游种植少有施肥的农作物
资料来源：作者自摄

① 王书华、王忠静：《西南山区小流域观光经济带模式设计》，海峡两岸观光休闲农业与乡村旅游发展学术研讨会论文，北京，2002，第475-479页。

2. 小斑块农林用地生产

秉承"精耕细作"的传统农业往往技术密集度低、环境适应性高、与居民聚居点距离近，且在长期实践中形成一套与周围环境高度契合、"用养结合"的可持续生产模式，能够生产出比工业化食品市场价值更高、作物种类更广泛的食物，如欧洲阿尔卑斯牧场、西班牙西部干地森林牧场、我国台湾地区东部海稻田等。山地城市由于地形原因，部分适宜传统耕作的小型农田斑块在城市化及农业机械化进程中得以保留，这对依赖农业生存的小农生计维持及市民高品质食物供给具有重要意义，规划应对其进行保留，并强化其与居民聚居点之间的交通联系，以维持传统农业生产。如宝鸡市渭河南部台塬地区，规划对位于城市边缘区且用地条件适宜农业生产的小规模农林斑块进行整理，形成旱地、果园、菜地围绕居民点并通过田坎串联的布局形式，保留用地生产潜能，并使耕地生产半径控制在1km以内。

挖掘非耕地食物生产潜能可以拓展边缘区用地的物资供给能力及品质，因其不仅可作为独立于有组织农业生产外的战略性食物储备，且野生食物具有极高的营养价值。森林以外的树林（tree outside the forest）是由国际粮农组织（FAO，1995）提出的概念，指"生长在未被定义为森林和其他林地上的树木"，包括农田林网、果园、小树丛、永久草场和牧场，生长在农业用地、荒地或农田、城市周边区域的乔木和灌木，及沿河、沟渠、道路成行生长的树木等[1]，其树木的果实、嫩叶、木材等能为人类提供营养均衡的食品与药物原材料、家畜饲料、木材和薪材等。相比传统意义上的生产型用地，森林以外的树林具有维护成本低、功能复合、产品多元等特征，故规划应尽量保护具有较高生产力的原生林地，而对于新增林网、防护缓冲带、生态绿地等植被选择，应倾向于具有食品、用材等生产潜能的作物类型。

3. 农副产品多途径配给

践行当季、当地产销的农副产品配给模式能够缓解全球工业化食品生产、运输所带来的环境破坏及食品安全问题，主要包括基地产配模式、家庭农场产配模式及市民农场产配模式三类。基地产配模式主要针对稳定且

---

[1] Ronald Bellefontaine, Sandrine Petit, Michelle Pain-Orcet, Philippe Deleporte and Jean-Guy Bertault，《森林以外的树木呼唤关注》，张莉、王海燕、邱敦莲、狄杰明、张博迪、许夕蕊中译，中国农业科学技术出版社，2006，第11-17页。

需求量较大的客源，已形成较为完善、高效的产配链，可细分为"公司+农户""公司+基地+农户""连锁超市/社区超市+基地+农户"等。家庭农场及市民农场产配模式多依赖于个体农户小规模农副产品生产及农户与消费者"面对面"销售。农业—自然公园建设对此类产销模式具有积极作用：一方面，公园建设保留了边缘区内大量具有生产潜力的小规模农林用地；另一方面，公园和城市在空间与路径上具有密切联系，便于产品的展示与销售。

　　相比于大型超市，以农夫市场为代表的种植者直销形式具有经济、社会等多重价值。农夫市场（farmer market）是由欧美发达国家率先提出、恢复当地性食物生产及保障食品自给自足率的关键策略，是种植者在固定时间、固定地点聚集在一起，直接向消费者售卖其生产的农副产品的市场行为：一方面有助于向消费者提供新鲜、低价的产品；另一方面有助于削减中间环节成本，提高农民的经济收入，包括农夫货架（farmer stands）、农夫零售店（farmer shop）等。我国城市中普遍存在的街头市集与农夫市场性质类似，是种植者根据自身区位及市场判断所自发形成的临时销售场所，由于缺乏协调与控制，常出现堵塞街道、影响交通等问题，甚至引起执法冲突（图6-11）。由美国农夫市场建设经验可知，为当地个体种植者提供产品销售场所是十分必要的，既可弥补大型市场、超市服务半径缺口，为市民提供健康、新鲜的当地蔬菜，还可增加种植者经济收益，但为避免自发组织的街头农副产品销售干扰城市正常功能，应对其场地位置、规模及形式等进行管控：（1）街头市集场地布局需兼顾消费者及种植者的交通可达性与便捷性，一方面靠近城市社区，另一方面与农副产品产地交通联系便捷，如城市外围社区附近、利用率较低的广场空地等；（2）场地规模不应

图6-11　自发形成的街头集市
资料来源：作者自摄

过大，避免对周围用地造成不良影响；（3）由于街头市集人流具有潮汐性，可结合具有兼容功能的场地布置，减少不必要的建设成本；（4）结合绿道系统布局，提高"销售–购买"空间网络的连通性与安全性。

（三）田园风貌保持与游憩利用

随着我国社会经济发展及消费结构改变，边缘区休闲游憩活动逐渐趋向复合化、多元化，从开展纯粹的农业观光与节庆活动，到出现采摘、种菜等农事体验型活动，如今已形成集山水观光、生态探索、文化深度体验与传播、度假康养等多功能于一体的田园文化综合体。

1. 农业生产景观整体维持

农业生产景观对都市居民极具吸引力，而受青睐的景观往往具有共性[1][2]，即注重整体协调性、在地性、连续性、自然保护与农业功能优先性：（1）农业景观作为半自然半人工景观，应将景观要素保护与塑造置于地域背景当中，结合当地自然地域及文化特征进行整体保护与规划，农耕景观、建筑布局及风貌、场地布置等应与其相协调（图6-12），并将其整体作为一种特殊的旅游观光资源，如适应雨量充沛、地势低洼等环境的湿地基塘体系景观，适应地势起伏及灌溉水源缺乏的丘陵区多水塘系统景观等；（2）农副产品生产是农业景观资源

图6-12　结合自然地域及文化特征的景观塑造
资料来源：眉山岷江东岸滨江公园修建性详细规划［R］.重庆大学规划设计研究院有限公司，2013.

---

① Ives Christopher D. and Kendal Dave, "Values and Attitudes of the Urban Public towards Peri-Urban Agricultural Land," *Land Ues Policy*34（2013）:80-90.

② Sullivan William C. and Lovell Sarah Taylor, "Perception of the Rural-Urban Fringe: Citizen Preferences for Natural and Development Settings," *Landscape and Urban Planning*29, no.2-3（1994）:85-101.

区别于其他景观类型的核心，景观营造需注意用地生产潜能维持；（3）保护并整合能够维持或支撑乡村景观特色的自然景观、历史人文要素与生态环境。

农业生产景观的游憩观赏价值，一部分决定于景观要素固有的空间形态特征，另一部分依赖于其所处区位与周围环境。农业生产景观要素主要包括农田景观、林盘及林网景观、河流水网及其沿线景观等，影响其固有空间特征的因素包括组成用地类型与规模、耕作或维护模式、生境多样性等；所处区域及周围环境主要反映为周边用地类型与景观风貌、与周围环境的融合及协调程度、区域景观特殊性等。景观独特性决定吸引游客的数量，故需在对现有农业生产景观进行评估的基础上，提出相应的景观建设及优化策略：（1）现状保护，即对具有高品质景观的地区，保护现有植被及地形地貌单元以维持原有景观特色；（2）适度提升，即对现状景观风貌尚好但并不突出的区域，采取与当地风貌相协调的景观提升措施，如新西兰森林服务中心提出的"创造性森林"概念，通过种植颜色深浅不同的植物、在密林中布置一处开敞空间、种植小树苗的同时保留部分老树作为承托等措施，提高区域视觉吸引力；（3）强化改造，即对现有景观质量较差的区域进行景观改造，通过一种全新的美学概念及形式介入，提升景观的独特性与标示性；（4）修复还原，即对原本具有高品质景观但受到破坏的区域进行修复，使其逐渐恢复到原有景观状态①。

路径、边界、区域、节点与标志物，是由凯文·林奇提出的城市意向中五种空间物质形态，对农业生产景观感知及要素控制同样具有借鉴意义（图6-13）：（1）路径常与方向感、连续性相关并串联区域各部分，"人们习惯去了解路径的起点与终点，沿路径分布的活动聚集处及特殊用途总是给人留下深刻印象"，规划应结合现有山脊绿地、山谷绿地、滨水绿地、农田林网、道路沿线绿地保护与建设，强化场地内路径的连续性与网络性，并利用其组织沿线各分散景点，既能增加景点可达性，又可创造路径"步移景异"的效果，缩短游客对道路的心理预期长度；（2）边界分为山体、沟壑、河流等自然边界及道路、桥梁等人工边界，可强化游客对用地功能分区及空间格局的认知，规划应结合功能分区予以适当保护与利用，以强化功能兼容区域间的空间联

---

① 汤姆·特纳：《景观规划与环境影响设计》，王珏 译，中国建筑工业出版社，2006，第218-219页。

系并削减不同分区间的功能干扰；（3）区域具有较强的"场域效应"，规划应对融合自然地形特征、特色农业生产区、水系路网、民居建筑及文化遗迹等要素的、具有特色乡村景观的区域进行区划保护，使其维持协调、融洽的空间

图6-13　农业生产景观中的空间五要素
资料来源：作者自绘

关系与氛围；（4）节点是游客进入区域及场地的战略性位置并常成为"心理中心"与聚集点，通常表现为绿化景观、广场用地等，设计中应考虑其对两侧要素的呼应与衔接，并通过视线引导、路径引导等强化空间联系性；（5）标志物通常作为区域视线的焦点，是人们常常用以辅助确认身份或结构的线索，如孤立高地、山头、位置较高的景观构筑物等，规划应对其及周围用地进行有意识的保护与控制，避免周围用地对其造成遮挡。

2．休闲游憩空间组织

枢纽单元内游憩活动类型及属性决定相应的空间布局及设施布置：（1）田园风景观光型，可综合现状道路及绿地组织观景线路并沿线布置座椅、路灯、环卫等小型设施；（2）农家生活体验型，通过果品采摘、种植实践、酒品酿制等农业生产、加工实践及农家生活体验，让游客体验农耕、民俗文化，涉及各类果品采摘园、花卉种植园等，此类活动互动参与性较强，需在主要生产、生活区内圈画特定区域进行，避免大规模人流进入对农业生产及农家生活造成影响；（3）乡土文化展演型，设置农耕博物馆、民俗博物馆等，为游客展示并讲解当地农业与风俗特色及发展过程，加深游客对当地文化的了解，此类活动对周围环境影响较小，但需要特定的空间与场所，应尽量与农村聚居点结合布置；（4）乡村度假型，即利用乡村独特的景观资源，整理现有农居，为游客提供度假民宿，亦可择址新建，为游客创造远离城市喧嚣、回归田园生活的体验，可为与集中活动区具有一定距离的农居小屋或位于聚居区外围、靠近田园风光的区域；（5）探索发现型，通过生态探索、生态旅游等方式促进游客了解当地生态环境

特征、特色物种及自然过程，涉及自然课堂、昆虫乐园等自然或半自然空间。

农业景观特色维持是吸引城市居民到访的主要因素，有必要对游憩活动涉及区域，如农林景观区、集中接待服务区、农家生活体验区等进行园区化管理，既有利于规避游憩活动对当地居民生产、生活环境的影响，同时可降低基础设施、游憩设施建设与维护成本，如我国台湾地区通过休闲农业园区评选与建设，以政府拨款或园区收益补贴的形式来维持区域特色景观[①]。此外，充分融合山体、水系等自然要素，能够强化区内景观特色塑造，实现各枢纽单元错位竞争。

（四）枢纽单元内用地规模控制

水源供给、水土侵蚀及潜在人为污染防护是影响田园文化体验型枢纽单元内用地规模的主要因素。首先，与城乡环境提升型枢纽单元相同，田园文化体验型单元内生态需水量应与供水量匹配，并反映到农田、草地及半自然林地等用地规模控制中：（1）对于山地丘陵区域的小规模农田来说，因灌溉沟渠建设成本较高，仅能依赖湖库及坑塘水资源就近灌溉，故山坪塘、灌溉水库等容量直接影响农田规模，除灌溉用水外，还应考虑水田的渗透需水量，其与水田稳渗率（主要由土壤类型及用地坡度等决定）、水稻生长周期、水田面积等相关；（2）因植株体内及同化过程耗水量不足1%，故草地、林地等生态需水量主要可通过植被、土壤蒸发耗水量反映，与植被类型、规模、疏密度等相关；（3）湖库、坑塘等水面蒸发、渗透及其内部生境维持需水量也应考虑到生态需水中，其主要与湿地面积、水面面积比例、水深等相关[②]。

农业生产势必会造成不同程度的水土侵蚀，应适当控制农田规模及农林用地比例。之前提到，梯田改造及农林复合系统建设能够提高区域水土涵养能力，骆宗诗等通过调查发展，混交林土壤稳渗速率显著高于纯林[③]，能使耕地区域径流减少50%，水土流失减少25%~70%[④]；李林育通过研究，发

---

① 周琼、曾玉荣、杨勋华：《台湾休闲农业的案例分析与启示》，《台湾农业探索》2009年第5期。
② 张琬抒、周林飞、成遣：《辽河河口湿地生态环境需水量研究》，《灌溉排水学报》2017年第11期。
③ 骆宗诗、章路、向成华、谢大军、陈俊华、罗晓华：《四川盆地丘陵区农林复合系统林地土壤的稳渗速率》，《浙江林学院学报》2010年第2期。
④ 刘刚才、朱波、林三益、张先婉：《四川紫色土丘陵区农林系统的水土保持作用》，《山地学报》2001年第S1期。

现梯田横坡垄作相对于顺坡垄作，能够削减35.1%~74.7%的地表径流量及8.5%~96.8%的土壤侵蚀，而耕地区域林草地建设，能够分别减少48.6%与32.3%的地表径流及54.4%与73.8%的土壤侵蚀，其中水土涵养能力为有林地＞灌木林地＞经济林地＞疏林地，高盖度草地＞中盖度草地＞低盖度草地[①]。故应根据地形特征划分台地、阶地以控制单块农田规模，并在其田坎及斜坡上混合种植林草地以提高耕地区域半自然、自然生态用地密度，根据《水平梯田建设技术规范》，对于坡度小于7°的坡地，可平行等高线建设坡式梯田；而对于大于7°的坡地则应该进行阶梯式划分，建设水平式梯田，尤其对于坡度为15°~20°的区域，应采用隔坡梯田，即在斜坡及田埂上强化林草地种植。经计算，为实现区域水土涵养并尽量维持用地农副产品生产潜力，单元内林草地所占比例应为55.66%~71.08%，该比例与用地坡度相关，坡度越大，比例越高。

低洼水田、湿地等用地规模还应满足单元内非点源污染防护要求，王书敏通过M（V）法分析山地城市暴雨初期冲刷效益，发现小坡度区域降雨初期40%的径流中携带50%~80%的污染物质，而大坡度区域（坡度大于20%）降雨初期20%的径流中携带42%~58%的污染物质[②]，故用地规模控制至少应满足该部分径流截流及污染过滤需求。值得注意的是，由水土涵养及污染防治所确定的农田、草地、林地、坑塘水体等用地规模，需对其生态需水量进行计算，并与实际生态供水量进行对比核验，以确保其长效维持。

三、城市活动扩展型枢纽单元

（一）单元组成与城市游憩类型

城市活动扩展型枢纽单元指与城市联系密切，能够承载运动健身、户外游憩、休闲娱乐等部分城市日常或外溢游憩活动的用地单元，主要由分

---

① 李林育：《四川盆地丘陵区降雨侵蚀与输沙特征》，硕士学位论文，中国科学院研究生院（教育部水土保持与生态环境研究中心）水土保持与荒漠化防治专业，2009。
② 王书敏：《山地城市面源污染时空分布特征研究》，博士学位论文，重庆大学市政工程系，2012，第106页。

布在城区附近、具有较好景观资源或游憩潜力的农林用地、空闲地、裸地等组成。随着人口数量与社会结构复杂度日益增加，城市居民对休闲游憩活动的需求越发多元化，城市内部绿色空间（城市公园、市民广场、街头绿地等）因规模有限且人工化程度较高，难以满足居民身心健康改善、接触自然、休闲放松等多样化休闲游憩诉求，人们不得不借助汽车、火车等交通方式，到距离较远、环境自然化程度相对较高的地区，以弥补城市绿色空间游憩服务的不足。价格、距离、游憩地本身吸引力是影响城市居民选择游憩目的地的主要因素[①]，城市边缘区绿色空间因具有规模相对较大、交通联系便捷、景观多样性较高、自然景观保持较完整等特征，能为市民提供廉价且环境品质相对较好的休闲游憩空间。

根据所需花费时间，游憩活动可分为日常游憩、周末游憩与远途游憩，其中日常游憩为日常非工作时间从事的游憩活动，通过亲近自然、运动健身、促进人际交流等恢复并保持身心健康，游憩空间主要集中在城市建设用地邻近区域；周末游憩是市民利用双休日外出到距离较近、交通条件便捷的地区进行短期度假活动，游憩空间多依托于城市规划区内特色乡镇、景区、度假区等生态或生产环境较具特色的区域，前两类枢纽单元都可作为此类游憩活动的载体；远途游憩类似于旅游的概念，由于本书研究范围主要限定在城市规划区内，故此不作重点研究。枢纽单元建设引导主要针对日常游憩与周末游憩活动，保护并整合城市近郊能够进行游憩活动的开放空间，形成由各种要素相互作用、联系且具有层次性、功能性、动态性的有机体[②]，其空间规划表现为具有游憩潜能的用地与游憩行为的耦合作用过程。

（二）"自然型"游憩健身空间

供市民日常游憩使用的开放空间应表现出多功能兼容性、多年龄段适应性及共享性等特征，城市内部功能分区明确且过度人工化的开放空间难以满足大众多元游憩需求，且规模有限、服务半径过小等现状使其更像城

---

① 吴承照：《游憩效用与城市居民户外游憩分布行为》，《同济大学学报（自然科学版）》1999年第6期。

② 冯维波：《城市游憩空间分析与整合研究》，博士学位论文，重庆大学规划与设计专业，2007，第13页。

市中仅供观赏的"盆景"。《眉山市中心城区绿地系统规划》编制过程中，通过问卷发放，对中心城区居民公园绿地使用情况进行调研摸底，分析结果显示：近半数受访者表示对现有公园绿地建设不满意，不满意的原因包括绿地规模较小、绿化水平较差等，其中68.46%的受访者认为现状城市公园绿化不足，37.41%认为未能保护好自然景观，58.27%认为公园游憩服务、运动建设、防灾等设施配套不足；对于公园绿地使用方面，73.02%的受访者选择会停留1小时以上，主要活动类型包括散步、健身、遛鸟、聚会等，同时还具有垂钓、登山、慢跑、山地越野自行车等潜在游憩活动诉求；在选择日常游憩健身公园类型的时候，48.2%的受访者青睐于滨河绿地等用地规模较大、景观优美且保留一定自然特征的公园及与居住地距离较近的小型游憩及健身场地；58.99%的受访者表示从家出发30分钟步行范围内没有或仅有一个公园，其中57.91%的受访者需要自驾或乘坐公交车前往城市公园，这部分人群对日常活动场所改善诉求明显。可见，城市居民倾向于距离较近、拥有大量绿化且保留自然特征的开敞空间，但城市内部开敞空间由于分布不均且人工化明显等，无法满足市民游憩诉求。

　　城市边缘区荒废的空地、对外交通设施沿线疏于管理的林地、河流两侧自然林地及小型山体残存林地等用地具有潜在游憩功能，是城市的非正式绿色空间（Informal Urban Greenspace，简称IGS），合理保护与利用能够为城市居民提供多样的游憩场所，此类空间具有模棱两可的空间界限与特征，相对于城市内部精心布局设计的人工景观，其游憩空间形成更倾向于无意识性与随意性，活动类型受限制较少。鲁普雷希特（Rupprecht）等通过对澳大利亚布里斯班及日本札幌的抽样调查，发现80%的受访者意识到社区内部非正式游憩空间的存在，超过30%的受访者喜爱并常使用这类空间[1]。总结相关案例，得出非正式城市绿色空间主要具有灵活性、环境资源依托性及城市功能关联性等特征：灵活性表现为空间划分及环境要素利用随市民使用方式的差异而发生变化，有利于适应不同使用者的游憩需求；环境

---

[1] Christoph D. D. Rupprecht, Jason A. Byrne, Hirofumi Ueda and Alex Y. Lo, "'It's Real, not Fake Like A Park': Residents' Perception and Use of Informal Urban Green-Space in Brisbane, Australia and Sapporo, Japan," *Landscape and Urban Planning* 143（2015）:205-218.

资源依托性表现为与所处区位环境特征及其他要素的紧密结合，形成多样性景观空间；城市功能关联性体现出与邻近建设用地单元的功能呼应关系，如居住区附近倾向于户外娱乐、休闲游憩、日常健身等功能，中小学附近倾向于对各类运动活动的支持。

城市活动拓展型枢纽单元中小块农田、片林、天然草地等是边缘区中重要的非正式绿色空间，为保障空间灵活性与功能多样性，规划中空间组织及用地布局应避免对场地过度人为干扰，保留空间的自然特征与属性，且注意引导功能与用地、空间特性相匹配。其中活动类型主要可分为休闲游憩类及运动健身类，休闲游憩类又包括目的型与随机型活动，目的型活动包括露营、休闲种植、聚会等，通常对场地具有一定要求，如露营需要平坦的地势、必需的服务设施，而休闲农业及园艺种植需要劳具存放处、堆肥区、遮阴设施等，规划可通过活动必要服务及游憩设施建设对其分布及强度进行引导控制；以散步、生态观察、日光浴等为代表的随机性活动更倾向于景观视线或植被较好的区域，对设施及场地要求较为简单，可通过适当景观改造及遮阴避雨设施、休息座椅、照明设施等布置来提高片区吸引力与活动适应性。运动健身类活动包括骑行、爬山健步等，规划应与景观资源结合建设特色运动区，如山地运动休闲区、田园运动休闲区、丘陵远足休闲区等，并结合地形特征及现状用地等布置小规模运动场地，组织带状运动线路（图6-14）。

图6-14 结合地形布置的运动场地及线路
资料来源：眉山岷江东岸滨江公园修建性详细规划［R］.重庆大学规划设计研究院有限公司，2013.

区域内条件较好的建筑可保留并改造利用，作为休闲游憩及运动健身活动的游憩服务点或补给站，既能提高游憩服务水平，又可避免大规模拆建对现状环境造成的负面影响；各类游憩场地及健身场所应结合地形特征进行建设，避免规模过大且尽量减少硬质铺装，必需铺设硬质铺装的地方应采用渗水性材料；游憩运动线路应结合现状道路，并通过慢行系统与城市主要功能区衔接，沿线布置休憩座椅、垃圾收集处等设施。

（三）城郊游憩商务区

游憩商务区（Recreation Business District，简称RBD）是围绕具有观光、休闲游憩、康体养生等游憩价值的自然、人文景点所形成，并配套相应基础服务及游憩设施，能为外来游客及本地居民提供休闲游憩服务的区域。游憩商务区是游憩产业与商业的集合，既可以是依托城市内部商业中心、历史文化街区等资源发展的，以购物、文化体验等为主导的游憩空间，如上海新天地、福州三坊七巷等；或以主题景区、旅游地产为依托打造的，以主题游憩体验、主题文化街区等为主导的游憩空间，如香港迪士尼乐园等；或是依托自然景观资源或特色乡镇等逐渐发展形成的，以生态旅游、民俗体验等为主导的游憩空间。本书涉及的城郊游憩商务区主要指第三类，即依托于边缘区具有较高景观品质或游憩价值的环境要素形成的复合型游憩空间。

城郊游憩商务区建设应遵循"环境优先、影响控制、设施优化、城乡串联"的原则（图6-15）。保护品质较高的农林用地及水体，通过适当整理与优化，使其成为游憩区景观的有机组分。建设单元界定应保护生态系统结构完整性及自然水文循环过程，避免布置在易受洪泛影响的低洼区域，及具有滞留、吸附、储存地表径流的林地、农田及陡坡区，维持现状地表径流通道，以保护自然排水模式并实现建设单元低影响排水管理；对土壤性质（类型、结构、渗透性等）、地形地貌特征及现状植被覆盖等进行摸底调查，以此确定其对建筑物、道路、场地等硬质地面铺设的适应性，尽量结合现状建设用地，避免增加过多非渗水性铺装。完善基础配套设施建设并增加游憩服务设施布置，兼顾本地居民与外来旅游者的诉求，通过空间隔离、功能分区、路径引导、错时利用等方式对生产、生活及游憩空间进行适当区分，避免过度游憩开发对当地居民生活、生产造成的影响。结合现状道路进行绿道系统建设，强化与城市功能区的交通与功能联系。

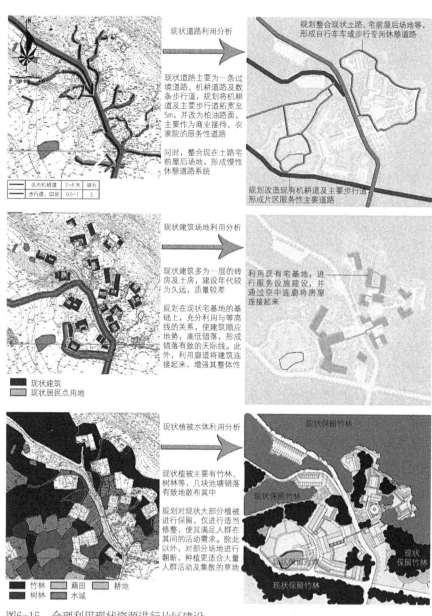

图6-15　合理利用现状资源进行片区建设

资料来源：眉山岷江东岸滨江公园修建性详细规划［R］．重庆大学规划设计研究院有限公司，2013.

（四）枢纽单元内用地规模控制

相对于前两类枢纽单元，城市活动扩展型枢纽单元中建设用地比重较高，人类活动强度较大，对生态环境干扰性较强，故其用地规模控制的重点在于，满足市民休闲游憩需求的同时，将人为活动带来的径流改变、面源污染等负面环境影响限制在可控范围以内。适当的配套建筑、活动场地及设施建设能够强化市民的游憩体验，其建设规模与开放空间规模及级别呈正比，即开放空间规模越大，服务级别越高，相应的配套建设及场地规模也越大且类型越丰富。在实际管控中，开放空间规模多根据服务半径确定，如《伦敦景观与开放空间规划（2000）》中将服务半径为3200m、1200m与400m的市级、区级、社区级开放空间最小规模分别控制在60hm^2、20hm^{2}与2hm^2[①]；陈渝根据0.5km以内、0.5~1km、1~3km、3~5km、大于5km的服务半径将城乡开放空间分为邻里游憩地、社区游憩地、城区游憩地、市区游憩地及市域游憩地五类并确定其占地规模，其中邻里游憩地规模为1~4亩，社区游憩地为6~10亩，城区游憩地为30~60亩、市区游憩地为200~400亩、市域游憩地大于500亩[②]。虽根据服务半径确定开放空间分布与规模具有易操作性及普遍适用性等优势，但仍存在较大缺陷，首先未考虑资源本身价值特征及对游客吸引力不同，其次服务半径反映的是空间直线距离而非实际距离。因此，城市活动扩展型枢纽单元开放空间服务等级及范围确定应采用"资源反推法"与"服务半径法"相结合的方式：（1）根据枢纽单元内资源独特性，确定其适宜进行的活动及吸引的游客类型，预判空间服务等级；（2）以枢纽单元为目的地，以目标人群聚集的区域为出发点，采用空间句法及与GIS相结合的方式，模拟游客到达的可能路径（图6-16），用以验证枢纽单元的实际服务范围及效能，并确定其服务等级及连通枢纽单元与服务对象区域的重要路径。在确定枢纽单元服务等级的基础上，根据相关规定及要求确定建筑用地及场地占比。

---

① 李云、杨晓春：《对公共开放空间量化评价体系的实证探索——基于深圳特区公共开放空间系统的建立》，《现代城市研究》2007年第2期。

② 陈渝：《城市游憩规划的理论建构与策略研究》，第168-169页。

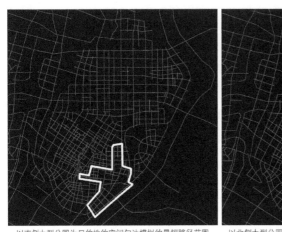

以南侧大型公园为目的地的空间句法模拟的最短路径范围　　以北侧大型公园为目的地的空间句法模拟的最短路径范围

以两个大型公园为目的地的 GIS 模拟的所有路径选择　　　空间句法与 GIS 模拟的路径叠加分析

图6-16　利用空间句法及地理信息系统模拟各区域人群实际到达路径

资料来源：眉山市城市绿地系统规划［R］. 重庆大学规划设计研究院有限公司，2012.

　　枢纽单元内服务建筑及活动场地等建设易造成地表径流增加并导致潜在面源污染，应增加相应的雨洪管控设施以削减其影响，即模仿自然水文过程进行雨水管理，确定湿地坑塘、水田、草沟等具有雨洪调节功能的生态用地规模，并与场地景观特征塑造①与维持、用地布局等结合。其中，湿

---

① 王春晓、林广思：《城市绿色雨水基础设施规划和实施——以美国费城为例》，《风景园林》2015年第5期。

地坑塘、水田、草沟等用地规模及总容量与降雨量、径流系数及汇水面积相关。

四、梯度沿线分段控制与衔接

(一)管控要素确定与整合

水利、林业、农业、环保等多部门管理,致使城市边缘区用地管控破碎化、片段化,法律法规及保护规划有效性低;同时,城乡规划部门忽略边缘区环境要素保护及生态质量提升对城区生活、生产及游憩发展的作用,针对城市问题"头痛医头,脚痛医脚",仅对城区用地进行管控,难以有效解决问题。农业—自然公园枢纽单元管控以土地利用为介质,协调各部门规划目标,提炼并整合相关法规条例中管控范围、要素及措施(表6-2),强化边缘区农林用地管控力度并促进其对城市环境的改善与调节等作用发挥。

城市边缘区农林用地所涉及的各部门管控内容及要素 表6-2

规划内容	控制细分	重点控制区	一般引导区	相关规划及条例
生态空间规划	生态红线、蓝线	划定生态红线、绿线、蓝线等范围,并对其中用地进行定类型、定规模控制		"四线"规划管理条例
	生态廊道、缓冲区域	刚性控制:廊道宽度、缓冲区宽度、用地类型与边界(定坐标);弹性引导:植被覆盖率、郁闭度等	刚性控制:廊道宽度、缓冲带宽度、用地类型及规模;弹性引导:利用类型及强度、植被配置、植被覆盖率等	土地利用现状分类、物种及生境保护规划等
	生态斑块、缓冲区域	刚性控制:用地类型及边界(定坐标);弹性引导:物种丰富度、异质性、植被覆盖率、郁闭度等	刚性控制:用地规模、覆盖率;弹性引导:功能类型及利用强度、斑块密度、物种丰富度、均匀度等	
水系规划	水体	刚性控制:用地边界(定坐标)、雨洪排放口、渠化比例;弹性引导:用地功能、储水量、径流量、岸线形式、景观营造等	刚性控制:用地规模、雨洪排放口、渠化比例;弹性引导:主导及兼容功能、利用类型及强度、岸线形式、景观营造等	地表水环境质量标准、水体保护规划等

续表

规划内容	控制细分	重点控制区	一般引导区	相关规划及条例
水系规划	缓冲带	刚性控制：用地类型及边界（定坐标）、植被覆盖率、郁闭度；弹性引导：植物配置、物种丰富度、景观异质度、关键节点保护措施等	刚性控制：用地规模、最小宽度；弹性引导：植被覆盖率、郁闭度、物种丰富度、景观异质度等	饮用水水源保护管理条例、水体保护规划等
	关键节点	建设与非建设用地重要进出水点用地类型及功能控制，径流通道保留与引导		水体保护规划
环境污染防护规划	大气环境	主要针对工业区，根据污染类型及当地常年风速确定防护距离，控制通风廊道及防护隔离带最小宽度，并对其中植物配置等进行引导	主要针对居住区、交通干道等区域，强化片区绿地覆盖率，控制主要污染源沿线及周围缓冲带最小宽度，并控制引导其中植被配置等	大气环境防护距离与卫生防护距离
	水环境	刚性控制：水功能区划、水体质量、城乡用水取水口；弹性引导：灌排工程设施、产业布局、农业生产方式等	刚性控制：水功能分区、水体质量、排污口；弹性引导：农业灌溉水源、灌排工程设施、产业布局等	地表水环境质量标准、饮用水水源保护管理条例等
	声环境	刚性控制：环境噪声排放限值、隔离带最小宽度；弹性引导：植物配置、林灌比例、周围用地类型及布局		工业企业厂界环境噪声排放标准等
	水土流失治理	根据水土流失分区，控制各区水土流失治理率、流域森林覆盖率，对其生态修复措施进行规划引导		开发建设项目水土流失防治标准
森林建设规划	林地保护与强化	刚性控制：用地边界（定坐标）、植被覆盖率、郁闭度、林灌比例等；弹性引导：用地功能、关键节点建设引导、植物配置、景观营造	刚性控制：用地规模、非渗水性铺装比例；弹性引导：用地功能、建设强度、关键节点建设引导、植被配置、景观营造	土地利用现状分类、森林建设计划等
游憩空间规划	观瞻系统	刚性控制：视线通廊、眺望点、重点地貌景观单元；弹性引导：视域范围风貌引导、建设强度等		景观视线系统规划等
	环城公园系统	刚性控制：用地边界（定坐标）；弹性引导：公园性质、林地郁闭度、植被覆盖率、关键节点建设、植被配置、活动设施布置等		——
	休闲游憩服务	刚性控制：用地规模；弹性控制：产业类型、用地布局、服务设施类型及分布、服务半径等		——
	运动健身服务	刚性控制：用地规模；弹性控制：产业类型、用地布局、服务设施类型及分布、服务半径等		——

资料来源：作者根据相关条例整理总结

（二）分区控制与分类引导

　　城乡梯度沿线枢纽单元用地受城市建设影响与胁迫程度不同，且其对城市生态、游憩、生产等服务发挥的贡献亦有所差异，应根据用地属性及功能诉求对其采取选择性功能表达与差异化建设引导。如城市周围优质农田就不应以生产功能为主导，而需挖掘其非农业生产价值；林地越靠近城市，斑块规模越小，连接度越低，且山地地形复杂性叠加可提升用地类型及布局多样性[1]（图6-17），虽其生态功能受到影响，但农副产品就近生产供给、市民户外游憩用地提供等潜能凸显。

　　人为活动通过改变用地规模、布局结构、生产方式等，对城市边缘区小规模农林用地功能发挥造成影响。公园管控应遵循主导功能强化、景观格局衔接、生态建设适地等原则，对枢纽单元进行"定功能、定边界、控类型、控方法"的分区段控制及分类用地引导（图6-18）。首先根据单元所处区段

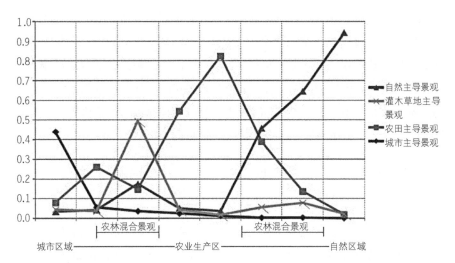

图6-17　城乡梯度沿线景观类型变化趋势
资料来源：根据"Landscape sequences along the urban-rural-natural gradient: a novel geospatial approach for identification and analysis"绘制，有修改

---

① Vizzari Marco and Sigura Maurizia, "Landscape Sequences along the Urban-Rural-Natural Gradient: A Novel Geospatial Approach for Identification and Analysis," *Landscape and Urban Planning*140（2015）:42-55.

图6-18　枢纽单元分区管控及分类用地引导
资料来源：眉山中心城区"166"控制区概念性总体规划［R］．重庆大学规划设计研究院有限公司，2015.

及资源特征进行整体控制，在此基础上，细分生态、生活及生产空间进行分类建设引导：（1）生态空间管控包括重要生态斑块、生态廊道、水系保护策略，环境保护区划、森林建设策略等；（2）生活空间管控包括配套服务设施、道路交通系统、慢行交通系统及市政设施建设策略，并对建设用地类型及规模、防护廊道宽度等进行控制；（3）生产空间管控包括产业结构、生产用地类型及规模、乡村游憩类项目建设策略、农业生产模式等。

（三）梯度沿线单元用地管控

城市边缘区农林用地管控需体现出城乡梯度各区段用地在空间及功能上的共性与特性，既需要维持生物多样性保护、大气及水文过程调节等服务产出所需的生态空间连续性，还应结合用地区位特征及环境资源禀赋强化其休闲游憩或农副产品就近供给等社会、经济功能发挥。福曼认为利于生物多样性保护的最佳化土地配置是生境斑块"集中与分散相结合"（aggregate-with-outliers，AWO）的空间格局[1]，这对强调复合利用的边缘

---

① 理查德·T·T·福曼：《土地镶嵌体——景观与区域生态学》，朱强、黄丽玲、李春波、许立言 中译，中国建筑工业出版社，2018，第317-319页。

区农林用地布局与管控同样适用。此外，本章开头部分提到，城市边缘区可分为城市-农业过渡区、农林复合生态区、农业—自然过渡区、农业集约生产区与自然区域五大区段，其中农业—自然公园管控主要针对其中高价值小规模农林用地，涉及前三类分区：

与城区距离最远的农业—自然过渡区生态本底较好，对城市上游山洪拦截控制、洁净冷空气输送、本地原生物种保护等具有重要作用，其中枢纽单元功能多以城乡环境提升为主导，辅以生态旅游、康体养生等游憩功能及有机蔬菜、茶叶等农副产品生产功能。单元内用地布局主要为林地斑块集聚与小规模耕地、园地等斑块分散相结合，管控强调林地斑块完整性保持及农业、游憩开发规模控制与低环境影响建设引导。

农林复合生态区邻近农业集约生产区，以耕地、园地等生产型用地为主，林地斑块主要结合河流水系、山脊等自然要素及农田林网建设布局，农村居民点散布其中，其中枢纽单元多以农副产品生产、田园文化体验为主导，辅以非点源污染防控、生物多样性维持等生态支撑与调节功能。单元内用地布局主要为生产型用地集聚与林地、草地斑块分散相结合（图6-19），管控强调多类型生产用地保护、生产区生境网络提升、农业生产污染防护及乡村游憩活动引导。

图6-19　农林复合生态区内公园枢纽单元用地布局示意
资料来源：眉山中心城区"166"控制区概念性总体规划［R］. 重庆大学规划设计研究院有限公司，2015.

　　城市-农业过渡区紧邻建设用地，小型农林斑块穿插散布于建设用地斑块中，受城市人工环境及自然环境双重作用，物质能量汇集交织作用，是城市边缘区内物种多样性最高的区域，除本地原生物种外，还存在大量与人类生活环境关联的"边缘适应泛化种"（Edge-adapted Generalist），此类物种能最有效地利用各种自然和人造资源同时该区域也是洁净淡水资源、冷空气等关键入口区域，因此枢纽单元多以城市活动扩展、城乡环境提升为主导，辅以多元农副产品就近生产等生产功能。用地管控应保护必要生态过程，削减人为活动负面环境影响，并提升对城市的休闲游憩服务。

第三节
复合绿道规划及设施布局

　　绿道系统为人类提供游憩空间及进入更广阔开放空间的入口，同时也对自然环境及文化遗产保护起到重要作用[①]。绿道规划是一种战略性的用地组织策略，试图以最小规模的土地最大程度地保护自然及文化资源，规划主要遵循以下原则：（1）生态功能先行，线路组织及用地布局、建设及活动引导等应以保护自然资源及维持生态功能为基础，避免游憩活动影响核心资源；（2）复合功能兼容，绿道建设应兼容自然保护、美学欣赏、休闲游憩等多种功能；（3）地域特色突出，结合自然资源及文化资源进行路线组织，串联风景名胜区、特色村落、历史遗址等潜在游憩资源，建设具有地域特色的游憩系统；（4）城市服务提升，衔接城区内部慢行系统，降低市民到访的时间及经济成本，增加游憩活动舒适度与便捷度。

---

① 刘滨谊、余畅：《美国绿道网络规划的发展与启示》，《中国园林》2001年第6期。

一、复合绿道系统构建

（一）绿道系统分级组织

绿道系统整合分散在边缘区中的各类游憩资源，强调区域资源特性与整体竞争力，联系性是其功能发挥的基础，既能保护生境网络、维持自然过程，又可在一定程度上提升视觉景观的丰富性与层次性，还能够为城市居民提供多种进入开放空间的途径；道路宽度及路网密度决定游憩流线的畅通度及可达性，过宽、过密的绿道网络建设及建成后涌入的大量人流会对周围环境资源保护、生态功能发挥及原住民生活、生产等造成严重影响，而过于稀疏的绿道网络又难以起到串联资源、提高可达性的作用。所以应对绿道系统采取"外围串联衔接、内部引导疏解"的分级组织方式（图6-20）建设区域骨架型绿道网络，以联系农业—自然公园及外围区域；通过公园内部绿道密度及宽度控制各枢纽单元游客分布并引导其活动流线，在提供多种游憩机会的同时，削减人为活动对生态环境造成的影响；单元内部对生产、游憩、通勤等交通实现分流，避免各种流线相互干扰。

绿道系统主要可分为四级：（1）区域绿道是系统结构性骨架，交通承载能力大且辐射范围广，用于联系市域范围内主要景区及景点，是规划区外人流进入的重要通道，多结合区域型道路两侧绿带组织，强调沿线区域景观节点塑造；（2）游憩主干绿道用于连接农业—自然公园内各枢纽单元及城市功能区，主要承载外来

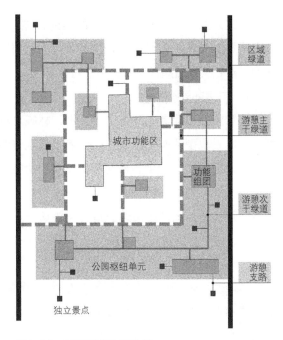

图6-20　绿道系统分级组织
资料来源：作者自绘

游客骑行、人行交通及公共交通，多结合干道两侧绿带建设，可在绿道节点设置公交换乘枢纽及绿道服务设施点等；（3）游憩次干绿道用于联系枢纽单元内各功能组团、中等规模景点及城市边缘社区等，可利用次级道路两侧绿带、田间道路或沿带状景观进行游憩慢行路径及内部居民生活、生产路径组织，既要满足农用物资、农副产品运输等原住民生产需求以及通勤、目标性出行等生活需求，还需满足游客自行车骑行、徒步等游憩需要，可结合河流、山谷沿线等景观视线较好的区域进行特色游憩路线组织，尽量规避游憩行为对内部居民生产、生活流线造成干扰，进行适当分离；（4）游憩支路用于连接组团内部各景点及目的地，主要容纳游客及居民短距离交通需求，或布局于不适合过多人流进入的区域，如坡度较陡、植被茂密等生态敏感性较高的区域，道路宽度普遍较窄，避免在生境核心区域设置绿道且应结合缓冲带及外围邻近区域布局，保障环境要素及生境单元完整性。

（二）复合绿道分类建设

绿道分类标准较多，为强调绿道建设与自然、人文资源利用的关系，本书根据主要依托资源类型，将其分为生态郊野型、田园观光型与历史文化型，对各类绿道建设要点提出针对性建议。

1. 自然郊野型

自然郊野型绿道主要结合山、水、林等自然景观要素，分为山体景观型与滨水景观型两类，沿线生态环境及景观资源较好但生态感敏性普遍较高，绿道组织需兼顾生态保育及游憩利用功能，确保核心生境斑块及廊道的形态完整与功能发挥，减少游憩活动对内部生境品质的影响。对于具有独特保育价值的区域可沿途设置生态讲解设施，促使游人在郊游的同时增进对生态保护的认知。

1）山地区域

林地斑块依托山地区域起伏多变的地形特征，主要以"点、线、面"的形式存在：点状林地斑块多依托孤立高地或山丘出现；线型林地斑块多依托山脊、谷地、崖线等地形单元存在，因没有过多的横向空间障碍，沿纵向线型分布特征明显；面状林地斑块主要分布于山坡区域，其范围由两

图6-21　结合面状林地打造的绿道沿线活动区域

资料来源：眉山岷江东岸滨江公园修建性详细规划［R］. 重庆大学规划设计研究院有限公司，
2013.

侧沟谷所界定。不同的林地斑块分布形式为山地型绿道建设提供多种契机，点状林地增加了基质区景观多样性，提升了空间围合感与观赏性，绿道选线应尽量沿斑块边缘，保障生境单元及景观空间完整性；线型林地斑块因具有较高的连续性，是构成山地型绿道网络的主要组分，绿道宜沿带状林地布局及延伸；面状林地斑块因较成规模，可结合地形起伏度、林地特征等打造绿道沿线林下活动区域（图6-21）。绿道建设不应侵占核心生境及廊道，宜结合防护缓冲区域布局，充分利用现状道路整理，规避负面环境影响产生；道路宽度不宜过大，如供自行车及人行的绿道可控制在2.5~3m，仅供人行的支路可控制在1m左右，路面采用非渗水性铺装铺设；缓冲带需满足生态维育、水土保持等功能诉求并适当拓宽，避免绿道建设成为新的生态屏障。

　　2）滨水区域

　　滨水绿道建设应注意维持河流缓冲带现有生态功能，防止新增建设对水体及沿线区域造成环境污染，同时强化特色滨水空间塑造：绿道建设不应影响河流缓冲带功能，严格控制绿道布局位置、路面宽度与设施规模，局部区域可采用架空的形式，保障河流缓冲带横向空间的连续性（图6-22）；潮汐型河流应对河道及洪泛区域进行预留控制，绿道建设不能影响其行洪功能；路面及沿线设施下垫面采用非渗水性材料并在外围设置缓冲绿带及生态滞留净化设施，避免线型及大规模非渗水性铺装铺设影响雨洪径流滞留、下渗过程或造成面源污染；保护滨水区域自然或半自然植被以维持关联的陆生、湿生或水生物种多样性，通过绿道建设对受城市建设或农业生产活动影响的生境进行恢复；绿道滨水区域不宜进行林地密植，

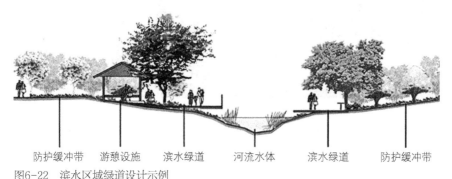

防护缓冲带　游憩设施　滨水绿道　河流水体　滨水绿道　防护缓冲带

图6-22　滨水区域绿道设计示例

资料来源：眉山岷东新区水系专项规划 [R]. 重庆大学规划设计研究院有限公司，2016.

以保障沿线景观视线的开敞性并塑造滨水特色景观带，可在节点区域进行景观型植被种植。滨水型绿道应严格控制游憩活动强度，宜引入被动式活动而非强度较大的参与体验式活动。

2. 田园观光型

田园观光型绿道主要结合耕地、园地等半自然半人工景观要素进行建设，分为干道型、支路型两类：干道型绿道可结合河流及灌溉主渠沿线绿地布置，也可对机耕道等生产型道路进行生态化改建，主要用于区域生态结构维持、农副产品生产与运输、游憩人车流集散与交通组织等，可容纳电瓶车、自行车、行人及少量机动车通过；支路型绿道多结合农业灌溉支渠沿线及坑塘周围绿地、田间林网及田坎等建设，主要用于多样化生境创造、农业劳动路径串联及慢行游憩路径组织，可容纳自行车、行人通过。

田园观光型绿道组织应实现"动静分离"，以田野观光为主的被动型游憩路径主要分布于具有特色农业景观的农田或果园区边缘，不能过于靠近生产腹地区域，避免游览行为对农业生产造成影响；承载传统农业体验、农事参与等游憩活动的主动型路径组织主要结合聚居点附近、谷地等区域小型生产用地并串联各类游憩场地，为避免游憩活动对环境造成负面影响，绿道沿线及活动场地外围应布置影响防护设施。除游憩功能外，田园观光型绿道还兼顾农业水土污染防治、生产区生物多样性提升等复合功能，绿道建设中应予以考量。

3．历史文化型

历史文化型绿道主要结合文化遗址及能够反映当地民风、民俗的村落景观进行建设，线路串联有利于梳理分散的文化资源间存在的潜在功能及空间联系，对其产生背景及关联要素、空间等进行整体保护，主要思路为：（1）明确边缘区内文化遗址及具有传统地域风貌的村落建筑群布局特征，梳理与之相关的空间及环境要素；（2）通过绿道建设，对文化遗址、传统村落及与之生产、生活场景紧密联系的景观要素进行整体保护与串联，保留当地传统生活、生产模式[①]。

4．与都市绿街衔接

边缘区复合绿道应注意与城区内部空间及绿街系统衔接，以提高外部绿色空间的利用效率。都市绿街主要分为游憩型、通勤型与目的型，其中游憩型绿街主要联系城市住区与开放空间系统，但由于城区内部绿地系统的局限性，所以游憩型绿街更像是连接建设用地内外区域，引导都市人群进入边缘区绿地的通道，应保障二者的空间连接性及功能协调性，并对交界节点进行景观提升与打造（图6-23）。

图6-23　与城市内部空间及路径衔接

资料来源：眉山岷江东岸滨江公园修建性详细规划［R］.重庆大学规划设计研究院有限公司，2013.

---

① 王丽洁、聂蕊、王舒扬：《基于地域性的乡村景观保护与发展策略研究》,《中国园林》2016年第10期。

（三）关联用地建设引导

绿道系统建设提高边缘区绿色空间游憩利用率，其沿线关联区域不合理的土地利用将直接影响环境保护效果及游憩利用体验，而合理的用地及空间布局则有利于提高绿道及其赋存生态廊道的社会经济价值产出，并能有效回收其外溢效益。不同区段绿道具有不同的主导功能目标及用地组成特征，用地管控的关键在于确定：用地类型是否与区段主导功能要求相协调，用地强度是否在生态阈值内，用地空间形态组织是否有利于环境保护或游憩利用等功能发挥。

以宝鸡台塬区滨水复合绿道关联用地管控为例，规划根据区内河流水环境保护及景观建设要求，将其分为三类景观区段，并对关联用地提出相应建设引导及管控建议：自然景观河段位于河流上游，主导功能为生态维育与水土保持，用地类型以原生林地及灌木林地为主，局部结合现状保留部分践行有机生产的耕地及园地斑块，水域岸线不小于60m范围内尽量维护河流自然状态，保护支撑自然过程的各类要素并遵循其组合规律，营造原生的、有机的、体现地域特征的景观风貌；半自然景观河段位于河流中游，主导功能为污染防治及生态调节，仍以自然或半自然景观维护、保育为主，少量人工景观作为补充，用地包括林地、灌木林地、园地、耕地及少量农村聚居点，在不破坏生态平衡、不影响生态功能的基础上，进行生态化建设与防护，耕地、园地等与河道景观相协调，营造自然与半自然景观打底、局部景观强化点缀、疏密错落有致的景观风貌；人工化景观河段靠近城市建设区，不仅需要考虑环境保护等生态需求，还需承接城市功能外溢，用地由小规模农田、林地及商业、居住、文化娱乐等各类建设用地构成，人工景观开发建设体现集约化、高效化并将用地规模及开发强度限制在一定范围内，通过周围用地功能来反映河段景观特性，创造出多层次、多样化的城郊景观。

（四）配套服务设施布置

农业—自然公园内配套服务设施按功能划分，可分为观景游览型、生产与展销型、运动游憩型、环境保护型及配套保障型，各类设施基本沿绿道系统分级分类布置，或与绿道整合建设：（1）观景游览型设施设置主要用于自然、田野景观游览，包括自然郊野型与田野观光型绿道沿线凉亭等休憩设施与观景平台、观景塔等眺望设施，及各类标识解说设施等；（2）生产与展销型设施通过展示并促进农副产品生产、加工过程及工艺体验，加深游客对产品的认知并带动产品销售，包括自产农副产品加工或酿造厂、农副产品与传统手工艺品展销点、教育解说中心等，主要结合田园观光型与历史文化型绿道布局；（3）运动游憩型设施主要配套服务于运动活动及休闲游憩活动，包括露营、烧烤配套设施及运动补给设施等，主要沿自然郊野型与田野观光型游憩次干绿道布局；（4）环境保护型设施主要包括截水沟、沉沙池、蓄水塘坝等水土保持设施，以及生态滞留池、渗水性铺装、雨水花园、植被草沟等环境保护设施，主要布置在生态敏感性较高、易受人为影响的区域；（5）配套保障型设施设置是为了确保公园内各类活动的顺利进行并对突发情况进行反馈，包括游客服务中心、民宿、餐厅、小卖部、停车场、公厕、直饮水点、照明设施、Wi-Fi设施、座椅长凳等游憩配套设施，以及警卫处、医疗保健处等后勤保障设施。公园各枢纽单元应根据其主导功能类型、资源特征及绿道分布等，对各类设施进行选配。

农业—自然公园为城市居民提供认识与体验自然、农业生产及其关联过程的机会与平台，合理的游憩线路组织及设施布置有助于培养其环境保护意识：（1）整体景观维护与观赏，通过保护自然景观、规划游览线路等向游客展示壮丽的自然山水与恬适的田园景观；（2）自然生态探索，通过解说装置及探索体验，让游客能够近距离观察自然，了解水文循环过程及昆虫动物等栖息与迁徙过程等；（3）生态环保设施利用与展示，结合场地环境特征设置环保设施，让游客认识生态设施运作机制，如中水循环利用、雨洪径流吸附等；（4）环境专员讲解，设置专员对园内生态环境特征、发展及变迁过程向游客进行讲解，并配合各类环保设施展示。

二、重要网络节点建设

（一）景观节点建设引导

景观节点的概念往往与道路相关，是人流抵达与出发的重要战略点，具有不同于周边区域的空间形态及用地特征，是提醒观察者由一个空间进入另一个空间的连接点与分界点，如主干道沿线景观节点、滨江沿线景观节点等，节点的等级与规模由其邻近区域决定。在农业—自然公园中有意识地创造景观节点序列能够有效引导人流并给游客留下较为深刻的印象，尤其是现状景观较为平淡的地区。节点建设不应影响现有山水景观格局，而应首先识别关键区域并对其进行"画龙点睛"，视觉上最关键的区域往往位于"接口"与边缘，如山体与水体的交界面、城市与乡村的主要门户景观区域等。

　　景观节点建设并非对区域进行无区别式改造，而是通过局部节点强化突出景观间的对比性，研究证明，让片区自然不规则的景观中适当包含直线、曲线或其他几何形状能够提高其视觉吸引力，改变现有平淡无奇的景观风貌。由此可知，景观建设的核心在于提高节点辨识度与对比度，主要措施有：通过有色或变色树木及其他植被种植，提升节点视觉吸引力；节点空间组织选择向心性较强的几何形态，对比周围不规则的自然景观形态；标志性构建筑物建设；在树木植被较为密集的区域布置大面积水域或草坪等开敞空间等。眉山岷东新区滨江公园建设中，由于滨江界面是城市开放空间的重要组分及主要景观界面，规划提出在保障生态功能网络完整性及其固有"山、水、林、城"空间格局的基础上，将其分为7个景观区段并分别提出景观维护及节点建设引导（图6-24），形成滨江纵向沿线景观序列并丰富垂直方向山水景观层次。

图6-24　滨江沿线景观节点建设及控制
资料来源：眉山岷江东岸滨江公园修建性详细规划［R］. 重庆大学规划设计研究院有限公司，2013.

（二）冲突区域影响规避

道路建设，尤其是机动车通行量较大的道路建设对生境维育、生态保护的冲突效益是非常明显的，影响类型包括野生动物迁徙扩散与机动车运行间的冲突、外来物种入侵、生态环境退化、生境蚕食等。其中最严重的问题在于道路对物种移动的屏障效应及导致的生境破碎化，影响严重程度取决于道路等级、宽度及与生态网络的相对位置关系，道路等级越高、宽度越大，影响越明显；当生态网络与路网平行的时候，道路所产生的噪声、光照、废气等对沿线生境产生影响，而当生境网络横向穿过道路时，交叉节点的屏障冲突作用更加明显[①]。

农业—自然公园中冲突区域主要分为两类：一类为区域道路、主干道路等，会对其沿线绿道造成声、光、空气污染；另一类为车行道路与绿道间存在的交叉节点。其中，道路对沿线绿道的环境影响可通过扩大缓冲带宽度或强化植被种植予以规避或缓解，而冲突节点则需根据车流量进行分类控制：对于车流量较大的道路，绿道节点可采取"高架""下穿"式跨越构筑物建设，使绿道系统与车行道路实现空间上的分离（图6-25），从而减少交通冲突点并恢复景观连接度；对于车行流量一般的道路可设置野生动物地下通道、涵洞、隧道、生态管道等替代途径；车流量较少的道路不需特殊处理，可通过警示牌设置提醒驾驶员慢行。

高架式接驳口

下穿式接驳口

图6-25　道路冲突点规避方式

资料来源：眉山岷东新区非建设用地重点地段控制性详细规划［R］. 重庆大学规划设计研究院有限公司，2015.

---

① 罗布.H.G.容曼、格罗里亚·蓬杰蒂：《生态网络与绿道》，余青、陈海沐、梁莺莺 译，中国建筑工业出版社，2011，第126页。

第四节
公园产业组织及支撑系统

一、产业发展契机及策略

城市边缘区受城市与乡村两种不同的经济体系影响，呈现复杂化、异质化、动态化的特征，纯粹的乡村或城市产业组织模式都难以实现其环境资源高效配置或满足城市社会复合产出要求，且易导致区域产业发展同质化、土地利用低效化、环境污染严重化等问题。农业—自然公园以农业、自然资源为核心，通过优势产业强化、三产多元融合、城乡产业互动等策略，促进环境资源的高效、循环利用，并带动区域经济可持续发展。

（一）边缘区产业发展契机

传统城乡产业结构存在二元性，乡村以农副产品生产为主，城市则以工业、商贸业、服务业等非农产业为主，城乡产业所存在的剪刀差"促工抑农"，保障了城市与工业的快速稳健发展，但同时也限制了农村、农业等的发展进程，且激化了建设用地外扩过程中的各类土地矛盾。在"城乡统筹、产业互动"的新型城镇化策略指导下，城乡间各类物质、人口、信息等流动增加，城乡发展出现了乡村都市化与城市郊区化的趋势，即乡村在产业发展、设施建设等方面向城市靠齐；城市由于内部产业结构调整及环境恶化等问题，居住、游憩等部分功能开始向外部转移，边缘区需承担部分城市外溢功能，形成了城乡经济交错区这一特殊区域。

城乡经济交错区是因城市向周围农村扩展、农村发展向城市靠近而逐步形成的、位于城市边缘区的环状地带，作为城乡经济系统的交接区域，是二者物质循环、信息传递、人口与能量流动的产物，区域虽仍主要以各类非建设用地为组分，但其经济发展及产业结构呈现城市经济依赖性、城市市场导向性、设施配套城市化等特征。城市社会巨大的发展与改善需求以及城市作为区域核心的聚集效应，使得近郊区域，尤其是城市边缘区域，产业结构逐步向适应城市市场需求的方向调整，既需要为城市直接或间接提供生活、生产资料，承接城市扩散外溢的工业产品生产及大型市场设置，为城市扩展提供发展备用地，同时还需要满足城市对生态环境改善、休闲游憩等日益增长的功能诉求[①]。

资本累积与科学技术创新促使"有闲阶级"出现，带动休闲游憩等城市新兴产业类型发展。城镇化率、人均GDP及服务业占GDP比重是研究休闲游憩产业发展潜力的基础性宏观数据，相关研究显示，当人均GDP超过6000美元，城镇化率超过50%，服务业占GDP比重超过工业，休闲产业将出现井喷式发展，而2014年我国人均GDP已达7589美元（IMF数据），城镇化率达54.77%，服务业比重达48.2%，超过工业5.6个百分点，且我国各级政府大力推进基础、旅游、文化、体育各项公共服务设施体系建设，为休闲产业的发展奠定了基础[②]。城市由于开放空间较为局限且环境品质不高，难以满足城市居民对高品质休闲游憩功能的需求，大量人群涌入周围乡村区域，带动边缘区农林用地非农化发展。

（二）城乡产业融合机制

城乡多种产业发展诉求汇集导致边缘区用地发展失控，影响其为城市持续提供服务的能力。传统农业生产因受政策、销售途径、生产成本等多因素影响，农户从中所获收益较低，大部分农村居民，尤其是"农二代""农三代"对农业耕作积极性较低，相对于坚持农耕劳作获得较少的报酬，他们更愿意通过出让土地直接获利；而边缘区用地因为与城市便捷的交通联系及低价的占地成本，成为因环境问题等被城市"淘汰"的各类市场、工厂的搬迁首选地，补丁式地用地征用与建设，侵蚀生境斑块、优质农田并排放污染物质，极大影响边缘区生态、生产环境质量。为维持城乡经济交错区对城市与乡村经济系统的衔接、过渡作用，实现城乡产业结构的调整与协作，应进行边缘区产业整体管控与提升。

工农产业"剪刀差"是造成我国城乡差异的根本原因，城乡统筹发展的核心在于促进城乡产业互补与深度融合，实现产业的一体化或等值化发

---

① 祝海波、邓德胜：《生态经济：城乡经济交错区发展的新视角》，《生态经济》2006年第7期。
② 宋瑞主编，《2013-2015年中国休闲发展与未来展望》，社会科学文献出版社，2015。

展，围绕农副产品生产、加工、销售等过程，链接城乡的中间产业或产业混合状态对产业融合具有积极作用。介于现代工业部门与传统农业部门之间的、进行农副产品加工或以之为原料进行生产的乡镇企业，使工、农部门在生产过程中有了明显的关联性，既解决了第一、第二产业间原料和资源的有效供给与需求对接问题，也可缓解农副产品因缺乏储藏、运输条件而有效供给不足的问题。随着工业化的弊端及自然生态的价值被越来越多的人认识，乡村休闲旅游及自然观光等体验式消费成为城市居民满足自身心理需求的主要方式，其不仅促进城乡经济均衡发展，实现城市反哺农村，也为农副产品加工本地化及三产融合提供空间载体。农村电商平台建立则通过互联网平台，促进农副产品生产与物流业的融合[①]。

城市边缘区农业—自然公园规划采用"控制、保护、融合、利用"的方式，引导边缘区用地由被动接受城市外溢产业转为主动融合发展，以点带面，促进城乡产业融合（图6-26）：（1）通过用地适宜性分析及结构型生态格局控制，实现资源优化配置，推进"工业向园区、人口向镇区、农业向庄园"集中发展，提高土地利用效率及产业集聚效应，并为城市发展与外溢功能预留适宜建设的区域，规避或削减无序建设造成的低效土地利用与环境负面影响；（2）保护高价值农田、林地、园地及水库坑塘等，为城市居民就近提供蔬菜、瓜果、花卉、肉、蛋、奶、鱼等新鲜健康的农副产品，同时为加工厂就近提供生产原材料与能源，保障农副

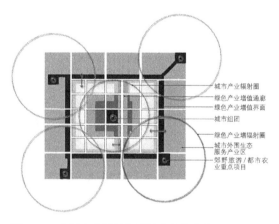

城市产业辐射圈
绿色产业增值通廊
绿色产业增值界面
城市组团
绿色产业增辐射圈
城市外围生态服务产业区
郊野旅游/都市农业重点项目

图6-26 公园产业引导促进城乡产业融合
资料来源：作者自绘

---

① 李人庆：《从城乡产业割裂转向融合发展——探寻打破二元结构和促进发展方式转变的可行路径》，最后更新时间2015年12月28日，http://www.aisixiang.com/data/95728.html，访问时间：2017年8月31日。

产品加工企业稳健发展，并缓解日益增长的安全、优质食品需求与农副产品大量、低质供给的矛盾；（3）保护优质生态环境并与周围用地有机融合，能够提升土地价值并带动片区发展，研究发现位于城市通勤距离内，拥有大量农林用地的区域能够提升土地价值并吸引居住区[①]、休闲游憩区域聚集发展；（4）边缘区农林用地游憩功能挖掘与资源合理利用，不仅能够为市民提供多种休闲游憩空间，还能提升农户收入，吸纳农业转型过程中分流的劳动力，解决市场经济下农副产品作为商品的价值实现及农户增收困境等问题。

（三）公园产业组织策略

城市边缘区农业—自然公园内包含农业生产、自然生态、历史文化等多种资源，由于区位特殊性及生态敏感性等特征，其产业组织需以市场为导向，以保护农业生产、生态环境、文化遗址为核心，以区域协调布局、一体化经营为手段，以休闲游憩产业发展为契入点，带动农副产品加工销售、生态保护、环境教育、科技创新等具有较强关联性的产业类型协同作用，实现城乡三产融合发展，具有集聚化、一体化、现代化、地域化等特点。集聚化体现为农业—自然公园在资源禀赋相似的区域，发挥主导产业辐射带动作用，使不同产业类型在空间集聚且功能关联，从而实现资源优化配置与高效利用；一体化体现在公园用地布局与组织中不同于传统农林业的管理方式，由于农林业生产具有高度外部性，非集约化农林业生产会产生较高的社会经济及环境效益，公园采用一体化管理与建设，通过产业协作使外部效应转化为经济收益，此外整体统筹的用地与配套设施布局能够实现各区域功能互补，提高产业生产效率并降低建设、维护成本；现代化体现在传统农林产业中高新技术的应用，通过技术手段建构各关联产业间内在物质与能量联系，从而实现物质循环利用及环境影响削减，同时高新技术还可使游客透过不同的视角深入了解生态、生产过程；地域化体现在公

---

① Brian Roe，Elena G. Irwin and Hazel A. Morrow-Jones，"The Effects of Farmland，Farmland Preservation，and Other Neighborhood Amenities on Housing Values and Residential Growth，" *Land Economics* 80，no.1（2004）:55-75.

园产业布局尊重用地自然、人文环境禀赋与特质，突出区域产业特色①。

　　农业—自然公园产业组织的关键在于休闲游憩产业"吃、住、行、游、购、娱"六要素与第一、第二、第三产业的融合，休闲游憩产业与三大产业融合最终呈现出观赏型、品尝型、购物型、参与型、娱乐型、疗养型、度假型等多种休闲产业类型。第一产业即为传统的农、林、牧、副、渔业，是公园产业组织的基础，其与休闲游憩产业的融合主要体现为参照公园经营模式，将农业生产、消费过程与游憩产业相结合，如通过农业生态园、教育农园、农产品展览馆及博物馆、农科教育基地等建设，为游客及青少年提供多方位了解农业生产、农村文化等平台；或结合特色农副产品或经济性作物生产基地，发展观花、观果、采摘、垂钓等体验型产业。第二产业主要指农副产品加工、手工艺品制作等加工业，通过对当地农副产品的深加工，提升产品经济附加值并增加农副产品的有效销售率，其与休闲游憩产业的融合主要通过产品制作讲解、制作工艺参与、产品购买等，使游客在体验中加深对产品生产及其与周围环境联系的认知，如我国台湾地区休闲农业中常出现的茶叶采摘、烘茶制茶、酒品酿制等。第三产业主要包括住宿、餐饮、地产、环保、教育、运动、文化等，其产业融合方式主要包括：自然观光、生态旅游等休闲游憩活动带动住宿与餐饮业发展；环境改善、游憩发展带来的地价提升与地产开发，如旅游地产、养老地产等；公园绿色有机农业生产实践、绿色基础设施布置等，提升公众对环境保护的认知，促进环保与教育产业发展；结合优美的自然风光与恬适的田园景色布置休闲运动步道及场地等，带动运动康体产业发展；自然、农业资源为文创产业提供素材及创作空间等。

二、产业发展支撑性系统

（一）合作参与模式

　　农业—自然公园产业组织应采取政府部门、龙头企业等与村民合作的方式，即"PPP"（Public—Private—Partnership）模式，其中政府部门、龙

---

① 张广海、包乌兰托亚：《我国休闲农业产业化及其模式研究》，《经济问题探索》2012年第10期。

头企业等负责宏观调控与市场平衡，村民负责具体措施落地实施。若缺乏政府宏观调节控制，小农式个体生产、开发中产业选择及项目设置等多以个人经验判断为主，难以整体掌握市场走向及需求，同时因规模过小且产品与资源类似易陷入恶意竞争的困局，规模效益、集聚效益不明显亦难以在区域具有强劲竞争力；而若缺乏村民响应参与，仅为政府或企业主导，则易出现与当地产业、生态环境资源等结合不紧密，各类措施难以落地实施，且易造成当地村民与政府、企业因用地征用产生矛盾。较为理想的合作模式为：（1）政府根据战略发展规划，确定片区发展定位及主导产业类型，并提出规划分区建设控制与引导策略；（2）政府及企业通过与乡村具有号召力的"乡贤"或"头人"进行协商，确定外部力量介入及合作方式；（3）由政府或企业出资，对内部基础配套设施及游憩设施进行统一规划与建设，或注入资金扶持精品产业发展，创造品牌效应并实现园区化管理；（4）村民在规划区整体产业结构框架带动下，以自主经营、景观维护、产品供给等方式参与其中，并在参与过程中形成利益互助、自主维护的意识。

　　政府部门在公园产业组织中所承担的责任主要为维护公益性产出、权衡各方利益、促进片区发展并融入区域产业结构，其介入方式主要有：（1）明确片区主导功能并设置产业准入条件，协调产业发展与环境保护的矛盾冲突，如水源地保护区周围必须建立相关产业准入及激励制度，鼓励发展生态农业、生态旅游等对环境影响较小的产业类型，并对其运营规模、建设强度等提出管控建议，严格限制不利于水源保护的产业发展[①]；（2）制定行业发展规范及标准，对产业类型、建设标准等提出高标准、高质量发展要求；（3）指导或助力生产、生活、游憩配套设施建设，并与城市设施系统衔接，提升片区生产能力、生活品质及游憩服务供给能力，如香港蔬菜营处提出"农地复耕计划"，通过农田灌溉、排水、通道系统改善，协助农户在休耕地上恢复生产，保护优质耕地高质量农副产品供给[②]；（4）邀请专业人员为村民提供技术培训，协助原住居民参与到游憩服务产业中。

---

① 袁中宝、李伦亮：《城市水源地保护与水源地城镇协调发展的规划途径分析》，《工程与建设》2008年第2期。

② 叶林：《城市规划区绿色空间规划研究》，第188页。

企业所承担的角色主要为启动及维护资金提供、品牌包装与市场运营、链接关联产业、园区各区协调与统一管理等，介入方式主要有：对主导产业进行品牌包装及推广宣传，通过市场化经营观念进行园区整体管理，提升区域范围产业竞争力；通过资金注入、技术引进等措施，扩大特色产品、龙头产业生产规模，并带动内部分布较散、生产规模较小的农户参与，扩大国内外客源市场，发挥产品规模作用及品牌效应。

休闲游憩产业是一种劳动力密集型产业，原住居民参与是产业发展得以落地的关键，所以其在产业组织中所承担的功能为落实执行发展策略、维护自然及人文环境、提供游憩服务等，参与方式主要有：（1）继续从事低环境影响的农业生产实践，维持与环境资源及地形特征相依相生的特色农林生产景观，并生产出高品质农副产品；（2）从事生态旅游、观光农业等游憩产业服务工作；（3）通过自家院落改造以经营"农家乐"，使其具有餐饮、住宿等服务接待能力；（4）作为生产讲解员，为游客介绍当地生态、生产特色及民俗风情等。

（二）关联用地管控

我国目前依托农林资源发展的休闲游憩业态主要包括农家乐、休闲农庄、休闲农业园区三种类型，根据对其经营模式及产业效益的相关研究，发现：（1）以个体经营为特色的农家乐在经营主体数量上占绝对优势，但活动设置单一、区内竞争较大且经济收益普遍不高；（2）休闲农庄多以外来投资经营为主，规模介入农家乐与休闲农业区之间，内部设施配套较为完善，对周围环境资源依赖性较强；（3）休闲农业园区具有较大的用地规模及竞争优势[①]，由于特色农林生产景观维持，其不仅具有休闲活动接待能力，同时可作为旅游目的地，吸引游客前往，如贵州遵义的黔北花海、四川攀枝花的阿署达花舞人间等，其经济收益来源于门票、餐饮、住宿、游憩项目等多方面。由此可知，适当的产业用地规模是保障农业—自然公园产业集聚发展、品牌效益发挥的关键，还能降低设施建设成本，如我国台

---

① 刘红瑞、安岩、霍学喜：《休闲农业的组织模式及其效率评价》，《西北农林科技大学学报（社会科学版）》2015年第2期。

湾地区《休闲农业辅导管理办法》规定，休闲农业园区规模不得小于50hm²，休闲农场面积不得小于0.5hm²，通常休闲农业区可由一个或多个休闲农场组成，并设置共享设施（自行车道、步行道、环保设施等）及专享设施（农场内部）。除法定管控标准外，产业规模还应考虑区域生态容量、基础与游憩设施容量等限制。

应严格控制游憩建筑及配套建筑规模，避免过度人为建设对生态环境及游憩空间造成影响，严防公园建设演变为高端住房开发项目；用地选址多结合现有宅基地或其他已建用地整理合并，建筑物风貌、单个建筑最大规模也应进行控制引导，使建构筑物与周围环境协调。如我国台湾地区相关法规要求休闲农业园区中住宿、餐饮、农产品加工、农业文化展示等相关服务建筑面积不应超过园区总面积的10%，其中自产农产品加工（酿造）厂占地不得超过500㎡，住宿建筑基地面积不得超过总建设面积的50%，且所有建筑高度不可超过15m。

第五节
本章小结

本章强调农业—自然公园游憩空间组织，既需要维持并强化区域景观生态网络空间连续性及功能产出，同时还应挖掘其自身潜在经济、社会价值，实现边缘区高价值小规模农林用地的复合利用。由于城市边缘区内用地布局、空间形态及功能组成等具有梯度变化特征，均一化的规划管控难以与之适应，故公园规划提出根据区域主导功能，分别划定城乡环境提升型、田园文化体验型、城市活动扩展型三类枢纽单元，对具有关键服务潜能的用地及空间进行差异化管控与整体协调：一方面突出枢纽单元内小规模农林用地的差异性，通过低环境影响的建设与发展方式，最大限度地挖掘单元中农林资源所具有的环境增殖效益，使各单元能够提供多元游憩服务及农副产品产出，实现差异化发展；另一方面，通过重要生境及自然过程承载空间的强化保护与衔接，维持区域生态系统健康及其环境支撑与调节功能发挥。在此基础上，通过带状绿地保护及功能叠加构建复合绿道系统，并对其实施分级分类组织与关联用地建设引导，进而实现农业—自然公园各部分空间串联，提高枢纽单元交通可达性与游憩服务能力。产业结构引导则通过环境友好型产业植入，实现休闲游憩产业与三大产业融合，提升环境区社会、经济收益，从而促进利益相关者主动参与保护活动。

第七章

凸显小规模农林用地保护的
农业—自然公园土地利用管控

农业—自然公园规划并非脱离既有城乡规划体例的独立管控措施，而是针对山地城市边缘区小规模农林用地功能突出、易受蚕食却缺乏有效保护所提出的补充策略，二者应充分融合与衔接。涉及多元利益主体是导致边缘区小规模农林用地常处于动态变化、保护与利用矛盾频发、既有管控效能低下等问题的主要原因，本章通过环境影响评估引入、城乡规划衔接、公众参与促进等措施，强化小规模农林用地复合利用与管控落地：引入环境影响评价（后简称"环评"）主要用于协调资源保护及城乡开发间的矛盾，使其在维持生态系统完整及功能发挥的基础上，能够以低环境影响的建设与发展方式实现用地复合利用，且环评动态过程管理的思路使管控措施能够通过适当调整以适应边缘区动态变化的用地背景；通过公园规划与各专项规划及城乡规划衔接，能够加强小规模农林用地的管控法定性，并反控建设用地蔓延；加强便于公众环境教育与认识的空间及用地建设，提高保护措施的群众基础，促使其主动参与到保护工作当中。

第一节
环境影响评价与过程管控

一、边缘区现行环评侧重与实效

环境影响评价是协调边缘区用地保护与开发利用的重要手段，通过对土地利用规划、各类专项规划及建设项目进行影响分析、预测与评估，提出预防或替代措施，既能在规划语境下削减人为活动对生态系统的负面影响，实现环境资源有效保护，同时还可用于协调各方利益与不同诉求。我国既有环评系统涉及范围较广且分类标准较多，如按环境要素可分为大气环境、水环境、声环境、土壤环境、生态环境、美学环境等影响评价，按评价内容可分为环境影响经济评价、环境政策评价、战略影响评价等，按项目类型可分为规划项目及建设项目环境影响评价。

其中，规划项目环评主要针对"一地、三域、十个专项"，即土地利用规划（现与城乡规划等整合为国土空间规划）、流域规划、海域规划、区域规划及工业、农业、林业、畜牧业、旅游、自然资源开发、能源、水利规划、交通、城市建设专项规划。其中非指导性规划（即一些指标、要求比较具体的专项规划）需在专项规划草案上报审批前，组织环评并编写《环境影响评价报告书》；而指导性规划（宏观的、长远的综合性规划及提出预测性、参考性指标的专项规划）仅需在规划编制过程中编写环评相关篇章及说明。建设项目根据影响程度实行分类管理，即涉及特殊保护地区、生态敏感与脆弱区、社会关注区等区域的项目，按《建设项目环境影响评价分类管理名录》中环境影响程度将其分为三类：（1）可能造成重大环境影响的项目需编制建设项目环境影响报告书，并对环境影响进行全面评价；（2）可能造成轻度影响的项目需编制环境影响报告表，并对产生影响进行分析或专项评价；（3）对于环境很小、无需进行评价的项目应填报环境影响等级表。

我国城市边缘环境区面临数量减少、功能异化、管理失控等问题[①]，本该起到重点保护、协调作用的规划及建设环评却在项目反馈中实效性低下，难以有效指导用地保护与利用。影响项目环评实效的原因主要有：（1）评估对象不全面，仅针对重点城市、特殊保护区、环境敏感区内项目进行评价，忽略关系生态系统服务效能却处于次级环境保护区的项目管理；（2）叠加影响评价缺失，仅强调项目本身环境影响；（3）缺少替代方案对比，难以有效指导措施优化；（4）环评与规划编制及审批主体相同，且环评成果作为规划或建设方案的附属章节一同上报审批，环评独立性不足，易出现"黑箱"操作；（5）环评工作介入较晚，对规划结构及空间布局指导性有限；（6）动态适应性不足，"终端式"环评成果无法适应规划编制及建设、运营过程中所面对的动态变化；（7）现行评估技术在跨学科平台构建及资料收集途径上存在不足[②,③,④]；（8）环评过程中公共参与性差，后期实施阻力大；（9）缺少对社会、经济环境影响的预判。

---

① 朱查松、张京祥：《城市非建设用地保护困境及其原因研究》，《城市规划》2008年第11期。
② 张勇、杨凯、王云、叶文虎：《环境影响评价有效性的评估研究》，《中国环境科学》2002年第4期。
③ 周丹平、孙苏、包存宽、蒋大和：《规划环境影响评价项目实施有效性的评估》，《环境科学研究》2007年第5期。
④ 林逢春、陆雍森：《中国环境影响评价体系评估研究》，《环境科学研究》1999年第2期。

二、环评流程优化与评价要点

（一）公园环评流程优化

我国现行环评制度难以有效指导规划方案优化并控制建设开发行为，尤其对于发展诉求更为突出、生态要素及过程更为复杂的城市边缘区用地。鉴于农业—自然公园中小规模农林用地生态功能复合、易受城市建设影响、周围用地动态变化等特征，本书在我国既有环评流程基础上，借鉴国外环评经验，从环评执行、规划整合及落地管理等方面对其提出优化建议（图7-1）。

1. 环境综合现状评价及主要问题确定

收集基础资料，对规划区内环境现状进行特征描述及综合评价，评价内容可细分为自然生态因子与社会经济因子，自然生态因子包括生态本底、水环境、土壤环境、景观资源禀赋等，社会经济因子包括原住民人均收入、生活品质、产业结构等；然后，以评价结果为基础明确公园主要面临的问题，如环境资源受建设用地侵蚀严重、农业非点源污染加剧、土地利用效率较低、游憩服务能力不足等。

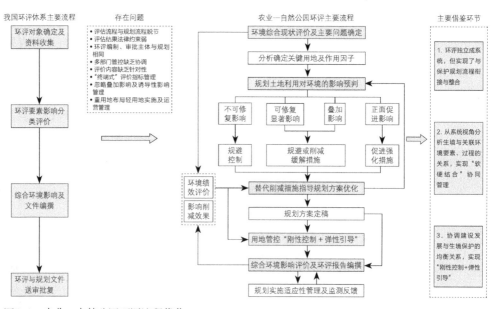

图7-1 农业—自然公园环评流程优化
资料来源：作者自绘

2．分析确定关键用地及作用因子

厘清公园用地构成及空间布局与现状问题的对应关系，确定需着重管控的用地及要素，如农田集约布局及生产导致水体非点源污染、破坏山坡地土壤结构、加剧水土流失；农村居民点零散布局，增加对生态环境的干扰程度，导致土地资源低效利用；以个体经营为主的休闲游憩场地因缺乏必要防护设施，对生态、生产环境造成破坏等。此外，还需界定公园中具有生物多样性维持、环境调节等复合服务功能的高价值用地及关联空间模式。

3．规划土地利用对环境的影响预判

公园规划及建设项目环评应着重对上一步识别的负面影响产生或复合服务产出关联用地及要素进行评价，主要分为两个阶段：（1）第一阶段为环境影响预判，即根据项目本身特性、所处区域的环境敏感性及现状环境问题严重性等进行大致分析，判断该项目是否会对现状环境造成重大影响；（2）对具有重大影响可能的项目进行第二阶段分析，即对其用地选址、建设及运营过程中所造成的影响进行综合、深入分析，并按照影响程度分为重要影响（正面促进影响）、不可逆转的影响、不可避免的影响及叠加影响。

4．替代削减措施指导与规划方案优化

根据上一步骤中规划及建设项目可能产生的影响分类，提出针对性的用地及空间优化建议或替代方案：（1）对于正面促进影响，应采取维持强化措施；（2）对于不可修复型影响，应予以严格规避控制；（3）对于可修复型显著影响及叠加影响，应采取规避或削减措施。

5．用地"刚性控制+弹性引导"策略

为维持基本环境功能，适应区域用地条件变化，并为下位规划及建设项目落地预留弹性空间，公园用地管控应刚性与弹性结合：对于生态敏感性高或具有重要环境功能的区域采用刚性控制，如核心生境保护区、结构型生态廊道等，对其用地规模、建设强度、功能构成等进行严格定量控制；其他区域则采取弹性引导策略。

6．规划方案综合环境影响评价与对比

方案实施前后环境效益对比具有多方面意义：（1）判断规划建设是否产生重大环境影响；（2）佐证低环境影响设计及环保措施是否有效规避或

削减负面影响;(3)在多个替代方案对比时,决出最优方案。评价方法分为综合绩效与分类指标评价两种:环境综合绩效能够快速、直观地反映出项目实施是否会对现状环境造成影响,但不能确定主要影响要素;环境要素分类指标评价虽操作更为复杂,但能够明晰规划介入对现状环境的影响及作用面向,识别哪些功能得以提升,哪些功能受到损害,后续监测应重点注意哪些方面等,有利于相应规避缓解措施提出。

(二)潜在环境影响类型

农业—自然公园建设环境影响作用时段主要分为规划方案、建设实施及后期运营三阶段:(1)规划方案阶段,主要通过建设项目选址、用地及空间组织、产业布局、游憩与基础设施建设等用地策略对周围环境产生潜在影响,这一阶段的潜在影响在建设实施及后期运营过程中发挥显现,可通过预先设置防护缓冲措施对影响进行规避,是项目影响规避中最为重要的阶段;(2)建设实施阶段,主要指建设过程中由于机械器具使用或现状植被破坏而造成的噪声、光照及扬尘污染等,这一阶段的影响为暂时性环境影响,影响削减可通过规范施工管理等实现;(3)后期运营阶段,主要指项目建成投入使用后,由于人流量增加、人为活动模式改变等,对水体、大气、土壤、景观等造成的影响,此类影响作为长期性影响类型,往往具有叠加效应,需在规划方案制定阶段予以考虑并预先采取削减措施。

公园建设环境影响还可根据作用强度与类型,分为正面促进影响、不可逆显著影响、可修复显著影响与叠加影响四种:(1)正面促进影响,指通过公园建设对环境功能的深度挖掘与强化作用,如公园绿道系统建设增加了城市功能区与外围绿色空间的联系性,城市居民能够更为便捷地进入,促进边缘区用地游憩功能发挥等,此类影响应尽量保留并强化;(2)不可逆或不可修复型影响,指建设破坏后不能或难以恢复到理想环境状态的影响,如建设开发侵占或破坏优质农田,此类影响应尽量规避;(3)可修复显著影响,指受影响破坏后,能在一定时间内通过修复措施,恢复到较理想状态的影响,如建设过程中造成的水文、噪声、植被等负面影响,可通过生态修复、林带设置等措施削减影响程度;(4)叠加影响,指通过公园建设加剧原有环境问题的影响,项目对环境施加影响与现状问题叠加,产生的叠加效应往往会加重其对生态环境的影响程度，甚至超过生态阈值，对环境造成不可逆的损害，对此麦克唐纳（MacDonald）提出从调查、分析、管理三个阶段对叠加影响进行分析与管控（图7-2）。

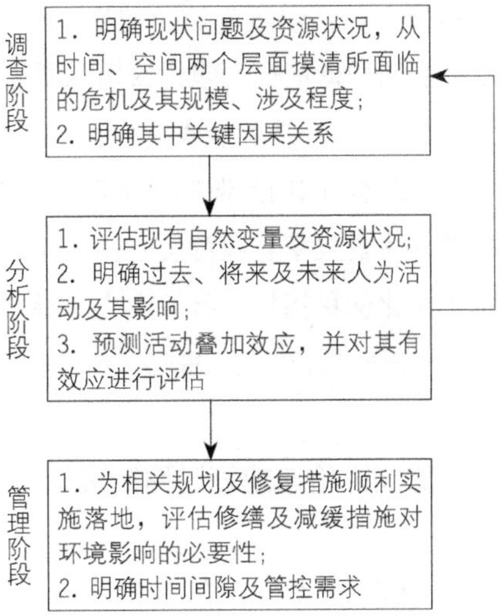

（三）影响评价指标选择

环评内容应反映环境增殖效益发挥与负面影响作用，评价因子及指标选取直接影响评价结果及开发限制条件设置，本书结合案例分析法与专家打分法，选取四类具有代表性的指标要素并进行加权赋值，用以反映规划综合环境影响。

调查阶段
1. 明确现状问题及资源状况，从时间、空间两个层面摸清所面临的危机及其规模、涉及程度；
2. 明确其中关键因果关系

分析阶段
1. 评估现有自然变量及资源状况；
2. 明确过去、将来及未来人为活动及其影响；
3. 预测活动叠加效应，并对其有效应进行评估

管理阶段
1. 为相关规划及修复措施顺利实施落地，评估修缮及减缓措施对环境影响的必要性；
2. 明确时间间隙及管控需求

图7-2　麦克唐纳叠加效应评估示意图
资料来源：United States Environmental Protection Agency. Using management measures to prevent and solve nonpoint source pollution problems in watersheds，2005.

1. 生态系统维育类指标

反映公园建设对生态系统的扰动程度及环境资源的保护程度：系统稳定性指标，包括敏感区保护比例、自然生境破碎度、生态多样性丰度、生境网络连通度、自然灾害防治率等；植被群落保护指标，包括林地整体覆盖率、林地保护及修复比例、生产性用地覆盖率、乡土植被指标等；水文过程维持指标，包括硬质铺地覆盖率、潜在地表径流通道保护率等。

2. 环境品质保护类指标

反映公园建设对环境质量的影响程度：水土环境指标，包括水质评价相关指标、土壤质量评价相关指标、土壤侵蚀防治率、废水处理及回收率等；大气环境指标，包括空气质量指标、空气温湿度指标、主要污染物质及比例等；声环境指标，包括区域环境噪声、道路交通噪声等；污染物质控制指标，包括固废垃圾处理率、农业污染防治率等。

3. 环境资源利用类指标

反映公园对生态资源的利用程度：游憩景观与服务指标，包括景观资源完整度、景观资源丰富度、景点交通可达性、配套设施完善度；生产质

量指标,包括灌溉设施覆盖农地比例、灌溉水质及水量、有机农业施行率等;生活质量指标,包括饮用水源达标率、农副产品就近供给率等。

4. 社会经济发展类指标

反映公园建设带来的社会、经济改善与促进程度:社会生活指标,包括原住民安置率、绿静美安小区率、道路系统完善度、基础设施建设水平、本土文化保护指标、社区活力指标等;经济产业指标,包括非农产业占比、人均GDP值提升比例、提供工作岗位、建设及维护成本等。

三、影响评价与规划过程衔接

"状态-压力-响应"(Pressure-State-Response,简称PSR)是研究环境问题的重要框架体系,其指出环境管理应以厘清状态变化与外部施加压力间的关系及主要症结为前提,并强调从动态视角对生态环境变化进行管理。所以环评不应仅仅是被动的"终端式"指标评价,而应贯穿规划资料收集、编制及建设管理全阶段,从现状调研、用地选址、目标制定、影响评估、替代方案提出及优选、绩效评估及用地动态监管等多方面着手,作为规划措施调整、替代方案优选的重要依据,使规划成果更具技术支撑性,保护措施更具落地实施性。其中,前期资料收集及问题分析阶段,尽量保持数据来源统一;规划目标应与环境目标协调,保障生态功能优先;削减环境影响的替代方案与措施用于指导规划空间组织与用地布局方案,并通过绩效评估核验环评措施有效性并结合实际情况予以适度调整;空间及用地管控范围及力度,应配合环境影响监测结果进行校正(图7-3)。

(一)规划前期

环境影响评价在规划前期所起的作用主要为协助关键问题识别并指导规划目标设定,可通过现状环境资源与相关政策潜在影响评价得以实现。首先,通过对收集到的各类资料进行分析,如项目区位及类型、现状用地基础资料、生境模式及分布、环境质量检测数据、产业类型及布局等,摸清现状环境质量、主要面临问题、重要环境服务及相关用地类型;其次,对规划区及周围产业发展规划、土地利用规划、环境保护规划等进行政策

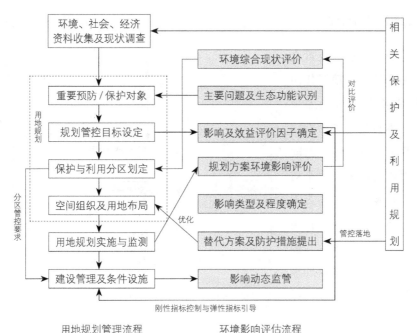

图7-3　环评与边缘区用地管控衔接
资料来源：作者自绘

潜在影响分析，预判规划或建设项目实施后可能对现有环境问题及功能发挥造成何种影响；在综合前两步分析结果的基础上，确定规划发展及保护目标。

（二）规划编制

环境影响评价在规划编制中所起的作用主要为通过预测规划实施可能产生的环境影响，提出替代方案及削减、强化措施等建议以实现方案优化。对影响类型及强度进行预判并提出缓解建议用以指导规划空间及用地优化布局，如扩宽廊道宽度、缩减建设用地规模等，有利于在规划正式实施建设前规避严重环境影响发生或采取必要削减、防护措施，此步骤通常需要反复多次进行以充分协调环境保护与发展利用的相互关系；多方案备选时，亦可通过对不同方案环境影响效果及综合效益的评价与对比，协助优选出符合规划复合发展与保护目标的方案。

（三）规划管理

公园规划涉及要素众多，由于外部环境及作用力复杂多变，再加上规划实施本身带来的影响作用，部分要素会随着时间推移而发生改变，若不对变化进行及时反馈与方案调整，将可能影响保护措施有效性，故应采用"边学边做"的适应性管理策略。将公园建设及运营过程中监测到的环境状态

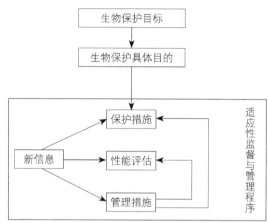

图7-4　生物保护目标与适应性监管关系图
图片来源：根据 Santa Clara Valley Habitat Conservation Plan/Natural Community Conservation Plan 整理绘制

变化反馈到保护措施、性能评估及管理措施优化过程中，明确规划实施是否对环境造成了负面影响或起到了预期的正面促进效益，并根据实际环境状态反馈对规划所制定的用地保护、管理措施及运营方式等进行适当调整，使相关管控措施能够适应环境动态变化特征，以起到减轻环境影响、促进环境效益，强化规划目标落地的作用（图7-4）。

第二节
城乡规划衔接与落地管控

农业—自然公园规划对于上位法律政策贯彻落实及下位规划编制实施具有关键意义。笔者在梳理相关规划目标、控制要素等的基础上，以农业—自然公园规划编制为契机，促进多规整合并强化既有管控实效性，同时通过与法定规划的主动衔接与整合，提高边缘区高价值小规模农林用地保护力度。

一、城乡规划协调与衔接

（一）城乡多层级规划要点

农业—自然公园涉及多层级空间及用地规划，主要包括国民经济和社会发展计划、土地利用规划、城乡规划①及专项规划等，各规划虽在管控目标、范围、内容上各有着重点，但又相互联系、协作：（1）国民经济和社会发展规划（后简称"发展规划"），指导地方发展导向与全国、省市层面的发展目标协调与统一，划定禁止开发区、限制开发区、优化开发区与重点开发区；（2）土地利用规划采用指标管理、用途控制及建设空间管制等，协调城市建设与农业生产、生态保护间的冲突②，平衡城乡用地供需关系、提高用地效率；（3）城乡规划统筹城乡发展建设空间布局，协调环境保护与城乡发展间的冲突与矛盾，主要管控措施包括建设资质管理、区划控制及"四线"管控；（4）专项规划包括环境保护规划、旅游产业规划、农业发展规划等，多根据特定要素发展诉求进行分区引导控制。

根据各类规划管控内容分析总结可知，城乡空间规划管控措施主要可分为六类：（1）结构控制，即对城乡建设、生态保护等骨架空间进行控制与构建，如城镇空间体系、产业发展体系、旅游空间体系等；（2）区划控制，即相关部门通过区划对各自管控要求进行分解，由此实现区域内建设开发与环境保护差异化管理，如发展规划中禁建、限建、优化开发、重点开发"四区"划定；（3）划线控制，即对目标实现具有关键意义的区域进行范围界定与管控；（4）指标控制，即对不同类型、用途的用地进行定量控制，如土地利用总体规划对耕地保有量、城市建设规模等用地规模进行控制；（5）用地类型与布局控制，即为协调各类用地功能及发展时序，对区域内各类用地布局及空间组织进行管控；（6）项目控制，即对具体项目建设进行管理。

---

① 根据中共中央国务院《关于建立国土空间规划体系并监督实施的若干意见》，将主体功能区规划、土地利用规划、城乡规划等融合统一为国土空间规划，实现"多规合一"，本书为强调农业—自然公园对"多规合一"、国土空间规划体系所起的促进作用，仍对相关规划进行分类讨论。

② 林坚、许超诣：《土地发展权、空间管制与规划协同》，《城市规划》2014年第1期。

（二）管控缺口及衔接路径

各规划本应相互协调，共同引导城乡空间保护与建设，但实际管控过程中却常常"各自为营"，上位规划难以对下位规划进行有效衔接与指导，且由于管控范围具有重叠性与关联性，甚至出现规划管控相互矛盾的局面：（1）分区划定标准不同导致规划指导性与政策有效性较差，这在农业用地与生态保护工作中尤其明显，如发展规划中将基本农田、水源保护区等划为禁建区，将郊野公园、农产品主产区等划入限建区，而土地利用规划中仅将基本农田、水源涵养区等划入限建区，对其他农业用地及郊野生态用地等并未给出明确的保护控制措施，导致城乡建设中大量未划入基本农田或自然保护区的高价值农林用地难以得到有效保护，饱受建设用地蚕食与破坏；（2）休闲游憩、环境保护、农业产业发展等专项规划管控多以结构控制与区划控制措施为主，缺乏相应城乡用地布局及设施布置作为支撑，尤其在城市边缘区，未能有效指导用地建设并协调产业发展与环境保护；（3）环境要素自身存在的生态关联性与各规划割裂现状不匹配，导致用地及区域管理重于形式而缺乏内在生态联系考量，管控效果"事倍功半"，如耕地红线、绿线、蓝线分别涉及耕地、林地与水体，三者通过生态过程紧密联系，但现有规划"一刀切"的划线管理方式忽视其中联系与影响作用，造成保护区间相互影响；（4）保护控制类规划以生态保护为唯一目标，限制区内任何产业发展与用地建设，面临土地征用难、缺乏监督管理、群众支持性差等问题；（5）各规划主要针对市（县）域或中心城区层级的用地及空间进行管控，忽略城市规划区层级的用地管理衔接，导致边缘区中建设乱象丛生，影响区域及城市生态保护与产业发展。

多规合一是通过各级各类规划的整合，优化空间格局、有效配置土地资源并提高各项规划管控效力的规划策略，其通过发展规划、城乡规划、土地利用规划、环保规划、林地与林地保护规划等各类规划衔接与整合，使"多规"确定的保护性空间、开发边界、用地规模等管控策略与措施达成一致，并通过统一的空间信息平台进行用地管理[1]，这也是国土空间规划体系建设的

---

① 蒋跃进：《我国"多规合一"的探索与实践》，《浙江经济》2014年第21期。

核心内容，一般情况下，可表达为"3+n"（n可为1、2、3等自然数），主要分为纵向连接与横向协作两种方式：纵向连接主要强调土地利用的垂直管理模式，加强上位规划对下位规划的指导作用与衔接性，提高土地管理的权威性与刚性，同时也增强宏观指导策略对当地生态、社会、经济背景的适应性；横向规划则通过城乡规划及自然资源部门平台搭建，使相关联的部门专项规划能够实现衔接，强化关联空间与功能要素间的整体管控。

（三）公园规划链接多规管控

农业—自然公园规划在各规划纵向连接与横向协作中具有关键作用，既有助于强化发展规划与下位规划间的纵向连接作用，又可为土地利用规划与专项规划横向整合提供空间平台与用地载体，同时还能为全域覆盖的城乡用地规划提供技术支撑与实现路径，有效助推国土空间规划体系构建与完善（图7-5）：（1）公园空间体系构建能够识别出对各规划目标实现具有关键作用，却因现有识别体系缺陷而未能受到应有保护的高潜力用地及关联自然过程空间模式，厘清各规划管控对象在生态系统服务发挥中所存在的内在协同关系，为各规划落地实施与整合奠定基础；（2）地区农林景

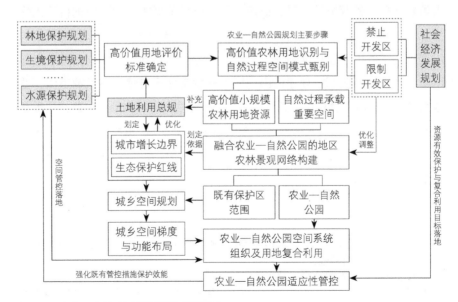

图7-5　农业—自然公园规划促进多规整合
资料来源：作者自绘

观网络构建以公益性产出为导向，细化发展规划中所提及的结构型保护空间并与国土规划、城乡规划界定的各类保护区衔接，维持了生态系统空间完整性，还从系统角度对各专项规划涉及的空间及环境要素进行整合及用地匹配，增强专项规划对城乡用地规划的指导作用，为城市增长边界划定提供技术支撑；（3）公园枢纽单元低环境影响建设既能使各专项规划的具体管控得以落地实施，还能协调各规划落地实施后的促进与影响作用关系；（4）公园环境影响评估可明确城乡规划、土地利用规划等发展建设规划及各专项规划对区域生态、社会、文化系统产生的负面影响与正面效益，进而对规划方案提出针对性改善及优化建议。

二、城市增长管控与引导

（一）用地增长管控要点

城市规划区生态系统是由自然生态空间、城镇发展空间和生态廊道构成的整体，自然生态空间通过生态廊道连接，以确保区域系统良性循环，城镇景观斑块则镶嵌于自然生态景观基质中[①]。因此，自然环境系统"不是人类表演舞台的装饰性背景，或用于改善肮脏的城市环境，应把自然当作生命的源泉、社会的环境、诲人的老师、神圣的场所来维护"[②]，自然保护与规划应先于城市建设用地拓展，并建立起以生态用地为载体的城市生态环境支持系统。但实际规划建设中，城市开发常先于自然生态保护工作，造成大量农林用地蚕食与生态环境恶化[③]，"外延式"与"飞地式"建设用地蔓延使得边缘区中建设单元外围及环境资源良好的区域[④]最易受到蚕食，故增长管控不仅局限于城市建设核心区增长边界管控，还应考虑生态系统及区域景观格局整体保护。

① 李卫锋、王仰麟、蒋依依、李贵才：《城市地域生态调控的空间途径——以深圳市为例》，《生态学报》2003年第9期。
② 麦克哈格：《设计结合自然》，第26页。
③ 顾朝林、陈田、丁金宏、虞蔚：《中国大城市边缘区特性研究》，《地理学报》1993年第4期。
④ 陈浮、陈刚、包浩生、彭补拙：《城市边缘区土地利用变化及人文驱动力机制研究》，《自然资源学报》2001年第3期。

"精明增长""紧凑城市""新城市主义"等针对城市蔓延管控的规划主张，都将划定增长边界以控制蔓延、引导合理增长作为研究重点，如精明增长理论提倡将城市发展融入区域整体生态体系及人类社会和谐发展目标中，通过增长边界划定，提高城市内部土地利用效率，降低边缘区发展压力，保护农田和生态脆弱区[①]。增长边界划定的核心在于关键生态廊道和斑块识别与保护，即通过高价值生态用地保护，整合城市内外开放空间，保障人类赖以生存的自然资产，从生态服务供给方面优化区域空间格局。

（二）助力城市增长管理

城市增长边界管理倡导在保护核心绿色空间网络的基础上制定积极的用地发展策略，一方面需识别确保城市安全、维持必要生态服务的永久不可开发的"刚性"安全底线，另一方面还需考虑适应城市未来发展的"弹性"边界管理[②]，农业—自然公园规划对二者落地管控具有指导与促进意义。维持必要自然生态过程、保护重要环境资源的农业—自然公园保护低限，细化并明确界定了城市适应建设范围，若基于生态保护视角，可狭义地认为公园低限空间格局的线型边界便是城市增长的"刚性"红线，应严格控制其中建设开发行为。"弹性"边界管理的关键在于为城市提供发展用地的同时，尽量规避建设对环境的影响：（1）根据政策规划及发展趋势，预判城市发展潜力及主要拓展方向；（2）借用最小阻力模型的思路，将建设用地斑块作为城市发展的"源"[③]，结合公园不同等级的保护格局确定城市扩张的主要景观阻力因子及阻力面，模拟城市扩张-生态阻力过程[④]；（3）根据城市预期发展，逐步释放土地资源并引导建设用地紧凑发展；（4）对位于保护高限及低限间的用地应采取有条件建设，公园规划所提出的生态保护与强化要求应充分体现在地块建设与管理中。

---

① 刘玉、冯健：《城乡结合部农业地域功能研究》，《中国软科学》2016年第6期。
② 刘焱序、彭建、孙茂龙、杨旸：《基于生态适宜与风险控制的城市新区增长边界划定——以济宁市太白湖新区为例》，《应用生态学报》2016年第8期。
③ 俞孔坚、王思思、李迪华、乔青：《北京城市扩张的生态底线——基本生态系统服务及其安全格局》，《城市规划》2010年第2期。
④ 周锐、王新军、苏海龙、钱欣、孙冰：《基于生态安全格局的城市增长边界划定——以平顶山新区为例》，《城市规划学刊》2014年第4期。

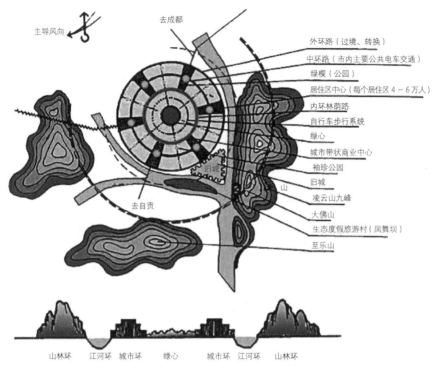

主导风向

去成都

外环路（过境、转换）
中环路（市内主要公共电车交通）
绿楔（公园）
居住区中心（每个居住区 4～6 万人）
内环林荫路
自行车步行系统
绿心
城市带状商业中心
袖珍公园
旧城
凌云山九峰
大佛山
生态度假旅游村（凤舞坝）
至乐山

去自贡

山林环　江河环　城市环　绿心　城市环　江河环　山林环

图7-6　乐山绿心城市结构模式示意
资料来源：乐山城市总体规划与空间发展结构［R］．重庆大学规划设计研究院有限公司，1987．

　　山地城市多中心组团式空间结构易演变为区域随机散布的空间形态，呈跳跃式用地蔓延，造成大面积自然生态用地与农业生产用地蚕食，农业—自然公园规划通过保护区域小规模自然生态及农业景观资源，形成楔型绿地强化城区与外围环境区联系，并建设复合网络引导建设用地有机分散与紧凑集中结合布局①。乐山位于四川盆地西南部，三江汇流，山环水抱，自然环境得天独厚，规划通过山水自然要素及自然过程关联空间保护并串联大量小规模分散农林用地斑块，形成从内到外"绿心、城市环、水环、山环"四圈层式城市空间结构，实现自然空间的连续性维持及城市建设用地顺应山水格局的"分散式集中"（图7-6），经过三十年规划实践，仍有效地保持城市用地及山水格局②。

---

① 黄光宇：《山地城市学原理》，中国建筑工业出版社，2006。
② 邢忠、汤西子：《山地城市生态系统特性与规划响应——黄光宇先生山地城市生态规划思想再认识》，《西部人居环境学刊》2016年第5期。

（三）边缘景观空间优化

城市边缘区自然景观要素及人工景观要素的空间布局及相互协调关系，决定其对建设用地边界管控的有效性。自然景观要素包括河流、陡陂、冲沟、崖线、分水岭等具有生物多样性维持、自然灾害防护等特殊价值的自然生态空间，人工景观要素包括道路、基础设施等人工建（构）筑物及与之关联的人工绿化区等，二者有机结合，呈现具有明显集约生态效益的三维立体绿化生态体系[①]，实现对建设用地的高效管控与景观提升。"保护环境是为了利用，利用是为了更好地保护"[①]，建设用地边缘环境区空间组织不仅影响其对建设用地的控制效能，还影响绿带、绿楔等区域生态廊道与城市内部绿地的衔接程度，洁净的空气、淡水资源输入及城市整体景观风貌提升等公益性产出，所以边缘景观空间优化的重点在于关键生态用地保护及建设区、环境区互动与衔接。

首先，严格管控敏感性较高或具有高服务价值的用地，并对其关联区域进行建设引导：（1）保护建设用地边缘坡度较陡、水文通道密集等生态敏感性较高的区域以及重要生境、特色景观单元等具有高服务价值的区域，并在其周围设置防护缓冲带，削减人为活动对其造成的干扰与影响；（2）强化人工绿地建设，削减道路交通、大型基础设施等建设及运营造成的环境影响，提升景观网络联系度。

其次，建设区与环境区空间、功能互动与衔接，实现蔓延控制区域主动利用式保护。（1）自然过程整合，通过物质输送通道、物质能量汇集点等生态过程关联空间保护与衔接，实现建设区内外水文、大气过程整合，促进两者间的物质循环利用，如将建设用地产生的地表径流经净化后引入邻近环境区，既可改善城市内涝，又可减少农林用地生产及维持耗水量。（2）开放空间连接，通过楔状或带状绿地与城市内部社区绿地、公园绿地等开放空间衔接，使边缘环境区成为城市开放空间网络外延组分，空间组织应保障环境区绿色空间的连续性及对建设区内部的渗透性，强化关键景观节点打造：保障建设区内外绿色空间在视线或路径上的联系；建筑、路径布局与外围环境区结合，使生态敏感性高的保护区域成为相邻建设地块公共绿化中心；放大处理环境区进入城区的景观节点、生态廊道交汇点并强化景观塑造等。（3）城

---

① 王琦、邢忠、代伟国：《山地城市空间的三维集约生态界定》，《城市规划》2006年第8期。

市功能互动，强化环境区对建设区的功能保障与供给，如利用山地城市外围区域高差变化所产生温湿度不同的生产环境，实现新鲜瓜果就近供给等。

三、边缘区用地管控落地

边缘区内用地资源及环境要素是保障城市可持续发展的基础，多部门条块化管理使其长期处于"管理真空"状态，既难以满足城市的多功能诉求，也难以阻止建设用地无序蔓延，甚至成为影响城市生态环境的"污染源"。农业—自然公园通过结构控制与重要单元建设引导等管控措施，衔接城市空间及功能，并主动与法定规划链接，用以提高边缘区高价值小规模农林用地管控力度，实现城市规划区全覆盖用地管理，打破中心-边缘区二元划分的规划编制框架，实现城市中心-边缘区整体调控与差异化发展。

（一）边缘区用地管控强化

农业—自然公园通过规划编制及用地管控等弥补既有边缘区农林用地规划管控盲区，以高价值用地规划带动区域整体高效管理，保护边缘区生态环境资源并控制城市蔓延。

1．强化多主体参与

以公园用地布局及空间组织规划为基础，为多规整合与衔接搭建信息与技术支撑平台，建设跨部门规划协调及用地管控协作机制以应对突发与重大问题。

2．与法定规划衔接

为赋予具有高价值潜力却未划入自然或农业保护区的小规模农林用地以法定地位，应主动衔接法定规划管理体系，充分利用相关规划法律效力。如从调查研究、规划编制、规划管控三个阶段介入，与既有法定空间规划进行技术层面整合，对规划基础资料、空间格局、用地范围、控制指标等进行多方面、分阶段衔接，既能强化边缘区高价值农林用地的管控力度，又可增加国土空间规划编制的科学依据性。

3．城乡绿地系统整合

《城乡规划法》颁布赋予城乡规划更大的管控权限，绿地系统规划需承担更多责任且涵盖内容也更为广泛。城市规划区绿地系统规划提出是业界对城乡绿色空间建设的新思考，通过多层次绿地系统构建，沟通中心城区与市域绿地系统，细化边缘区"四区"绿地管控①。城市规划区绿地系统规划现仍处于探索中，农业—自然公园规划对其用地权属、多部门管控、用地识别等问题解决具有建设性意义，公园规划也借由城市规划区绿地系统规划编制契机，与既有绿地系统规划整合，用以寻求其用地管控的法律依据。

4．具体行动策略制定

随着城乡发展多样性、动态变化性增加，空间管理逐渐从"法规管制"到"政策引导"转变，如英国从1988年开始利用各项"政策指引"替代复杂的政府文件，"规划政策指引"（PPGs）便用于指导具体规划行为，故农业—自然公园用地管控需将用地及空间配置措施转化为便于规划及管控落地的具体行动政策或导引②，强化对规划、建设行为的约束性。

（二）结构控制与分区引导

城市边缘区农业—自然公园用地管控应体现出空间层次性、功能复合性、发展适应性、经济可行性、社会公平性等特征，遵循区域生态保护、社会经济发展诉求，分别从宏观、中观、微观三个层级进行用地适应性管控，体现为"宏观结构承接、中观分区引导、微观落地控制"的管理思路。

公园宏观层面用地管控应聚焦于承接国民社会与经济发展规划、生态功能区规划等上位规划所制定的区域社会、经济、生态策略及其所塑造的结构性空间格局，通过保护与控制对区域生态格局构建具有关键意义的山体、大江大河等生态斑块及廊道，维护区域景观生态网络的连续性与结构性，使上位规划管控内容得以细化深入，指导规划区内用地布局及空间组织。控制内容主要为定性及最小规模控制，包括廊道类型、廊道主导功能、廊道级别及最小宽度、生态斑块功能及性质、网络连通度等，生态网络空间范围多通过划线分区的方式予以确定。

中观层面用地管控主要作用在于"上下规划衔接"，即采用"枢纽单元"的控制分区形式，将总体规划核心目标量化分解落实到各控制单元中；并通过

---

① 熊和平、陈新：《城市规划区绿地系统规划探讨》，《中国园林》2011年第1期。
② 姜允芳、石铁矛、赵淑红：《英国区域绿色空间控制管理的发展与启示》，《城市规划》2015年第6期。

建设活动及发展导引的形式，细化区域总体性、结构性规划对用地布局及空间组织的控制内容，协调单元与单元之间以及枢纽单元与建设单元之间的保护与发展关系，类似做法如美国的农业用途规划（Agricultural Use Zoning）、集聚区规划（Clustering Zoning）等。控制内容主要为总量控制及建设导引，包括单元内用地构成及比例、用地总量控制、功能组织（主导功能与兼容功能）、空间布局模式、最大建设规模等。对于公园内非结构型区域且生态稳定性较高、开发建设对环境可能造成影响程度较小的用地，便可通过单元分区引导的方式对其所处区域建设总规模、主导功能等进行控制，并以低环境影响为原则，提出复合兼容功能、项目设置条件等管理导引作为补充（图7-7）。

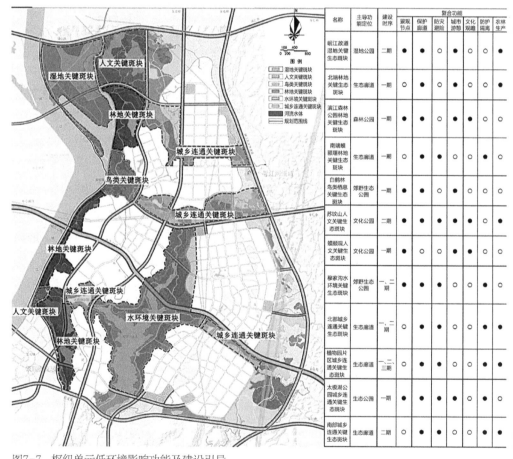

图7-7 枢纽单元低环境影响功能及建设引导

资料来源：眉山岷东新区非建设用地总体规划［R］. 重庆大学规划设计研究院有限公司，2015.

　　中观层面分区引导在满足用地基本生态功能的基础上，促进城乡社会、经济功能发挥[①]，让使用者与开发者意识到生态用地"增殖"价值而参与环境保护与监督中，将强制性保护引入自觉维护[②]。不同于划线、定点类刚性控制，分区引导具有较强适应性，主要体现在：（1）适应城市未来发展多种情景下的用地及功能需求，即针对未来城市经济社会与人口发展变化的不确定性，通过用地弹性管控储备一定量的发展备用地，引导城市建设用地理性发展；（2）通过空间留白机制以适应未来功能植入或重大项目建设，即用地策略以保护其多功能潜力为主导，不对用地功能进行具体限定，为未来用地调整及功能发挥预留空间。

　　微观层面用地管控强调用地的刚性落地保护及合理利用，多针对具有关键功能价值、生态及景观敏感性较高或构成生态景观网络的结构型区域，通过类似于建设用地控制性详细规划"定规模、定范围（坐标）、定用途"的方式指导后续用地保护及项目建设行为。管控范围确定可以具体项目（如水源控制区、生境保护区）实施或管理为契机，纳入与之关联的用地，也可采用地块图则划分的方式，尽量与城乡规划所划定的蓝线、绿线及生态红线相结合，提高用地管控法律效力，并对区域内土地利用类型、环境容量、生态结构、人为活动、景观风貌等提出建设及保护导引。用地管控应强调：（1）环境外部效益回收，即保护高价值绿色空间并实现周围建设用地匹配布局，尤其在建设单元与外围绿地单元交接的区域，通过地价提升、游憩活动收益等提高社会及经济效益；（2）结合环评建立项目"实施-监测-评估反馈-调整"机制，提升其中用地布局、利用方式等对环境变化的适应性，实现保护落地。

（三）硬件与软件管控结合

　　为提高用地管控有效性，农业—自然公园项目建设及运营使用对环境造成的负面影响需通过"硬件与软件相结合"的方式进行管理。"硬件"要

---

①　常青、李双成、李洪远、彭建、王仰麟：《城市绿色空间研究进展与展望》，《应用生态学报》2007年第7期。

②　邢忠、黄光宇、颜文涛：《将强制性保护引向自觉维护——城镇非建设性用地的规划与控制》，《城市规划学刊》2006年第1期。

素主要针对用地及空间管理，常见"定点、定线、定量、定性"类管控措施，如用地选址、功能组织、缓冲带宽度控制、地景设计等；"软件"要素主要针对维护或利用模式管理，如建设时间、植被维护及农耕模式等，此外还包括间接对环境造成叠加影响的诱导要素控制，如项目实施可能带来的社会经济变化、人口增长、机动车数量增加等。在实际管理中，"硬件"管理与"软件"管理相互协调补充，如1976年我国香港政府颁布《郊野公园条例》，对郊野公园的用地选址、用地布局、交通组织等进行规范化管理，随后又陆续颁布了《露营区指引》《郊外公园和特殊地区的管理规则》《动植物管理条例》《野生动物管理条例》等作为补充。

　　农业—自然公园规划主要针对自然生态用地、农业生产用地及分散建设用地，应在用地、空间要素"硬件"管理外，增加"软件"管控引导，协调各部门管控措施，并为边缘区小规模农林用地管控内容及标准确定提供技术依据：（1）自然生态用地管理主要包括教育活动开展、沉淀控制、化学品使用、火灾预防、林地修复方式等；（2）农业生产用地管理主要包括保护性耕作方式、沉淀物控制、氮化物使用、杀虫剂使用等；（3）分散建设用地主要包括水资源循环利用、雨洪处理方式、固态污染物处理方式、建筑材料选取、建筑修建方式等。

第三节
公众参与及用地保护管控

　　环境资源保护与规划需兼顾公平与效率两方面，基于环境影响评价及城乡规划编制体系的用地管控措施，是由政府及相关部门主导的"自上而下"的用地管控，其识别并保护对公益性产出具有关键意义的绿色空间，追求环境资源公共效益最大化，具有战略指导性与宏观调控性，是社会公平性的体现；而效率则反映为自由市场导向下，各企业及个人主体为追逐自身经济利益及发展的行为，具有趋利性及灵活性。政府相关部门在保障社会公平性的同时，不可避免地会影响到用地经济效益，引发利益相关者的抵触情绪，而过度强调效率性又会造成公平性的损害，故在环境保护决策制定过程中，需兼顾考虑用地的正常发展诉求，以提高环境保护措施的落地实施性。

一、公众参与导向的管控思路

（一）片区保护与发展冲突

出于生态系统或环境资源保护目的而实施的管控措施限制城市边缘区内关联土地利用方式与强度，在一定程度上改变了当地居民的生产、生活环境，加剧了片区生态保护与利用发展需求间的矛盾与冲突，如自然保护区及周边区域是城市居民青睐的生态旅游场所，具有较大的发展潜力，但相关部门为实现环境资源的最大化保护，针对其中开发建设行为及人为活动等制定严格的管控措施，而开发商及个体经营户为了满足自身经济发展诉求，常在保护核心区或缓冲区内违章建设住宿、餐饮点及游憩服务设施，严重影响区域保护管理工作，与管理部门发生正面冲突，此外生态红线、耕地红线等划定的保护区域也存在类似问题。

导致边缘区用地发展与保护冲突加剧的原因是多方面的：（1）保护措施影响当地居民原有营生方式，如自然保护区对林地、农田的开发利用限制大幅削减农户经营农林产业所取得的经济收益；（2）"一刀切"的管控措施导致保护界限两侧用地呈现截然不同的发展情况，线内区域环境品质更优却因被限制开发建设难以得到相应收益，而外围区域却可从经营游憩产业中得到丰收的收入，此外，相应的生态补偿标准过低且发放不及时等，难以补偿保护措施施行对其经济收益的影响，导致保护区内居民常常"铤而走险"进行违章建设与开发；（3）当地居民对环境保护的价值认知不足，仅以市场导向下的经济收益为唯一评判标准，且加上保护区建设带来野生动物致害事件增加等其他原因[①]，影响其保护积极性。

"保护至上"的保护区管控措施使城市边缘区内用地发展走向两个极端：一方面，对于地域、景观优势不明显区域，当地居民多以传统农业生

---

① 韩锋、王昌海、赵正、任艳梅、温亚利：《农户对自然保护区综合影响的认知研究——以陕西省国家级自然保护区为例》，《资源科学》2015年第1期。

产为主要收入来源，对农田严格的用途管理及农副产品较低的经济收益导致弃耕、废耕现象频发，大量土地资源荒废，青壮人口流失；另一方面，景观资源或区位优势较为明显的地区，强烈的发展诉求与保护措施冲突，衍生大量违建行为，加大环境保护工作推行的难度。所以，在环境保护措施制定时，除需遵循上位规划的保护指导要求，还需考虑当地原住居民的发展诉求，通过游憩产业引导、林下产业经营、加强环境教育与科普工作、高生态补偿标准等措施，鼓励保护区周边社区居民主动参与资源保护。

（二）公众参与的现实意义

公众参与是解决环境管控薄弱问题的关键，因为他们既是环境保护的受益者，也是保护工作的实际参与者，同时还是保护实施的重要监督者，动员当地原住居民及前往游憩娱乐的城市居民主动参与到边缘区环境保护工作有助于规划策略的落地实施。

当地原住居民是环境保护措施的实际受益者，如生态环境的优化与改善能为其带来发展生态旅游及配套服务的契机，使其从中获得经济收益；相应的基础设施建设也会提升其生活水平等。改善原住居民生活环境、经济收入等，可增加公众对保护措施的认可程度，从而削减保护工作施行阻力。相关案例表明，一部分保护项目之所以失败或失效，多因其在决策过程中不重视当地居民在现状及未来发展中所面临的主要问题，如经济收益提升、生产及生产环境改善、农作物多样性保护等。

当地原住居民也是特色景观及文化资源保护与维持的主要参与者，尤其对于农业景观及文化景观来说，当地居民在其中所延续的传统农业生产与生活方式是维持地方文化及环境特征的基础，如日本里山（Satoyama）便是当地居民遵循自然规律及生态过程的生产及生活方式所形成的人类社区与周围自然环境相生相依的半自然半人工景观类型。因此，城市化推进带来的农业人口外流、乡村用地荒废等可能导致当地传统文化及景观资源丧失。

城市居民与当地原住居民还是环境保护与监督的重要执行者，因保护区域通常占地面积较大，人员及经费限制常使管理部门难以对保护区实现全覆盖管控，故加强社会公众对土地利用情况的有效监管，充当类似于城市设计中"街道眼"的角色，可作为部门管控不足的补充手段。提高公众监督的前提条件在于通过环境资源直接或间接利用，强化其对资源价值属性及保护必要性的认知程度，如日本政府及非政府组织针对里山景观开展了大量保护工作，在横滨的保护实践中，一方面结合大学教学基地建设，强化公众环境教育，另一方面推动适度游憩开发与建设，强化里山景观与市民的联系性，从而加强自然保护计划中文化多样性、生物多样性和公众参与之间的联系①。此外，通过合理利用提高土地经济产出，使生态环境与产业发展成为"命运共同体"，有助于促进当地原住居民对农林环境资源的被动保护转化为主动监管。

（三）管控需兼顾多方利益

现行环境保护措施因缺乏多方利益考量，使本应作为环境维护、监督主体的社会公众对环境破坏及资源侵占行为采取漠视与纵容的态度，兼顾多方利益的管控模式使我们看到解决环境监督管理中公众参与性较弱问题的可能性。

城市边缘区农业—自然公园规划与建设涉及多方利益主体，故在政府相关部门"自上而下"的战略性、结构性用地管控框架下，还应考虑当地民众、使用者视角的"自下而上"的发展及使用需求，协作式规划（Collaborative Planning）为各方利益主体提供相互沟通交流及参与到规划决策的平台，可权衡多方主体功能诉求，增加规划编制、执行的群众基础。从土地规划与管理视角，城市边缘区农业—自然公园规划所涉及的利益主体主要包括：（1）土地所有者，分为以人民政府为代表的国家主体及村集体组织，其通过全国或区域社会经济发展现状分析，预测土地使用需求量并以此确定用地的供应规模及时序，主要目标在于协调社会经济发展与自然资源、耕地资源保护等；（2）土地管理者，对边缘区土地及其附属环境要素进行分属管理的政府职能部门，包括农业、林业、水务等，各部门通过土地征收、专项规划编制、保护区域划定等，实现对特定要素的保护与利用；（3）土地经营者，主要分为承租土地的农民、购买或租赁土地

---

① Kobori Hiromi，Primack Richard B.，王胜：《对日本传统的农林景观Satoyama的参与性保护途径》，《Ambio-人类环境杂志》2003年第4期。

的开发商等,其通过规模化农业生产、土地流转、自主开发建设等,赋予用地多种功能表达,如休闲游憩场地、商业住宅、农业园区等;(4)土地使用者,包括享受乡村洁净空气及健康农副食品的城市居民;(5)土地规划师,规划的协调者与组织倡导者,扮演为各方利益主体搭建沟通平台的角色,帮助当地原住居民、城市居民等在传统规划中处于弱势地位的参与主体反映其诉求,编制用地规划及建设导引,并提交政府审批。

应着重关注当地原住居民发展权利的保护与表达,主要原因有:(1)传统农业生产效益较低,且受政策颁布、环境资源等影响波动较大,而土地资源作为重要生产资料,直接影响其家庭收入及生活水平;(2)营生方式较为单一,由于职业技术及资源限制,除毗邻建设用地的区域可靠发展城市相关服务获利外,传统农林业生产仍是其他区域原住居民的主要从业方式,若采用直接土地征用的方法,将产生大批失地失业人口,埋下社会稳定发展的潜在威胁;(3)话语权缺失,由于参与方式及相关知识的局限,难以在政府管理、政策制定等方面掌握话语权并为自己争取利益;(4)作为环境保护的主要受益者、参与者及监督者,在环境资源落地保护方面具有最为直接、关键的作用。故用地管控既应促进农民有效利用农村空间及农业生产用地等资源,实现经济发展及生活改善的权益;同时还应使其在发展中预留城乡生态系统及自然生态过程保护所必需的生态空间,并采取对生态环境影响较小的生产、生活方式,承担维护城乡生态安全的责任。

二、公园规划行动者网络组织

(一)公园行动者网络构建

行动者网络理论(Actor-Network Theory,简称ANT)是法国科技与社会学家卡隆(Michel Callon)提出的,他认为在知识(包括科学知识与政策法规等)的形成及传播过程中扮演积极作用的角色应该被对等看待。行动者网络构建的核心即在于通过强制性通过点(兴趣聚焦点)的设置及价值转译,招募相关联的行动者主体进入,并在相互认同、相互依存、相互影响的基础上形成新的网络关系,各行动主体以网络整体的形式发挥复合功能并以整体作为行动者,与更大范围的网络结构相整合,网络中的行动者

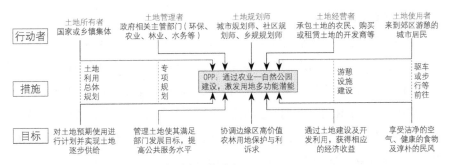

图7-8　农业—自然公园建设中行动者网络建立
资料来源：作者自绘

包括人类和非人类，非人类的利益表达可以由相关机构及部门"代言"。城市边缘区农业—自然公园规划中，主要涉及五大行动主体且其各自具有相应的行为目标，需建立行动者网络使其成为利益共同体，共同实现用地有效保护与管控（图7-8）。

1．问题化

即通过现状分析将问题具体化，使行动者明确自身在问题发展及解决中所扮演的角色。农业—自然公园规划主要面临的问题为城市边缘区高价值小规模农林用地保护与利用间存在的矛盾与冲突，因政府相关部门基于战略考量对高价值农林用地进行区划保护，严格控制土地开发建设，而这恰恰与具有急切发展诉求的当地农民及开发商的利益相冲突，二者矛盾加剧导致边缘区违章建设行为频发，影响资源保护与建设用地增长控制。

2．价值观转译/利害关系化

即在强制性通过点（主要规划策略）设置的基础上，从各行动者的角度出发，分析策略推行的利弊得失，使行动主体明白面临的共同利害关系，规划策略可在相互的交流及协商过程中微调。农业—自然公园高价值小规模农林用地的强化保护与多功能发挥是协调保护与利用矛盾的关键，可作为网络构建的强制性通行点，人民政府及集体组织通过公园建设强化耕地、园地、林地等资源保护并控制城市蔓延，相关部门通过公园建设保护对重要环境要素及生态过程具有关键意义的区域，农民及企业开发商等利用较好的生态资源发展有机农业、生态旅游等以获得较高的经济收益，而城市居民能够享受优质的环境资源及较高的服务水平。

3. 招募与动员

即尽可能地将各行动主体纳入网络之中，并动员其为实现共同目标而行动。农业—自然公园规划的招募与动员过程需让各行动主体意识到公园建设有利于其目标实现，主动加入行动网络，在此基础上，规划部门通过协调与组织，使其为共同目标达成而行动。为实现更好的招募动员效果，可通过局部成果展演的形式，如绿色低碳的生活模式、环境优美且游人如织的农业片区等，吸引更多的行动主体参与其中。

（二）地方资源挖掘为支撑

当地特定的环境资源及产品是行动者网络中重要的非人类行动者，在功能发挥及措施推行过程中起着至关重要的作用，其诉求表达主要由土地管理者（相关主导管理部门）及土地规划师代为反映，包括环境资源、人文资源及农副产品等。此类环境资源或产品需具有地方或区域独特性，具体判断识别可针对其社会文化、地方永续及经济价值三方面进行分析（Tregear，2003）：（1）与当地社会文化背景或自然环境有着较强的联系与呼应，资源及产品的"地方独特性"不仅反映出人类活动、文化传统及社会行为模式，同时也受到自然地理条件及生态系统特征等影响；（2）在当地社会、经济、生态系统维持中，具有不可替代的支柱作用并作出了较大的贡献；（3）具有较高的经济价值，由于地方认同是产品分化及增殖的基础，故可通过资源的经济价值进行判断。

值得一提的是，当地或区域特有的农副产品通常是适应当地社会经济发展、自然生态环境的综合产物，也是联系城乡生态、生活和社会的重要媒介，由于其生产、加工过程涉及诸多环境资源，故对行动者网络作用具有较强的推动力：（1）供应链策略（Supply Chain Strategy），即通过链接地方特有农副产品生产及加工过程所涉及的行动者以构建网络，网络管控要点集中在生产环境改善、产品质量提升、产品销售与宣传等过程，此策略通过延伸产品生产、加工链条可增加相应就业岗位数量，高品质产品生产与销售可提高当地社会及经济发展水平（Tregear et al.，2007），同时友好耕作实践能削减生产带来的负面环境影响，具有明显的复合效益；（2）地域品质策略（Territory Quality Strategy），即使当地特有农副产品以一系列关联要素组合的形式被纳入网络，主要包括实体环境要素（如特殊地貌景观、建筑、特色村落、生产空间等）、文化资源（如传统耕作技术、技巧、传说等）及人工资源（如具有手工技巧的从业者等），并以此资源群组为基础衍生各类活动产品及资源创新式利用方法，如度假休闲、绿色市集、环境教育、生态探险等。在地域品质策略中，农副产品的地方性认识及资源关联性是价值产出的基础，强调关系反馈性（Relational Reflexivity），即鼓励消费者在选择产品过程中，注意与产品特色相关的其他资源，如当地环境品质、产品的社会价值等[①]，从而主动加入资源保护与可持续利用的行动网络。

（三）多元管理主体为保障

参与农业—自然公园管理的行为主体包括政府及下属职能部门、非营利组织、当地原住居民等，具体管理模式可分为：（1）专门机构管理，即由政府下属的某一职能部门对用地进行"一对一"管控；（2）多部门联合管理，即由政府及其下属多个职能部门联合，对用地进行"多对一"管理；（3）非营利组织参与式管理，即在政府指导下，由非营利组织对用地进行保护管理；（4）企业参与式管理，即在环境承载力允许范围内及政府战略管控下，由企业开发商投入资金对区域进行整理及建设，多采用基地或园区式管理模式；（5）社区共同管理，即在政府及相关部门、非营利组织等机构的协助下，由社区精英团体带头、以社区为主体进行用地保护与利用，政府及非政府机构主要在前期介入，协助社区基础设施及服务设施建设，并教授其有机生产、游憩服务及绿色产业经营等职业技巧，当环境增殖效益逐渐凸显，则换由村精英团体主导，带领村民自主参与到环境及文化资源保护与利用过程中。几大管理模式并非二元对立关系且各具优势，可在一定条件下进行切换，具体模式选择需根据当地社会、经济发展情况及环境敏感性等进行综合判断。

---

① 赖守诚：《农村特色食品之形成与发展：以深坑绿竹笋为例》，《农业推广文汇》2010年第55期。

三、促进参与的政策及空间措施

用地与资源保护及监管工作中的公众参与，能够弥补部门在范围、时段上所存在的管控缺口，落实规划及管控实效，如《美国清洁水法》（*The U.S. Clean Water Act*，简称CWA）第二阶特别要求公众参与、环境教育、公众投入等必须作为流域管理规划过程的主体内容予以实施。促进公众参与的核心在于使其认识到资源的独特价值及与其切身利益的密切关联，主要可通过相应的用地、产业等政策引导及适合其聚集交流与认知的空间营造实现。

（一）原住居民参与促进措施

提升原住居民参与程度的措施，主要需强调对居民经济收入、生活及生产环境的改善与提升，从而提高其对资源保护重要性的认知程度，实现路径包括游憩产业建设、高价值农副产品生产、生态环境改善及生态补贴等。

1.游憩产业建设及运营

基于当地特色自然、人文资源发展的休闲游憩产业能使原住居民获得较为丰厚的经济收益，并使产业从传统单一农耕生产向多元化产业转型。原住居民通过经营民宿、餐厅、游憩设施等或从事相关服务行业而获得收益，并逐渐意识到区域所特有的环境资源是提高经济收益的重要保障，原住居民从而主动参与到环境监管之中。原住居民对区域生态环境及资源特征的认知与熟悉程度，使其能够及时觉察到生态环境所发生的变化并予以反馈。除环境监管巡查及游憩产业运营外，原住居民还可作社区生态讲解员，使更多游客了解片区生态及文化资源的特征及历史发展脉络等，如我国台湾各乡镇社区实行生态导览及讲解认证制度，政府及非政府组织对有意愿参与的社区村民进行生态知识及讲授技巧培训，并颁布讲解资格认证，持证居民可接受预约为游客提供环境讲解及生态过程探索引导服务，既获得兼职的机会又迎合环境保护与环境教育发展潮流。

2.农副产品产出品质提升

规模化农业生产通过降低生产成本及增加作物产量而获得一定的经

济收益，但这类生产方式对于生态环境来说具有极大的负面影响，尤其是生态敏感性更高的山地丘陵区域，水土流失、土壤侵蚀等问题易加剧，且对于没有市场定价权的个体农户来说，市场及生态环境不确定性会增加其所面临的风险。而销售当地特有的或高品质的农副产品对提升农户经济收益，进而提高其环境保护参与积极性是具有促进作用的，首先市场稀缺性促进产品价值提升并使农户获得一定的产品定价权；对于绿色农副产品生产来说，用劳动密集型生产替代化学物质施用的措施需要大量的劳动力投入，但价格往往较高，当地原住居民可通过劳动投入收获附加值较高的农副产品，较园区式、规模式企业生产更具竞争力。优越的生态环境及农林复合生态系统是高品质农副产品生产的基础，纳撒（Nath）等通过对孟加拉国丘陵地区小型农林生态系统对山坡高地社区发展的影响进行分析，发现农林复合生态系统通过提高产品价格来增加农户收入，同时也能增加林地覆盖率从而有效改善水土流失并维持土壤肥力[①]。

3.乡村生产生活环境改善

通过绿色基础设施建设，改善原住居民生活、生产环境质量或缓解其所面临的环境问题，同样也有利于促进原住居民参与到环境监测工作中。卡普洛维茨（Kaplowitz）通过研究发现社会公众更为关心与自己切身利益保障相关的生态措施，在规划编制及决策过程中加强公众参与及劳动力投入能够使公共政策得到民众更高程度的关注与支持[②]。

4.生态保育区域激励机制

对于生态敏感性较高的核心保护区及法定保护区，不能承受较高强度的游憩产业发展，也不适宜进行农业生产实践，可通过建设或发展权益置换的方式补偿原住居民因生态保护措施而损失的发展收益，可从转移安置、财税补贴、政绩考核等多方面进行政策引导。根据国外相关案例总结，建

① Tapan K. Nath, Makoto Inoue and Hla Myant, "Small-scale Agroforestry for Upland Community Development: A Case Study from Chittagong Hill Tracts, Bangladesh," *Journal of Forest Research* 10, no.6（2005）：443-452.

② Michael D. Kaplowitz and Frank Lupi, "Stakeholder Preferences for Best Management Practices for Non-point Source Pollution and Stormwater Control," *Landscape and Urban Planning* 104, no.3-4（2012）：364-372.

设及发展权利置换方式包括土地直接购置征用、密度奖励、开发权转移（Transfer of Development Right，简称TDR）、保护使役权（Conservation Easements）等。生态补偿机制是较为常用的一种类型，它充分利用政府管控与市场调节手段，一方面对损害生态环境的行为增收环境保护及治理费用，约束其负面环境影响程度；另一方面则对保护及维护生态环境的行为进行奖励与补偿，如生态林地维育、水资源保护等，激励行为主体维持并提升环境正面效益。

（二）城市居民参与促进措施

农业—自然公园通过为城市居民提供休闲游憩产品、高价值农副产品、生态环境产品等物质及非物质产品，增加其对环境资源价值的认知与重视，并通过产品针对性选择、人力或资金投入等方式参与到高价值农林用地管控工作中。

1．休闲游憩与环境教育

山地城市边缘环境区能够提供多种休闲游憩产品，如生态探险、文化寻迹、自然观光、农业文化体验、手工艺品制作等，加上其交通区位便捷且设施配套较为完善，常作为城市居民日常游憩及周末短期度假的首选之地。而城市居民对自然、人文等景观的青睐与喜爱，正好可成为促进其参与环境保护及用地管理的契机，即结合特色景观、游憩场地及其所依附的资源要素布置标志牌、解说牌（器）等，或设置生态讲解专员，让游客在欣赏美景的同时，了解眼前的美丽景色及环境要素是如何通过水文循环、大气循环等自然过程与自己日常生活、工作环境相联系的，而这些环境资源又在各项生态系统服务中发挥怎样的重大贡献，以及自己在环境保护中可以起到的作用及造成的影响，从而自觉加入绿色生活方式及环境保护监督的实践。

2．市民农业与产品供给

市民农业（civil agriculture）是都市农业的一种表达形式，不同于现代普遍的机械化农业生产（表7-1），它提倡基于当地社区的农业及食品生产模式，不仅为消费者提供新鲜、健康且具有多种选择的当地食品，还能创造就业机会并增加城乡社区对环境资源的认知程度，主要具有六大特征：（1）基于当地市场并服务于当地民众；（2）食物及物资生产是社区的重要组分；（3）产品更注重质量而非数量；（4）生产采用劳动密集型及规模普遍较小；（5）保留当地传统农业生产技术，更尊重环境本底；（6）生产者与消费者的当面交易。表现形式主要有农夫市场、社区花园、社区支持农业、餐厅农业（restaurant agriculture）或厨房农业（culinary agriculture）等。

现代机械化农业与市民功能发展模式对比　　　表 7-1

	现代机械化农业	市民农业
社会学理论	新古典主义经济学：现代化、全球化	实用主义：可持续性、公民社会
生物学理论	实验生物学：简化论、强调品质	生态生物学：整体性、强调过程
操作模式	生产主导：关注经济效益与生产性、强调商业利益增长、全球大规模的生产与消费	发展主导：关注社会与经济平等、强调家庭与社区福利、在地生产供给
组织模式	公司主导：大量横向与纵向整合的跨国公司，具有全球市场竞争力 理想模式：大型公司	社区主导：小型、在地控股的企业整合工业地区、区域贸易协会和生产者联盟 理想模式：小型公司或个体经营户
改变驱动力	人类资本、社会资本与个体行为	公众参与、社会运动

资料来源：作者根据"公民农业——重建农场、食物与社区的联系（Civic Agriculture: Reconnecting Farm, Food and Community）"内容改绘

　　市民农业及其小规模农业生产、销售及就近运输模式，对改善社会、经济环境具有显著作用。社会学家怀特（Wright）与梅尔维尔（Melville）在著作《小型商业与公民福利》（Small Business and Civic Welfare）对"大型与小型商业对城市生活的影响作用"进行研究，结果显示拥有诸多小型零售商业的社区比仅拥有大型卖场的社区具有更高的幸福感且就业机会也相对较多，社区中"公民参与程度"直接关系居民社会-经济福祉。沃尔特（Walter）的《小型商业与社区》（Small Business and the Community）一文比较了加州中心山谷内拥有小型及大型农场的社区，发现具有多个小规模农场的社区具有更多工作岗位、更优质的居住环境及视线景观、更完善的公服配套设施等。

　　市民农业对城市居民参与环境保护工作的促进作用主要体现在两方面：
（1）城郊社区通过对邻近小规模农林斑块进行耕作，提高建设用地外围农
林斑块利用效率且改善社区经济、社会环境，使社区居民能够主动监督相
关用地使用情况，避免其受违章建设扩张所侵占；（2）"面对面"式农副产
品销售使购买者能够从生产者处了解到产品生产过程及状况，社区循环式、
有机农业生产能够生动地向购买者展示物质、水文等循环过程，加深其对
环境保护的理解与支持。

　　（三）促进公众参与的空间特征[①]

　　促进城乡公众参与到用地管控的主要途径是通过鼓励其了解当地生活、
生产及生态空间与大环境背景中自然过程及要素的联系，引导其直接或间
接参与到环境保护及监督过程中，所以在相关开敞空间及景观营造过程中，
应注意强调引导公众对环境的感知与认知并传播利于环境保护的思想。此
类开敞空间及景观的营造，需体现对周围生态系统的支撑作用，能够承受
并适应短期内因人为作用或自然作用而引起的环境变化，且应具有优美的
景观特征并充满吸引力，即充满可能性、适应性及激励性。

　　充满可能性的开敞空间，能够提供邻里交流及分享经验的聚会场所，
并反映或展示日常生活、生产过程是如何与身边的地景及环境要素相互联
系与作用的，如食物网络、物质流动、排水系统与水文循环如何进行，日
常生活及生产过程中产生了多大规模的生态足迹，周围环境中有哪些种类
的野生生境等。场地内部的景观设计应尽量使生态过程可视化展示，使公
众了解维持生态链接及物能流动的重要性与可能性。

　　适应性开敞空间营造应体现对周围生态系统及环境资源的遵从性与适
应性，包括区域气候、水文过程、植物群落等，空间及景观营造中应注意：
（1）维持环境资源及物种多样性；（2）重新联系被人工建设用地及设施阻
断的自然过程及关联生态空间；（3）维持物质能量流动过程；（4）景观设
计及空间组织强化场地固有特征及资源；（5）人工改动及介入最小化等。使

---

① Randolph T. Hester, *Design for Ecological Democracy* (Cambridge MA: The MIT Press, 2006), p.37, 155, 291.

开敞空间及景观设计能够维持并促进自然生态过程，并对环境变化（如降雨变化等）具有较强的适应能力。

激励性空间营造的意义在于以愉快的经历来促进公众主动参与，而不是通过禁止或恐吓等手段迫使公众遵循，它不是通过制定法律法规迫使人们按照既定的形式生活，而是通过亲身体验的方式引导公众选择自己喜欢同时有利于环境保护的生活方式，如寓教于乐的环境教育体验等。

第四节
本章小结

山地城市边缘区小规模农林用地因涉及多元利益主体，用地动态变化、生态敏感性较高，且存在多部门管理、管控法律依据较弱等问题，传统蓝图式规划难以对其实现有效管控。农业—自然公园规划为促进管控措施落地，提出过程式、弹性管理：（1）引入并优化环境影响评估模式，将规划过程与环评进行有机整合，实现"调研—规划—实施—反馈—调整"全过程管理，既能在环境资源保护阈值内实现用地适当利用，还可使规划措施在维持主导功能目标不变的前提下，根据社会发展及生态过程变化进行适应调整，实现用地"刚性控制+弹性引导"；（2）加强与法定规划的衔接与联系，整合相关规划，协调并弥补各规划在管控范围、措施等方面存在的冲突与缺失，促进多规整合管控，有效保护环境资源并反控城市建设用地增长，强化高价值小规模农林用地保护的法定性；（3）促进公众参与式用地管控，考虑利益主体的多元功能诉求，通过共同目标确立，识别并将与农林资源保护相关的利益主体纳入行动者网络，通过不断的协调与配合，达成各方协同作业以增强用地实际管控力度并促进规划保护措施顺利施行。

致　谢

　　此书是对本人过去七年关于山地城市边缘区生态规划设计研究成果的梳理与总结，感谢在此过程中给予帮助的师长、领导、同窗及亲友。首先要感谢我的恩师重庆大学建筑城规学院邢忠教授，邢教授从写作选题、框架梳理、资料收集，一直到本书成文、出版全过程，都给予了我诸多的建议与帮助，他广阔的研究视角、敏锐的学术洞察力、严谨的治学态度、兢兢业业的工作精神深刻地影响着我，无论是为人之道，还是治学之法，都毫无保留地教授于我，受用终身。

　　感谢李和平教授、赵万民教授、袁兴中教授、谭少华教授、朱捷教授、黄瓴教授在本书撰写过程中给出的中肯建议与宝贵意见。感谢重庆大学建筑城规学院生态学术团队的闫水玉教授、赵珂教授、杨柳副教授、韩贵锋教授、叶林副教授等在写作过程中给予的帮助与指导，通过学术讨论与交流，在研究内容方面提供了很多启发。

　　感谢现工作单位西南交通大学建筑与设计学院沈中伟院长、支锦亦副院长、于洋教授等对本书出版的支持。

　　此外，还要感谢我的父母在数十载的求学生涯中所给予的无私付出与帮助，为我提供了良好的学习环境与条件。感谢我的先生，从同学到爱人，一路上给予陪伴与支持，感谢各位家人的关心。

　　此书为本人阶段性研究成果，虽尽心完成，但仍存在诸多不足，欢迎各位专家、学者批评指正，本人亦将在未来的工作中，对内容进行完善与深化。

汤西子

2019年5月29日于四川成都

参考文献

[1] 安·福赛斯，劳拉·穆萨基奥. 生态小公园设计手册 [M]. 杨至德，译. 北京：中国建筑工业出版社，2007.

[2] 包静晖，王祥荣. 伦敦的生态及自然保护 [J]. 国外城市规划，2000（03）：36-38，43.

[3] 崔功豪，武进. 中国城市边缘区空间结构特征及其发展——以南京等城市为例 [J]. 地理学报，1990（04）：399-411.

[4] 陈小勇. 生境片断化对植物种群遗传结构的影响及植物遗传多样性保护 [J]. 生态学报，2000（05）：884-892.

[5] 陈浮，陈刚，包浩生，等. 城市边缘区土地利用变化及人文驱动力机制研究 [J]. 自然资源学报，2001（03）：204-210.

[6] 陈波，包志毅. 土地利用的优化格局——Forman教授的景观规划思想 [J]. 规划师，2004（07）：66-67.

[7] 曹志洪，林先贵，杨林章，等. 论"稻田圈"在保护城乡生态环境中的功能 II：稻田土壤氮素养分的累积、迁移及其生态环境意义 [J]. 土壤学报，2006（02）：256-260.

[8] 常青，李双成，李洪远，等. 城市绿色空间研究进展与展望 [J]. 应用生态学报，2007（07）：1640-1646.

[9] 车生泉，郑丽蓉，宫宾. 城市自然遗留地景观保护设计的方法 [J]. 中国园林，2009（04）：20-25.

[10] 陈宇琳. 基于"山-水-城"理念的历史文化环境保护发展模式探索 [J]. 城市规划，2009，33（11）：58-64.

[11] 陈皓，刘茂松，徐驰，等. 南京市城乡梯度上景观变化的空间与数量稳定性 [J]. 生态学杂志，2012（06）：1556-1561.

[12] 陈渝. 城市游憩规划的理论建构与策略研究 [D]. 广州：华南理工大学，2013.

[13] 蔡君. 社区花园作为城市持续发展和环境教育的途径——以纽约市为例 [J]. 风景园林，2016（05）：114-120.

[14] 曹靖，黄闯，魏宗财，等. 城市通风廊道规划建设对策研究——以安庆市中心城区为例 [J]. 城市规划，2016（08）：53-58.

[15] 董波. 美国国家公园系统保护区规模的变化特征及其原因分析 [J]. 世界地理研究，1997，6（02）：98-104.

[16] 邓红兵，王青春，王庆礼，等. 河岸植被缓冲带与河岸带管理 [J]. 应用生态学报，2001，12（06）：951-954.

[17] 渡边贵史. 论日本城市农用地的保留对于可持续发展城市环境之影响 [J]. 中国名城，2012（07）：17-23.

[18] 段美春，刘云慧，王长柳，等. 坝上地区不同海拔农田和恢复半自然生境下尺蛾多样性 [J]. 应用生态学报，2012，23（03）：785-790.

［19］ 段美春，刘云慧，张鑫，等. 以病虫害控制为中心的农业生态景观建设［J］. 中国生态农业学报，2012（07）：825-831.

［20］ 傅伯杰. 美国土地适宜性评价的新进展［J］. 自然资源学报，1987（01）：92-95.

［21］ 樊巍，王广钦，宋兆民. 农田防护林人工生态系统物质循环与能量流动研究［J］. 林业科学，1991（04）：393-400.

［22］ 冯科，吴次芳，韦仕川，等. 城市增长边界的理论探讨与应用［J］. 经济地理，2008，28（03）：425-429.

［23］ 付喜娥，吴人韦. 绿色基础设施评价（GIA）方法介述——以美国马里兰州为例［J］. 中国园林，2009（09）：41-45.

［24］ 傅伯杰，张立伟. 土地利用变化与生态系统服务：概念、方法与进展［J］. 地理科学进展，2014（04）：441-446.

［25］ Gook D A. 英国城市自然保护［J］. 生态学报，1990，10（01）：96-108.

［26］ 戈晓宇，李雄. 基于海绵城市建设指引的迁安市集雨型绿色基础设施体系构建策略初探［J］. 风景园林，2016（03）：27-34.

［27］ 顾朝林，陈田，丁金宏，等. 中国大城市边缘区特性研究［J］. 地理学报，1993（04）：317-328.

［28］ 郭玲霞，黄朝禧. 博弈论视角下的生态用地保护［J］. 广东土地科学，2010，9（03）：30-33.

［29］ 郭培培. 城乡梯度上的乔木分布格局与功能研究［D］. 杭州：浙江大学，2014.

［30］ 黄肇义，杨东援. 国内外生态城市理论研究综述［J］. 城市规划，2001（01）：59-66.

［31］ 黄光宇，陈勇. 生态城市理论与规划设计方法［M］. 北京：科学出版社，2002.

［32］ 黄光宇. 山地城市学原理［M］. 北京：中国建筑工业出版社，2006.

［33］ 韩西丽，李迪华. 城市残存近自然生境研究进展［J］. 自然资源学报，2009（04）：561-566.

［34］ 胡望舒，王思思，李迪华. 基于焦点物种的北京市生物保护安全格局规划［J］. 生态学报，2010（16）：4266-4276.

［35］ 侯锦雄. 应用生境面积因子在台湾云林县的永续农业景观规划［J］. 中国园林，2011（12）：10-14.

［36］ 何文捷，金晓玲，胡希军. 德国生境网络规划的发展与启示［J］. 中南林业科技大学学报，2011（07）：190-194，208.

［37］ 贺坤，赵杨，刘渊，等. 基于生境网络理念的城市绿地系统规划研究——以浙江余姚市中心城区绿地系统规划为例［J］. 中国农学通报，2012（31）：305-310.

［38］ 韩锋，王昌海，赵正，等. 农户对自然保护区综合影响的认知研究——以陕西省国家级自然保护区为例［J］. 资源科学，2015（01）：102-111.

［39］贾俊，高晶．英国绿带政策的起源、发展和挑战［J］．中国园林，2005（03）：73-76.

［40］姜允芳，石铁矛，王丽洁，等．都市气候图与城市绿地系统的发展［J］．现代城市研究，2011（06）：39-44.

［41］姜允芳，石铁矛，赵淑红．英国区域绿色空间控制管理的发展与启示［J］．城市规划，2015，39（06）：79-89.

［42］Kobori H，Primack R B．对日本传统的农林景观Satoyama的参与性保护途径［J］．Ambio-人类环境杂志，2003，32（04）：307-311.

［43］孔繁花，尹海伟．济南城市绿地生态网络构建［J］．生态学报，2008（04）：1711-1719.

［44］梁江，孙晖．论美国环境影响评估体系［J］．国外城市规划，2001（05）：25-28.

［45］李伟峰，欧阳志云，王如松，等．城市生态系统景观格局特征及形成机制［J］．生态学杂志，2005（04）：428-432.

［46］龙瀛，何永，刘欣，等．北京市限建区规划：制订城市扩展的边界［J］．城市规划，2006（12）：20-26.

［47］刘畅，石铁矛，赤崎弘平，等．日本城市绿地政策发展的回顾及现行控制性绿地政策对我国的启示［J］．城市规划学刊，2008（02）：70-76.

［48］李承嘉．农地与农村发展政策——新农业体制下的转向［M］．台北：五南图书出版社，2012.

［49］马世骏，王如松．社会-经济-自然复合生态系统［J］．生态学报，1984，4（01）：1-9.

［50］麦克哈格．设计结合自然［M］．芮经纬译，北京：中国建筑工业出版社，1992.

［51］马克．A．贝内迪克特，爱德华．T．麦克马洪．绿色基础设施：连接景观与社区［M］．黄丽玲等，译．北京：中国建筑工业出版社，2010.

［52］林逢春，陆雍森．中国环境影响评价体系评估研究［J］．环境科学研究，1999，12（02）：11-14.

［53］刘滨谊，余畅．美国绿道网络规划的发展与启示［J］．中国园林，2001（06）：77-81.

［54］李卫锋，王仰麟，蒋依依，等．城市地域生态调控的空间途径——以深圳市为例［J］．生态学报，2003（09）：1823-1831.

［55］刘黎明，李振鹏，马俊伟．城市边缘区乡村景观生态特征与景观生态建设探讨［J］．中国人口．资源与环境，2006（03）：76-81.

［56］卢晓宁，邓伟，张树清．洪水脉冲理论及其应用［J］．生态学杂志，2007（02）：269-277.

［57］李刚，宫伟，高永胜．基于多样性的河流修复理论基础［J］．水利科技与经济，2009（09）：801-803.

［58］李伟峰，欧阳志云，王如松，等．城市生态系统景观格局特征及形成机制［J］．生态学杂志，2005（04）：428-432.

［59］李鹍，余庄. 基于气候调节的城市通风道探析［J］. 自然资源学报，2006（06）：991-997.

［60］刘姝宇，沈济黄. 基于局地环流的城市通风道规划方法——以德国斯图加特市为例［J］. 浙江大学学报（工学版），2010（10）：1985-1991.

［61］刘昕，谷雨，邓红兵. 江西省生态用地保护重要性评价研究［J］. 中国环境科学，2010（05）：716-720.

［62］陆元昌，栾慎强，张守攻，等. 从法正林转向近自然林：德国多功能森林经营在国家、区域和经营单位层面的实践［J］. 世界林业研究，2010（01）：1-11.

［63］李昊民. 生物多样性评价动态指标体系与替代性评价方法研究［D］. 北京：中国林业科学研究院，2011.

［64］刘娟娟，李保峰，南茜若，等. 构建城市的生命支撑系统——西雅图城市绿色基础设施案例研究［J］. 中国园林，2012（03）：116-120.

［65］刘娟娟，李保峰，宁云飞，等. 食物都市主义的概念、理论基础及策略体系［J］. 规划师，2012（03）：91-95.

［66］刘博. 丘陵地区中小城市空间结构优化研究［J］. 重庆：重庆大学，2012.

［67］刘耕源，杨志峰，陈彬. 基于能值分析方法的城市代谢过程研究——理论与方法［J］. 生态学报，2013（15）：4539-4551.

［68］刘孟媛，范金梅，宇振荣. 多功能绿色基础设施规划——以海淀区为例［J］. 中国园林，2013（07）：61-66.

［69］李良涛. 农田边界和居民庭院植物多样性分布格局及植被营建［D］. 北京：中国农业大学，2014.

［70］林坚，许超诣. 土地发展权、空间管制与规划协同［J］. 城市规划，2014（01）：26-34.

［71］李想，段美春，宇振荣，等. 城郊集约化农业景观不同生境类型下植物时空多样性变化［J］. 生态与农村环境学报，2015，31（06）：882-887.

［72］李功，刘家明，宋涛，等. 北京市绿带游憩空间分布特征及其成因［J］. 地理研究，2015（08）：1507-1521.

［73］刘焱序，彭建，孙茂龙，等. 基于生态适宜与风险控制的城市新区增长边界划定——以济宁市太白湖新区为例［J］. 应用生态学报，2016（08）：2605-2613.

［74］刘慧敏，刘绿怡，任嘉衍，等. 生态系统服务流定量化研究进展［J］. 应用生态学报，2017，28（08）：2723-2730.

［75］栾博，柴民伟，王鑫. 绿色基础设施研究进展［J］. 生态学报，2017，37（15）：5246-5261.

［76］欧阳志云，赵同谦，王效科，等. 水生态服务功能分析及其间接价值评价［J］. 生态学报，2004，24（10）：2091-2099.

［77］欧阳志云，李小马，徐卫华，等. 北京市生态用地规划与管理对策［J］. 生态学报，2015（11）：3778-3787.

［78］ 彭补拙，魏金俤，张燕. 城市边缘区耕地预警系统的研究——以温州市为例［J］. 经济地理，2001（06）：714-718.

［79］ 裴丹. 绿色基础设施构建方法研究述评［J］. 城市规划，2012（05）：84-90.

［80］ 潘卓. 基于生态位适宜度的两江新区低丘缓坡土地利用情景模拟研究［D］. 重庆：西南大学，2013.

［81］ 彭建，汪安，刘焱序，等. 城市生态用地需求测算研究进展与展望［J］. 地理学报，2015（02）：333-346.

［82］ 彭建，赵会娟，刘焱序，等. 区域生态安全格局构建研究进展与展望［J］. 地理研究，2017（03）：407-419.

［83］ 彭建，杨旸，谢盼，等. 基于生态系统服务供需的广东省绿地生态网络建设分区［J］. 生态学报，2017（13）：1-11.

［84］ 仇士恺. 最佳管理作业（BMPs）最佳化配置之研究——应用于翡翠水库集水区［D］. 台北：台湾大学，2004.

［85］ Rolli R，张黎明. 自然保护与郊野游憩［J］. 世界林业研究，1992，15（03）：43-49.

［86］ 任超，袁超，何正军，等. 城市通风廊道研究及其规划应用［J］. 城市规划学刊，2014（03）：52-60.

［87］ 史培军，袁艺，陈晋. 深圳市土地利用变化对流域径流的影响［J］. 生态学报，2001（07）：1041-1049，1217.

［88］ 唐永锋. 自然保护区生态旅游规划设计［D］. 西安：西北农林科技大学，2005.

［89］ 托尼黄，王健斌. 生态型景观，水敏型城市设计和绿色基础设施［J］. 中国园林，2014（04）：20-24.

［90］ 田慧颖，陈利顶，吕一河，等. 生态系统管理的多目标体系和方法［J］. 生态学杂志，2006（09）：1147-1152.

［91］ 田波，周云轩，张利权，等. 遥感与GIS支持下的崇明东滩迁徙鸟类生境适宜性分析［J］. 生态学报，2008（07）：3049-3059.

［92］ 唐秀美，陈百明，路庆斌，等. 生态系统服务价值的生态区位修正方法——以北京市为例［J］. 生态学报，2010（13）：3526-3535.

［93］ 杨涛，朱博文，王雅鹏. 西南地区土地资源利用问题与对策探讨［J］. 中国人口. 资源与环境，2003（05）：93-96.

［94］ 沈泽昊. 山地森林样带植被-环境关系的多尺度研究［J］. 生态学报，2002（04）：461-470.

［95］ 申卫军，邬建国，林永标，等. 空间粒度变化对景观格局分析的影响［J］. 生态学报，2003（12）：2506-2519.

［96］ 沈磊. 快速城市化时期浙江沿海城市空间发展若干问题研究［D］. 北京：清华大学，2004.

［97］ 沈清基，安超，刘昌寿. 低碳生态城市的内涵、特征及规划建设的基本原理探讨［J］. 城市规划学刊，2010（05）：48-57.

［98］ 沈丽娜. 基于物能代谢的城市生态化建设研究［D］. 西安：西北大学，2013.

[99] 孙芹芹，黄金良，洪华生，等. 基于流域尺度的农业用地景观-水质关联分析 [J]. 农业工程学报，2011，27（04）：54-59.

[100] 沈兴兴，马忠玉，曾贤刚. 我国自然保护区资金机制改革创新的几点思考 [J]. 生物多样性，2015，23（05）：695-703.

[101] 王云才. 论都市郊区游憩景观规划与景观生态保护——以北京市郊区游憩景观规划为例 [J]. 地理研究，2003（03）：324-334.

[102] 邬建国. Metapopulation（复合种群）究竟是什么 [J]. 植物生态学报，2000，24（01）：123-126.

[103] 王绍增，李敏. 城市开敞空间规划的生态机理研究（下）[J]. 中国园林，2001（05）：33-37.

[104] 吴必虎. 大城市环城游憩带（ReBAM）研究——以上海市为例 [J]. 地理科学，2001（04）：354-359.

[105] 吴必虎，黄琢玮，马小萌. 中国城市周边乡村旅游地空间结构 [J]. 地理科学，2004（06）：757-763.

[106] 王琦，邢忠，代伟国. 山地城市空间的三维集约生态界定 [J]. 城市规划，2006（08）：52-55.

[107] 邬建国. 景观生态学：格局过程尺度与等级 [M]. 第二版. 北京：高等教育出版社，2007.

[108] 吴宇华. 城市规划的生境方法 [J]. 规划师，2007（02）：78-80.

[109] 王如松. 绿韵红脉的交响曲：城市共轭生态规划方法探讨 [J]. 城市规划学刊，2008（01）：8-17.

[110] 吴伟，付喜娥. 绿色基础设施概念及其研究进展综述 [J]. 国际城市规划，2009，24（05）：67-71.

[111] 王述民，李立会，黎裕，等. 中国粮食和农业植物遗传资源状况报告 [J]. 植物遗传资源学报，2011，12（01）：1-12.

[112] 乌恩，成甲. 中国自然公园环境解说与环境教育现状刍议 [J]. 中国园林，2011，27（02）：17-20.

[113] 韦薇，张银龙. 基于"源—汇"景观调控理论的水源地面源污染控制途径——以天津市蓟县于桥水库水源区保护规划为例 [J]. 中国园林，2011（02）：71-77.

[114] 王纪武，李王鸣. 基于农民发展权城乡交错带生态保护规划研究 [J]. 城市规划，2012（12）：41-44，76.

[115] 吴健生，张理卿，彭建，等. 深圳市景观生态安全格局源地综合识别 [J]. 生态学报，2013，33（13）：4125-4133.

[116] 王大尚，郑华，欧阳志云. 生态系统服务供给、消费与人类福祉的关系 [J]. 应用生态学报，2013（06）：1747-1753.

[117] 王静文. 城市绿色基础设施空间组织与构建研究 [J]. 华中建筑，2014（02）：28-31.

［118］ 王思元，李慧. 基于景观生态学原理的城市边缘区绿色空间系统构建探讨［J］. 城市发展研究，2015（10）：20-24.

［119］ 王春晓，林广思. 城市绿色雨水基础设施规划和实施——以美国费城为例［J］. 风景园林，2015（05）：25-30.

［120］ 王润，黄凯，朱鹤. 国内外城市游憩用地管理与研究动态［J］. 华中农业大学学报（社会科学版），2015（03）：94-101.

［121］ 翁清鹏，张慧，包洪新，等. 南京市通风廊道研究［J］. 科学技术与工程，2015（11）：89-94.

［122］ 王丽洁，聂蕊，王舒扬. 基于地域性的乡村景观保护与发展策略研究［J］. 中国园林，2016（10）：65-67.

［123］ 文博，朱高立，夏敏，等. 基于景观安全格局理论的宜兴市生态用地分类保护［J］. 生态学报，2017（11）：3881-3891.

［124］ 邢忠. "边缘效应"与城市生态规划［J］. 城市规划，2001（06）：44-49.

［125］ 邢忠，黄光宇，靳桥. 促进形成良好环境的土地利用控制［J］. 城市规划，2004（12）：89-93.

［126］ 肖化顺. 城市生态廊道及其规划设计的理论探讨［J］. 中南林业调查规划，2005（02）：15-18.

［127］ 邢忠，黄光宇，颜文涛. 将强制性保护引向自觉维护——城镇非建设性用地的规划与控制［J］. 城市规划学刊，2006（01）：39-44.

［128］ 许新桥. 近自然林业理论概述［J］. 世界林业研究，2006（01）：10-13.

［129］ 肖贵蓉，宋文丽. 城市游憩空间结构优化研究——以大连市为例［J］. 中国人口.资源与环境，2008（02）：86-92.

［130］ 熊和平，陈新. 城市规划区绿地系统规划探讨［J］. 中国园林，2011（01）：11-16.

［131］ 邢忠，乔欣，叶林，等. "绿图"导引下的城乡结合部绿色空间保护——浅析美国城市绿图计划［J］. 国际城市规划，2014（05）：51-58.

［132］ 许峰，尹海伟，孔繁花，等. 基于MSPA与最小路径方法的巴中西部新城生态网络构建［J］. 生态学报，2015，35（19）：1-13.

［133］ 俞孔坚. 生物保护的景观生态安全格局［J］. 生态学报，1999，19（01）：8-15.

［134］ 杨锐. 试论世界国家公园运动的发展趋势［J］. 中国园林，2003（07）：10-15.

［135］ 杨志峰，崔保山，刘静玲. 生态环境需水量评估方法与例证［J］. 中国科学（D辑：地球科学），2004（11）：1072-1082.

［136］ 俞孔坚，李迪华，刘海龙，等. 基于生态基础设施的城市空间发展格局——"反规划"之台州案例［J］. 城市规划，2005（09）：76-80，97-98.

［137］ 岳隽，王仰麟，彭建. 城市河流的景观生态学研究：概念框架［J］. 生态学报，2005（06）：1422-1429.

[138] 闫水玉,应文,黄光宇."交互校正"的城市绿地系统规划模式研究—以陕西安康城市绿地系统规划为例[J].中国园林,2008(10):69-75.

[139] 袁中宝,李伦亮.城市水源地保护与水源地城镇协调发展的规划途径分析[J].工程与建设,2008(02):173-175.

[140] 杨建敏,马晓萱,董秀英.生态用地控制性详细规划编制技术初探——以天津滨海新区外围生态用地为例[J].城市规划,2009(z01):21-25.

[141] 俞孔坚,乔青,李迪华,等.基于景观安全格局分析的生态用地研究——以北京市东三乡为例[J].应用生态学报,2009,20(08):1932-1939.

[142] 俞孔坚,王思思,李迪华,等.北京城市扩张的生态底线——基本生态系统服务及其安全格局[J].城市规划,2010(02):19-24.

[143] 杨小鹏.英国的绿带政策及对我国城市绿带建设的启示[J].国际城市规划,2010(01):100-106.

[144] 杨玲.环城绿带游憩开发及游憩规划相关内容研究[D].北京:北京林业大学,2010.

[145] 喻峰.日本保全型农业概况[J].国土资源情报,2012(01):25-28,56.

[146] 杨一帆,爱德华.沙利文.美国俄勒冈州"资源用地"保护简介:土地利用法与规划程序[J].国际城市规划,2014(04):84-88.

[147] 叶林,邢忠,颜文涛.山地城市绿色空间规划思考[J].西部人居环境学刊,2014(04):37-44.

[148] 叶林.城市规划区绿色空间规划研究[D].重庆:重庆大学,2016.

[149] 张义生,王华东.国外环境规划研究现状和趋势[J].环境科学丛刊,1986(02):10-17.

[150] 张安录.美国农地保护的政策措施[J].世界农业,2000(01):8-10.

[151] 赵振斌,包浩生.国外城市自然保护与生态重建及其对我国的启示[J].自然资源学报,2001(04):390-396.

[152] 中华人民共和国主席令.中华人民共和国环境影响评价法[Z].2002-10-28.

[153] 张勇,杨凯,王云,等.环境影响评价有效性的评估研究[J].中国环境科学,2002(04):37-41.

[154] 张凤荣,张晋科,张琳,等.大都市区土地利用总体规划应将基本农田作为城市绿化隔离带[J].广东土地科学,2005(03):4-6.

[155] 张小飞,王仰麟,李正国.基于景观功能网络概念的景观格局优化——以台湾地区乌溪流域典型区为例[J].生态学报,2005(07):1707-1713.

[156] 朱强,俞孔坚,李迪华.景观规划中的生态廊道宽度[J].生态学报,2005(09):2406-2412.

[157] 张骁鸣. 香港新市镇与郊野公园发展的空间关系 [J]. 城市规划学刊, 2005（06）：94-99.

[158] 周丹平, 孙荪, 包存宽, 等. 规划环境影响评价项目实施有效性的评估 [J]. 环境科学研究, 2007, 20（05）：66-71.

[159] 朱查松, 张京祥. 城市非建设用地保护困境及其原因研究 [J]. 城市规划, 2008（11）：41-45.

[160] 翟宝辉, 王如松, 李博. 基于非建设用地的城市用地规模及布局 [J]. 城市规划学刊, 2008（04）：70-74.

[161] 左自途, 袁兴中, 刘红, 等. 重庆市主城区不同生境类型的蝴蝶多样性 [J]. 生态学杂志, 2008（06）：946-950.

[162] 赵振斌, 赵洪峰, 田先华, 等. 多尺度结合的西安市浐灞河湿地水鸟生境保护规划 [J]. 生态学报, 2008（09）：4494-4500.

[163] 朱亚斓, 余莉莉, 丁绍刚. 城市通风道在改善城市环境中的运用 [J]. 城市发展研究, 2008（01）：46-49.

[164] 张婷, 车生泉. 郊野公园的研究与建设 [J]. 上海交通大学学报（农业科学版）, 2009, 27（03）：259-266.

[165] 赵群毅. 城乡关系的战略转型与新时期城乡一体化规划探讨 [J]. 城市规划学刊, 2009（06）：47-52.

[166] 张凤荣, 孔祥斌. 大都市区耕地多功能保护理论与技术集成研究成果介绍 [R]. 北京：中国农业大学, 2010.

[167] 朱江. 我国郊野公园规划研究 [D]. 北京：中国城市规划设计研究院, 2010.

[168] 曾涛, 陈美球, 魏晓华, 等. "湖泊—流域"系统理念及其在鄱阳湖生态经济区建设中的应用 [J]. 江西农业大学学报（社会科学版）, 2010（02）：74-77, 102.

[169] 赵继龙, 史克信, 刘长安. 美国城市农园的发展历程及其启示 [J]. 世界农业, 2011（09）：61-65.

[170] 张力小, 胡秋红. 城市物质能量代谢相关研究述评——兼论资源代谢的内涵与研究方法 [J]. 自然资源学报, 2011（10）：1801-1810.

[171] 张浩, 刘钰, 范飞, 等. 城乡梯度带生态空间组织模式与生态功能区划研究——以大杭州都市区为例 [J]. 复旦学报（自然科学版）, 2011（02）：231-237.

[172] 赵军, 单福征, 许云峰, 等. 河网城市不透水面的河流生态系统响应：方法论框架 [J]. 自然资源学报, 2012（03）：382-393.

[173] 张振广, 张尚武. 空间结构导向下城市增长边界划定理念与方法探索——基于杭州市的案例研究 [J]. 城市规划学刊, 2013（04）：33-41.

[174] 张定青, 党纤纤, 张崇. 基于水系生态廊道建构的城镇生态化发展策略——以西安都市圈为例 [J]. 城市规划, 2013（04）：32-36.

［175］邹锦，颜文涛，曹静娜，等. 绿色基础设施实施的规划学途径——基于与传统规划技术体系融合的方法［J］. 中国园林，2014（09）：92-95.

［176］张园，于冰沁，车生泉. 绿色基础设施和低冲击开发的比较及融合［J］. 中国园林，2014（03）：49-53.

［177］张晓钰，郝日明，张明娟. 城市通风道规划的基础性研究［J］. 环境科学与技术，2014（S02）：257-261.

［178］张衔春，龙迪，边防. 兰斯塔德"绿心"保护：区域协调建构与空间规划创新［J］. 国际城市规划，2015（05）：57-65.

［179］ADRIANTO D W, APRILDIHINI B R, SUBIGIYO A. Trickling the sprawl, protecting the parcels: an insight into the community's preference on peri-urban agricultural preservation［J］. Space and Flows: An International Journal of Urban and Extra Urban Studies，2013（03）：115-125.

［180］CARR M H, HOCTOR T D, GOODISON C, et al.. Final report: southeastern ecological framework［R］. Georgia: Planning and Analysis Branch U.S. Environmental Protection Agency，2002.

［181］CARREIRO M M, TRIPLER C E. Forest remnants along urban-rural gradients: examining their potential for global change research［J］. Ecosystems，2005（05）：568-582.

［182］Charles River Watershed Association. Blue cities guide: environmentally sensitive urban development［R］. Boston: Boston Water and Sewer Commission，2009.

［183］RUPPRECHT C D D, BYRNE J A, UEDA H, et al.. 'It's real, not fake like a park': residents' perception and use of informal urban green-space in Brisbane, Australia and Sapporo, Japan［J］. Landscape and Urban Planning，2015，143：205-218.

［184］WEAR D N, NAIMAN R J, TURN M J. Land cover along an urban-rural gradient: implications for water quality［J］. Ecological Applications，1998，8（03）：619–630.

［185］DURAND G, VAN HUYLENBROECK G. Multifunctionality and rural development: a general framework［A］//VAN HUYLENBROECK G, DURAND G. Multifunctionality, a new paradigm for European agriculture and rural development. Berlington, Singapore, Sydney: Ashgate，2003：1–16.

［186］DUANY A, SPECK J, LYDON M. The smart growth manual［R］. McGraw-Hill Professional，2005.

［187］FOSTER R R. Planning for man and nature in national parks［M］. Mogues, Swizerland: International Union of Conservation of Nature and Nature Resourse，1973.

[188] FORMAN R T T. Some general principles of landscape and regional ecology [J]. Landscape Ecology, 1995, 10（03）: 133-142.

[189] FULTON W B, Nguyen M. Ballot box planning and growth management [R]. Sacramento, CA: Local Government Commission, 2002.

[190] FÁBOS J G. Greenway planning in the United States: its origins and recent case studies [J]. Landscape and Urban Planning, 2004, 68（02/03）: 321-342.

[191] FARR D. Sustainable urbanism-urban design with nature [M]. New York: San Jose, John Wiley & Sons Inc., 2007.

[192] FORMAN T T R. Urban regions: ecology and planning beyond the city [M]. Cambridge University Press, 2008.

[193] HARRISON R L. Toward a theory of inter-refuge corridor design [J]. Biology, 1992（06）: 293-295.

[194] HUANG S L. Ecological energetics, hierarchy, and urban form: a system modeling approach to the evolution of urban zonation [J]. Environment and Planning B: Planning and Design 1998, 25: 391-410.

[195] HUANG S L, HSU W L. Material flow analysis and emergy evaluation of Taipei's urban construction [J]. Landscape and Urban Planning, 2003, 63（02）: 61-74.

[196] HAAREN C V, REICH M. The German way to greenways and habitat networks [J]. Landscape and Urban Planning, 2006, 76（1-4）: 7-22.

[197] HUANG S L, KAO W C, LEE C L. Energetic mechanisms and development of an urban landscape system [J]. Ecological Modelling, 2007, 201（03/04）: 495-506.

[198] IVES C D, KENDAL D. Values and attitudes of the urban public towards peri-urban agricultural land [J]. Land Use Policy, 2013, 34: 80-90.

[199] JOHNSON L B, RICHARDS C, HOST G E, et al.. Landscape influences on water chemistry in midwestern stream ecosystems [J]. Freshwater Biology, 1997, 37（01）: 193-208.

[200] JONATHAN H, ADRIAN N. The restoration of wood land landscapes [M]. Edinburgh: The Forestry Commission, 2003.

[201] BYRNE J, SIPE N, SEARLE G. Green around the gills? The challenge of density for urban greenspace planning in SEQ [J]. Australian Planner, 2010, 47（03）: 162-177.

[202] KAIKA M, SWYNGEDOUW E. Fetishizing the modern city: the phantasmagoria of urban technological networks [J]. International Journal of Urban and Regional Research, 2000, 24（01）: 120-138.

［203］KRAUSMANN F, HABERL H. The process of industrialization from the perspective of energetic metabolism: socioeconomic energy flows in Austria 1830-1995［J］. Ecological Economics, 2002, 41（02）: 177-201.

［204］WILLIAMSON K S. Growing with green infrastructure［R］. Doylestown, PA: Heritage Conservancy, 2003.

［205］KUMAR B M, TAKEUCHI K. Agroforestry in the Western Ghats of peninsular India and the satoyama landscapes of Japan: a comparison of two sustainable land use systems［J］. Sustainability Science, 2009, 4（02）: 215-232.

［206］KERSELAERS E, ROGGEA E, DESSEINAE J. Prioritising land to be preserved for agriculture: a context-specific value tree［J］. Land Use Policy, 2011, 28（01）: 219-226.

［207］KOVACS K F. Integrating property value and local recreation models to value ecosystem services from regional parks. Landscape and Urban Planning, 2012, 108（02-04）: 79-90.

［208］KAPLOWITZ M D, LUPI F. Stake-holder preferences for best management practices for non-point source pollution and stormwater control［J］. Landscape and Urban Planning, 2012, 104（03-04）: 364-372.

［209］KOPPEN G, SANG A O, TVEIT M S. Managing the potential for outdoor recreation: adequate mapping and measuring of accessibility to urban recreational landscapes［J］. Urban Forestry & Urban Greening, 2014, 13（01）: 71-83.

［210］LINDENMAYER D B, FRANKLIN J F. Conserving forest biodiversity: a comprehensive multiscaled approach［M］. Washington: Island Press, 2002.

［211］LAL R. Soil carbon sequestration impacts on global climate change and food security［J］. Science, 2004, 304（5677）: 1623-1627.

［212］LOPES A, SARAIVA J, ALCO-FORADO M J. Urban boundary layer wind speed reduction in summer due to urban growth and environmental consequences in Lisbon［J］. Environmental Modeling & Software, 2011, 26（02）: 241-243.

［213］LEE Y, AHERN J, YEH C. Ecosystem services in peri-urban landscapes: the effects of agricultural landscape change on ecosystem services in Taiwan's western coastal plain［J］. Landscape and Urban Planning, 2015, 139: 137-148.

［214］MCDONNELL M J, PICKETT S T A. Ecosystem structure and function along urban-rural gradients: an unexploited opportunity for ecology［J］. Ecology, 1990, 71（04）: 1232-1237.

[215] MCDONNELL M J, HAHS A K. The use of gradient analysis studies in advancing our understanding of the ecology of urbanizing landscapes: current status and future directions [J]. Landscape Ecology, 2008, 23 (10): 1143-1155.

[216] MOSTAFAVI M, DOHERTY G. Ecological urbanism [M]. Swiss: Lars Müller Publishers, 2010.

[217] MCLAIN R, POE M, HURLEY P T, et al.. Producing edible landscapes in Seattle's urban forest [J]. Urban Forestry & Urban Greening, 2012, 11 (02): 187-194.

[218] MASASHI S, COX D T C, YAMAURA Y, et al. . Health benefits of urban allotment gardening: improved physical and psychological well-being and social integration [J]. International Journal of Environmental Research and Public Health, 2017, 14 (01): 71.

[219] NATH T K, INOUE M, MYANT H. Small-scale agroforestry for upland community development: a case study from Chittagong Hill Tracts, Bangladesh [J]. Journal of Forest Research, 2005, 10 (06): 443-452.

[220] Northeastern Illinois Planning Commission. 2040 regional framework plan [R]. Chicago: Green Area Northeastern, 2006.

[221] CROSSMAN N D, BRYAN B A, OSTENDORF B, et al.. Systematic landscape restoration in the rural-urban fringe: meeting conservation planning and policy goals [J]. Biodiversity & Conservation, 2007, 16 (13): 3781-3802.

[222] NORTON B A, COUTTS A M, LIVESLEY S J, et al.. Planning for cooler cities: a framework to prioritise green infrastructure to mitigate high temperatures in urban landscapes [J]. Landscape and Urban Planning, 2015, 134: 127-138.

[223] PAÜL V, MCKENZIE F H. Peri-urban farmland conservation and development of alternative food networks: insights from a case-study area in metropolitan Barcelona (Catalonia, Spain) [J]. Land Use Policy, 2013, 30 (01): 94-105.

[224] PLIENINGER T, BIELING C. Resilience-based perspectives to guiding high-nature-value farmland through socioeconomic change [J]. Ecology and Society, 2013, 18 (04): 20.

[225] QIU G, LI H, ZHANG Q, et al.. Effects of evapotranspiration on mitigation of urban temperature by vegetation and urban agriculture [J]. Journal of Integrative Agriculture, 2013, 12 (08): 1307-1315.

[226] PLATT R H, ROWNTREE R A, MUICK P C. The ecological city: preserving and restoring urban biodiversity [M]. Amherst: The University of Massachusetts Press, 1994.

[227] REES W, WACKERNAGEL M. Urban ecological footprints: why cities cannot be sustainable and why they are a key to sustainability [J]. Environmental Impact Assessment Review, 1996, 16 (04 /06): 223-248.

[228] ROE B, IRWIN E G, MORROW-JONES H A. The effects of farmland, farmland preservation, and other neighborhood amenities on housing values and residential growth [J]. Land Economics, 2004, 80 (01): 55-75.

[229] ROSA R D S, AGUIAR A C F, BOËCHAT I G, et al.. Impacts of fish farm pollution on ecosystem structure and function of tropical headwater streams [J]. Environmental Pollution, 2013, 174: 204-213.

[230] SCHULTE W, SUKOPP H, WER-NER P. Arbeitsgruppe "methodik der biotopkartierung im besiedelten Bereich": flaechendeckende biotopkartierung im besiedelten Bereich als grundlage einer am naturschutz orientierten panung [J]. Natur and Landschaft, 1993, 68 (10): 491-526.

[231] SULLIVAN W C. Perceptions of the rural-urban fringe: citizen preference for natural and developed setting [J]. Landscape and Urban Planning, 1994, 29 (02-03): 85-101.

[232] JOSIAH S J, ST-PIERRE R, BROTT H, et al.. Productive conservation: diversifying farm enterprises by producing specialty woody products in agroforestry systems [J]. Journal of Sustainable Agriculture, 2004, 23 (03): 93-108.

[233] SULLIVAN W C, LOVELL S T. Improving the visual quality of commercial development at the rural-urban fringe [J]. Landscape and Urban Planning, 2006, 77 (01-02): 152-166.

[234] Santa Clara Valley habitat conservation plan/Natural community conservation plan [R]. Sacramento, CA: Jones & Stokes Associates, Inc., 2006.

[235] SCHIPPERIJN J, EKHOLM O, STIGSDOTTER U K, et al.. Factors influencing the use of green space: results from a Danish national representative survey [J]. Landscape and Urban Planning, 2010, 95 (03): 130-137.

[236] TURNER A. Urban planning in the developing world: lessons from experience [J]. Habitat International, 1992, 16 (02): 113-126.

［237］ TILZEY M. Natural area, the whole countryside approach and sustainable agriculture［J］. Land Use Policy, 2000, 17: 279-294.

［238］ TAYLOR S L, ROBERTS S C, WALSH C J, et al.. Catchment urbanisation and increased benthic algal biomass in streams: linking mechanisms to management［J］. Freshwater Biology, 2004, 49（06）: 835-851.

［239］ The London plan: spatial development strategy for Greater London［R］. London: Greater London Authority, 2011: 47, 301.

［240］ TOTH A, SUPUKA J. Agricultural parks: historic agrarian structures in urban environments（Barcelona Metropolitan Area, Spain）［J］. Acta Environmentalica Universitatis Comenianae（Bratislava）, 2013, 2（21）: 60-66.

［241］ VIZZARI M, SIGURA M. Landscape sequences along the urban-rural-natural gradient: a novel geospatial approach for identification and analysis［J］. Landscape and Urban Planning, 2015, 140: 42-55.

［242］ WEBER G, SEHER W. Raumtypenspezifische chancen für die landwirtschaft［J］. DISP, 2006, 166: 46-57.

［243］ WENG Y. Spatiotemporal changes of landscape pattern in response to urbanization［J］. Landscape and Urban Planning, 2007, 81（04）: 341-353.

［244］ West Galveston Island greenprint for growth report［R］. San Francisco: The Trust for Public Land, 2007.

［245］ WALKER A J, RYAN R L. Place attachment and landscape preservation in rural New England: a maine case study［J］. Landscape and Urban Planning, 2008, 86（02）: 141-152.

［246］ YU K J. Security patterns in landscape planning: with a case in South China［M］. M A, USA: Harvard University, 1995.

［247］ ZERBE S, MAURER U, SCHMITZ S, et al.. Biodiversity in Berlin and its potential for nature conservation［J］. Landscape and Urban Planning, 2003, 62（03）: 139-148.